矢野みち子　五十嵐小由利

デザインのネタ帳

エムディエヌコーポレーション

はじめに

本書をお手に取ってくださりありがとうございます。

本書は、Webサイトにちょっとした彩りを添えたいとき、動きを加えたいときなどに使えるパーツを詰め込んだWebデザインのアイデアソース集です。

近年のWebサイト制作では、基本となるページデザインのほかに、動きなどで目を引く作りが当たり前になってきました。そうした現状を踏まえ、Web制作の現場にいる著者たちだからこそ提案できる、Webデザイン・制作に役立つヒント集として本書が生まれました。

本書の構成は、まず簡単なベースのサンプルがあり、そのあとにステップアップとしてベースからカスタマイズをする流れになっています。ベースの部分だけでも十分活用できますし、カスタマイズの部分は、ご自身でコードを変えてオリジナルの要素をプラスする際のヒントとしても役立ちます。

7章構成で、ボタンの何気ないアニメーションやテキストのエフェクトなどの簡単なものから、メニューやコンテンツの今風の見せ方などのサイト全体に関するものまで収録しています。また、ギャラリーやスライドショーなどのWebのビジュアル面、フォームやテーブル、SNSのアイコンの見せ方といった細かなパーツのアイデアもまとめました。

Web制作を始めたばかりの方でも簡単に動きのあるワンランク上のパーツやページを作ることができます。中級者の方は「あの動きってどうやるんだっけ？」というときのアイデア本として、お手元に置いていただけましたら幸いです。

2022年2月

著者を代表して　矢野 みち子

contents

contents

Chapter 6

テキスト

Chapter 7

画像／動画／SNS

本書の使い方

本書は、Webサイトのデザイン制作に広く活用いただける汎用的なWebデザインパーツを集めて解説したものです。収録しているWebデザインパーツは主にHTML+CSS、jQueryを用いて作成されています。

各パーツの完成データはダウンロードして、学習の参考としてご使用いただけますので、そちらも合わせてご覧ください（サンプルのダウンロードデータについてはP010参照）。

本書の紙面構成は次の通りです。

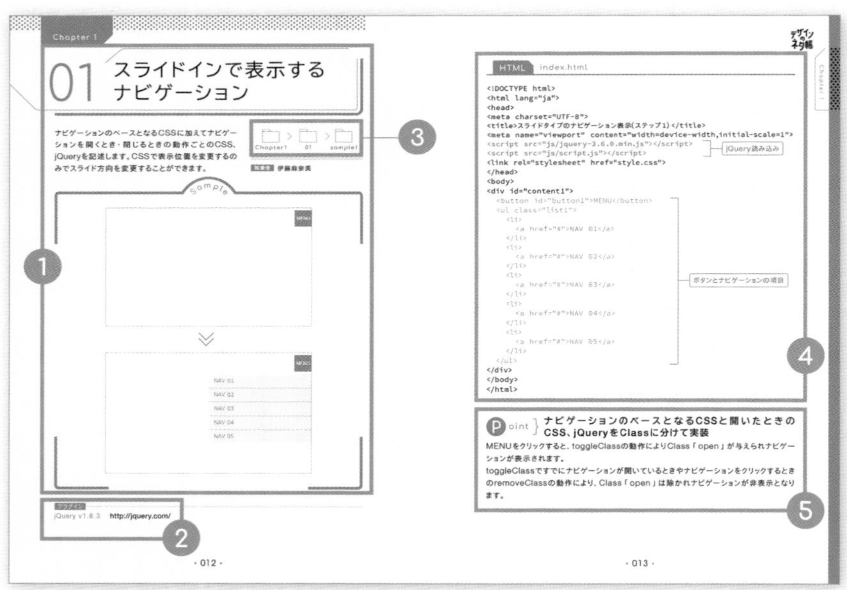

Chapter 1
01 スライドインで表示するナビゲーション
ナビゲーションのベースとなるCSSに加えてナビゲーションを開くとき・閉じるときの動作ごとのCSS、jQueryを記述します。CSSで表示位置を変更するのみでスライド方向を変更することができます。
Chapter1 > 01 > sample1
Sample
MENU
NAV 01
NAV 02
NAV 03
NAV 04
NAV 05
プラグイン
jQuery v1.8.3 http://jquery.com/
HTML index.html
jQuery読み込み
ボタンとナビゲーションの項目
Point ナビゲーションのベースとなるCSSと開いたときのCSS、jQueryをClassに分けて実装
1
2
3
4
5
- 012 -
- 013 -

❶ テーマと完成作成

各記事の冒頭にデザインパーツのテーマと完成形を掲載しています。

❷ プラグイン

使用しているプラグインの名称とURLを掲載しています。プラグインを使用していないものもあります。

❸ 収録フォルダ

ダウンロードデータの中で、該当のデータを収録しているフォルダを示しています。

❹ ソースコード

HTMLやCSS、jQueryなど、Webデザインパーツのソースコードを掲載しています。ソースコードはポイントとなる部分のみを抜粋している場合もあります。

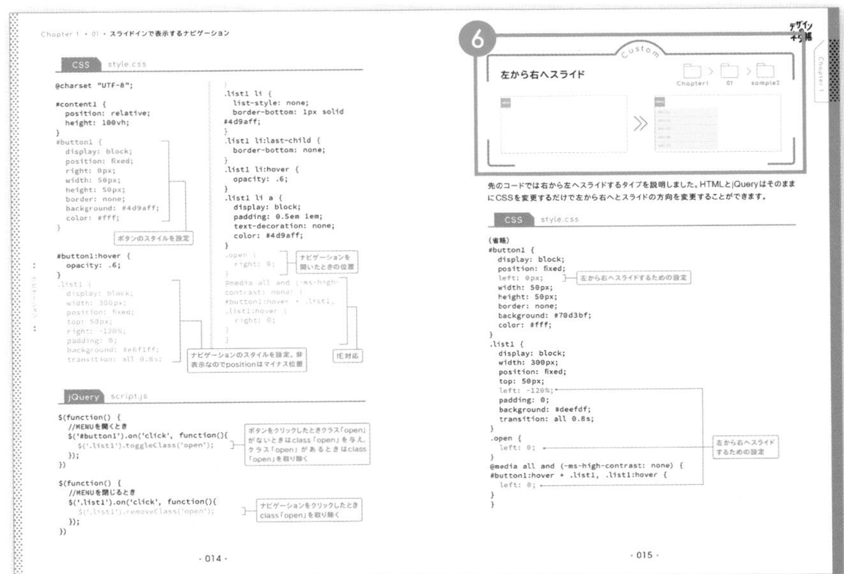

Chapter 1 • 01 • スライドインで表示するナビゲーション

CSS style.css

```
@charset "UTF-8";

#content1 {
  position: relative;
  height: 100vh;
}
#button1 {
  display: block;
  position: fixed;
  right: 0px;
  width: 50px;
  height: 50px;
  border: none;
  background: #4d9aff;
  color: #fff;
}

#button1:hover {
  opacity: .6;
}
.list1 {
  display: block;
  width: 300px;
  position: fixed;
  top: 50px;
  right: -120%;
  padding: 0;
  background: #e6f1ff;
  transition: all 0.8s;
}
.list1 li {
  list-style: none;
  border-bottom: 1px solid
#4d9aff;
}
.list1 li:last-child {
  border-bottom: none;
}
.list1 li:hover {
  opacity: .6;
}
.list1 li a {
  display: block;
  padding: 0.5em 1em;
  text-decoration: none;
  color: #4d9aff;
}
.open {
  right: 0;
}
@media all and (-ms-high-
contrast: none) {
#button1:hover + .list1,
.list1:hover {
  right: 0;
}
}
```

ボタンのスタイルを設定

ナビゲーションのスタイルを設定。非表示なのでpositionはマイナス位置

ナビゲーションを開いたときの位置

IE対応

jQuery script.js

```
$(function() {
  //MENUを開くとき
  $('#button1').on('click', function(){
    $('.list1').toggleClass('open');
  });
})

$(function() {
  //MENUを閉じるとき
  $('.list1').on('click', function(){
    $('.list1').removeClass('open');
  });
})
```

ボタンをクリックしたときクラス「open」がないときはclass「open」を与え、クラス「open」があるときはclass「open」を取り除く

ナビゲーションをクリックしたときclass「open」を取り除く

- 014 -

6

Custom

左から右へスライド

Chapter1 > 01 > sample2

先のコードでは右から左へスライドするタイプを説明しました。HTMLとjQueryはそのままにCSSを変更するだけで左から右へとスライドの方向を変更することができます。

CSS style.css

```
(省略)
#button1 {
  display: block;
  position: fixed;
  left: 0px;
  width: 50px;
  height: 50px;
  border: none;
  background: #70d3bf;
  color: #fff;
}
.list1 {
  display: block;
  width: 300px;
  position: fixed;
  top: 50px;
  left: -120%;
  padding: 0;
  background: #deefdf;
  transition: all 0.8s;
}
.open {
  left: 0;
}
@media all and (-ms-high-contrast: none) {
#button1:hover + .list1, .list1:hover {
  left: 0;
}
}
```

左から右へスライドするための設定

左から右へスライドするための設定

- 015 -

❺ ポイント

Webデザインパーツを制作する上で、コーディング上の重要になる点を解説しています。

❻ カスタマイズ例

❶で示した完成形に、さらにひと手間加えたカスタマイズ例を載せています。CSSやjQueryなどのソースコードの一部を変更することで、パーツの動きや見た目に変化をつけることができます。

本書は2022年2月現在の情報を元に執筆されたものです。これ以降の仕様等の変更によっては、記載された内容（技術情報、固有名詞、URL、参考書籍など）と事実が異なる場合があります。

サンプルデータのダウンロードについて

本書に掲載しているWebデザインパーツのサンプルデータは、以下のURLからダウンロードできます。

https://books.mdn.co.jp/down/3221303030/

（3221303030：数字）

※弊社Webサイトからダウンロードできるサンプルデータは、本書の解説内容をご理解いただくために、ご自身で試される場合にのみ使用できる参照用データです。その他の用途での使用や配布などは一切できませんので、あらかじめご了承ください。

※弊社Webサイトからダウンロードできるサンプルデータの著作権は、それぞれの制作者に帰属します。

※弊社Webサイトからダウンロードできるサンプルデータを実行した結果については、著者および株式会社エムディエヌコーポレーションは一切の責任を負いかねます。お客様の責任においてご利用ください。

※本書に掲載されているHTML・CSSなどの改行位置などは、紙面掲載用として加工していることがあります。ダウンロードしたサンプルデータとは異なる場合がありますので、あらかじめご了承ください。

※サンプルのなかには、Webサーバーの機能を利用しているなどの理由から、ローカル環境上では正しく動作しないものがあります。このようなサンプルの場合は、Webサーバー上に設置したうえで機能をお試しください。

Chapter

1

ナビゲーション

01 スライドインで表示するナビゲーション

ナビゲーションのベースとなるCSSに加えてナビゲーションを開くとき・閉じるときの動作ごとのCSS、jQueryを記述します。CSSで表示位置を変更するのみでスライド方向を変更することができます。

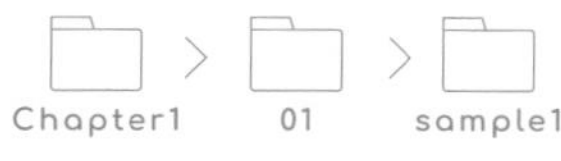

執筆者 伊藤麻奈美

Sample

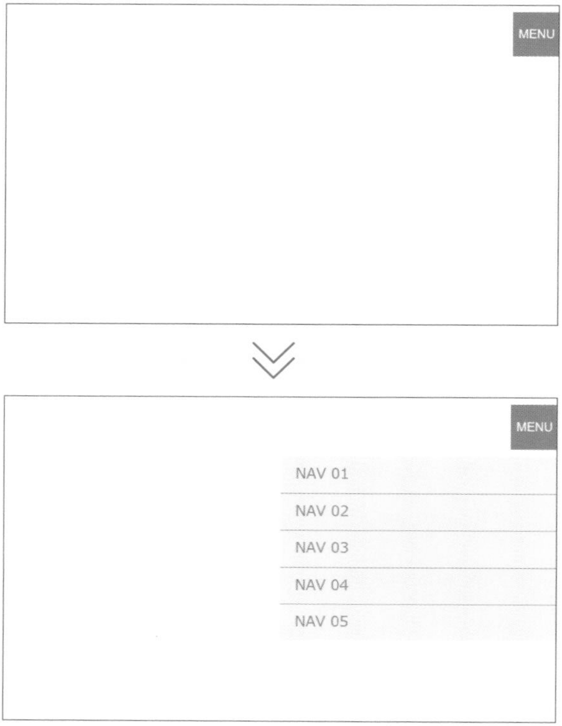

MENU

MENU
NAV 01
NAV 02
NAV 03
NAV 04
NAV 05

プラグイン

jQuery v3.6.0　https://jquery.com/

HTML index.html

```
<!DOCTYPE html>
<html lang="ja">
<head>
<meta charset="UTF-8">
<title>スライドタイプのナビゲーション表示(ステップ1)</title>
<meta name="viewport" content="width=device-width,initial-scale=1">
<script src="js/jquery-3.6.0.min.js"></script>
<script src="js/script.js"></script>
<link rel="stylesheet" href="style.css">
</head>
<body>
<div id="content1">
  <button id="button1">MENU</button>
  <ul class="list1">
    <li>
      <a href="#">NAV 01</a>
    </li>
    <li>
      <a href="#">NAV 02</a>
    </li>
    <li>
      <a href="#">NAV 03</a>
    </li>
    <li>
      <a href="#">NAV 04</a>
    </li>
    <li>
      <a href="#">NAV 05</a>
    </li>
  </ul>
</div>
</body>
</html>
```

jQuery読み込み

ボタンとナビゲーションの項目

Point ナビゲーションのベースとなるCSSと開いたときのCSS、jQueryをClassに分けて実装

MENUをクリックすると、toggleClassの動作によりClass「open」が与えられナビゲーションが表示されます。
toggleClassですでにナビゲーションが開いているときやナビゲーションをクリックするときのremoveClassの動作により、Class「open」は除かれナビゲーションが非表示となります。

CSS style.css

```
@charset "UTF-8";

#content1 {
  position: relative;
  height: 100vh;
}
#button1 {
  display: block;
  position: fixed;
  right: 0px;
  width: 50px;
  height: 50px;
  border: none;
  background: #4d9aff;
  color: #fff;
}

#button1:hover {
  opacity: .6;
}
.list1 {
  display: block;
  width: 300px;
  position: fixed;
  top: 50px;
  right: -120%;
  padding: 0;
  background: #e6f1ff;
  transition: all 0.8s;
}
.list1 li {
  list-style: none;
  border-bottom: 1px solid
#4d9aff;
}
.list1 li:last-child {
  border-bottom: none;
}
.list1 li:hover {
  opacity: .6;
}
.list1 li a {
  display: block;
  padding: 0.5em 1em;
  text-decoration: none;
  color: #4d9aff;
}
.open {
  right: 0;
}
@media all and (-ms-high-
contrast: none) {
#button1:hover + .list1,
.list1:hover {
  right: 0;
}
}
```

ボタンのスタイルを設定

ナビゲーションのスタイルを設定。非表示なのでpositionはマイナス位置

ナビゲーションを開いたときの位置

IE対応

jQuery script.js

```
$(function() {
  //MENUを開くとき
  $('#button1').on('click', function(){
    $('.list1').toggleClass('open');
  });
})

$(function() {
  //MENUを閉じるとき
  $('.list1').on('click', function(){
    $('.list1').removeClass('open');
  });
})
```

ボタンをクリックしたときクラス「open」がないときはclass「open」を与え、クラス「open」があるときはclass「open」を取り除く

ナビゲーションをクリックしたときclass「open」を取り除く

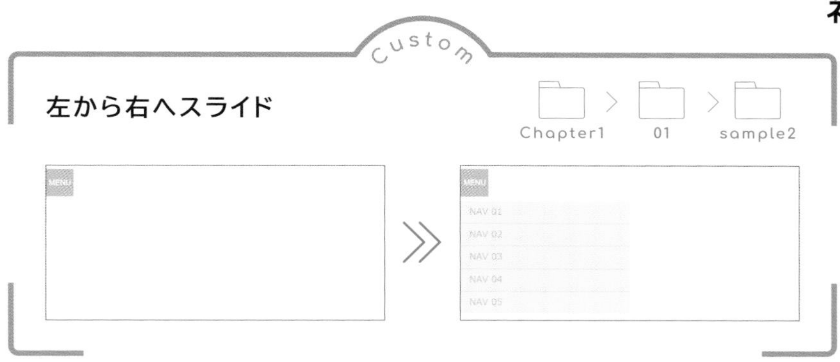

先のコードでは右から左へスライドするタイプを説明しました。HTMLとjQueryはそのままにCSSを変更するだけで左から右へとスライドの方向を変更することができます。

CSS style.css

```
(省略)
#button1 {
  display: block;
  position: fixed;
  left: 0px;
  width: 50px;
  height: 50px;
  border: none;
  background: #70d3bf;
  color: #fff;
}
.list1 {
  display: block;
  width: 300px;
  position: fixed;
  top: 50px;
  left: -120%;
  padding: 0;
  background: #deefdf;
  transition: all 0.8s;
}
.open {
  left: 0;
}
@media all and (-ms-high-contrast: none) {
#button1:hover + .list1, .list1:hover {
  left: 0;
}
}
```

左から右へスライドするための設定

左から右へスライドするための設定

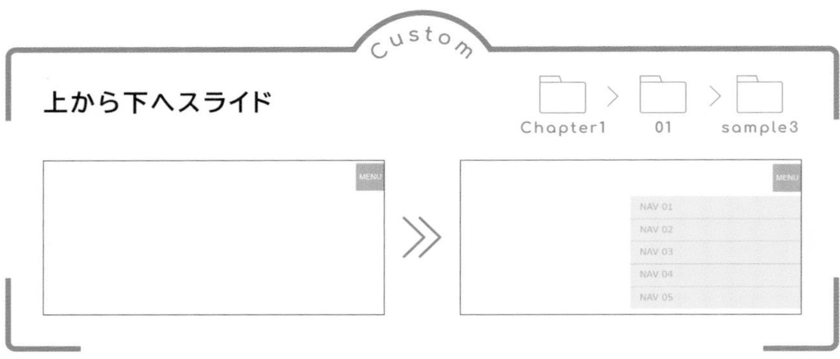

HTMLとjQueryはそのままにCSSを変更するだけで上から下へとスライドの方向を変更することができます。

CSS style.css

```
(省略)
#button1 {
  display: block;
  position: fixed;
  right: 0px;
  width: 50px;
  height: 50px;
  border: none;
  background: #f0811a;
  color: #fff;
}
.list1 {
  display: block;
  width: 300px;
  position: fixed;
  top: -120%;
  right: 0;
  padding: 0;
  background: #fceb92;
  transition: all 0.8s;
}
.open {
  top: 50px;
}
@media all and (-ms-high-contrast: none) {
#button1:hover + .list1, .list1:hover {
  top: 50px;
}
}
```

上から下へスライドするための設定

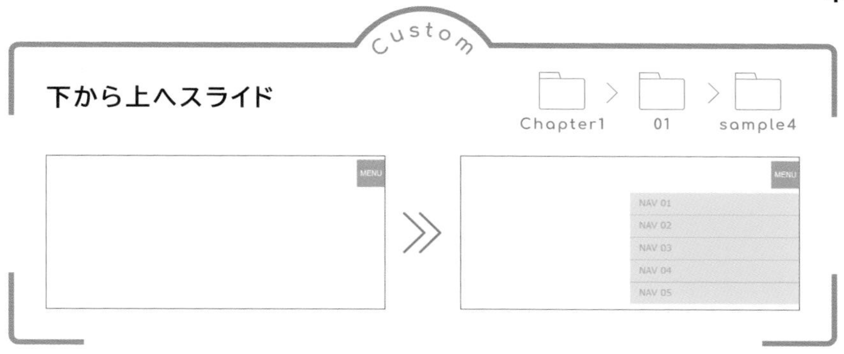

HTMLとjQueryはそのままにCSSを変更するだけで下から上へとスライドの方向を変更することができます。
ナビゲーションの位置関係上bottomを開始位置にせず、topのマイナス位置からスライドさせます。

CSS style.css

```
(省略)
#button1 {
  display: block;
  position: fixed;
  right: 0px;
  width: 50px;
  height: 50px;
  border: none;
  background: #fe5583;
  color: #fff;
}
.list1 {
  display: block;
  width: 300px;
  position: fixed;
  top: 120%;
  right: 0;
  padding: 0;
  background: #fccbc7;
  transition: all 0.8s;
}
.open {
  top: 50px;
}
@media all and (-ms-high-
contrast: none) {
#button1:hover + .list1,
.list1:hover {
  top: 50px;
}
}
```

下から上へスライドするための設定
bottom基準にしてしまうとMENUボタンとの表示位置の調整がしづらいため、top基準で設定

02 スッと表れるドロップダウンメニュー

PC版でよく見かけるドロップダウンメニューです。ナビゲーションの親子別CSSとホバー前後のCSSを組み合わせで実装することができます。jQueryを使わずCSSのみで印象的な表示をさせることも可能です。

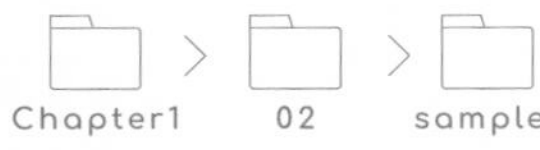

執筆者 伊藤麻奈美

Sample

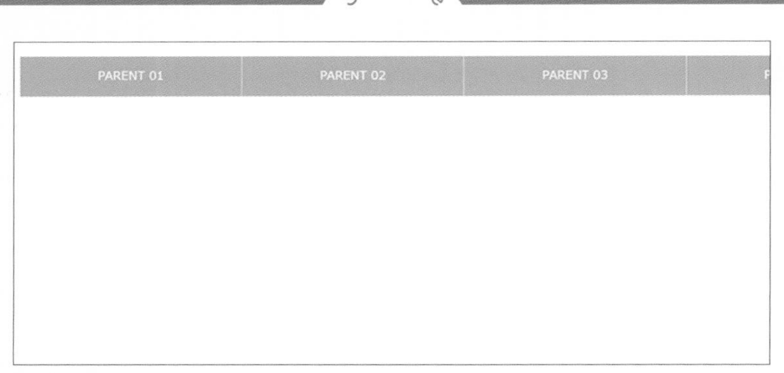

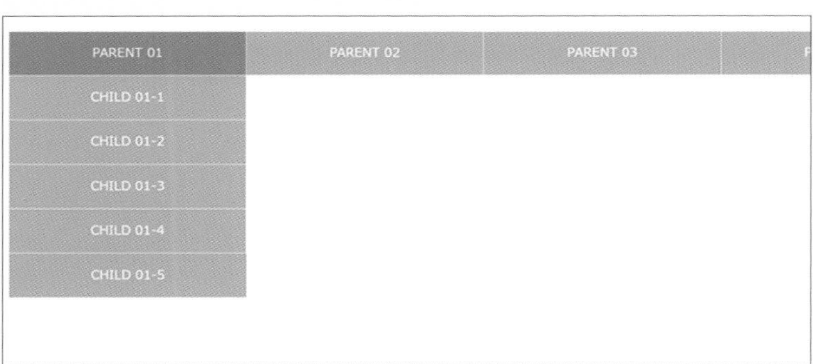

HTML index.html

```
<!DOCTYPE html>
<html lang="ja">
<head>
<meta charset="UTF-8">
<title>ドロップダウンメニュー(ステップ1)</title>
<meta name="viewport" content="width=device-width,initial-scale=1">
<link rel="stylesheet" href="style.css">
</head>
<body>
<div id="content1">
  <ul class="list1">
    <li class="parent">
      <a href="#">PARENT 01</a>
      <ul class="child1">
        <li><a href="#">CHILD 01-1</a></li>
        <li><a href="#">CHILD 01-2</a></li>
        <li><a href="#">CHILD 01-3</a></li>
        <li><a href="#">CHILD 01-4</a></li>
        <li><a href="#">CHILD 01-5</a></li>
      </ul>
    </li>
    <li class="parent">
      <a href="#">PARENT 02</a>
      <ul class="child2">
        <li><a href="#">CHILD 02-1</a></li>
        <li><a href="#">CHILD 02-2</a></li>
        <li><a href="#">CHILD 02-3</a></li>
        <li><a href="#">CHILD 02-4</a></li>
      </ul>
    </li>
    <li class="parent">
      <a href="#">PARENT 03</a>
      <ul class="child3">
        <li><a href="#">CHILD 03-1</a></li>
        <li><a href="#">CHILD 03-2</a></li>
        <li><a href="#">CHILD 03-3</a></li>
      </ul>
    </li>
    <li class="parent">
      <a href="#">PARENT 04</a>
      <ul class="child4">
        <li><a href="#">CHILD 04-1</a></li>
        <li><a href="#">CHILD 04-2</a></li>
      </ul>
    </li>
    <li class="parent">
      <a href="#">PARENT 05</a>
      <ul class="child5">
```

parentの記述

childの記述

```
        <li><a href="#">CHILD 05-1</a></li>
      </ul>
    </li>
  </ul>
</div>
</body>
</html>
```

Point } 親子別の表示になる箇所はClassまたはIDで記述を分ける

ナビゲーションはWEBサイト公開後も修正する機会が多い箇所です。メンテナンスがしやすいよう親子共通部分はまとめ、親Class、子Classごとに表示が変わる箇所はできるだけ最低限の記述でまとめます。
また子ナビゲーションはデフォルトでは非表示で、親ナビゲーションのホバー時に表示されるため動作ごとの記述があります。

CSS style.css

```
@charset "UTF-8";

#content1 {
  position: relative;
  height: 100vh;
}
li a {
  display: block;
  width: 20%;
  padding: 1em;
  text-align: center;
  text-decoration: none;
  box-sizing: border-box;
  color: #fff;
  background: #82cddd;
}
.list1 {
  display: block;
  width: 100%;
  position: fixed;
  padding: 0;
}
.list1 li {
  list-style: none;
}
.list1 li a {
  float: left;
  border-right: 1px solid
#fff;
}
.list1 li:last-child a {
  border-right: none;
}
.list1 li a:hover {
  background: #00afcc;
}
.parent {
  position: relative;
}
.parent ul {
  width: 20%;
  display: none;
  position: absolute;
  padding: 0;
  top: 56px;
}
.parent ul a{
  float: none;
  width: 100%;
  border-top: 1px solid #fff;
}
```

parentを基準にchildを位置づけるための指定

childの絶対配置を指定

ナビゲーション

```
.parent:hover ul {
  display: block;
}
.child1 {
  left: 0;
}
.child2 {
  left: 20%;
}
```

parentのホバー時にchildを表示

```
.child3 {
  left: 40%;
}
.child4 {
  left: 60%;
}
.child5 {
  left: 80%;
}
```

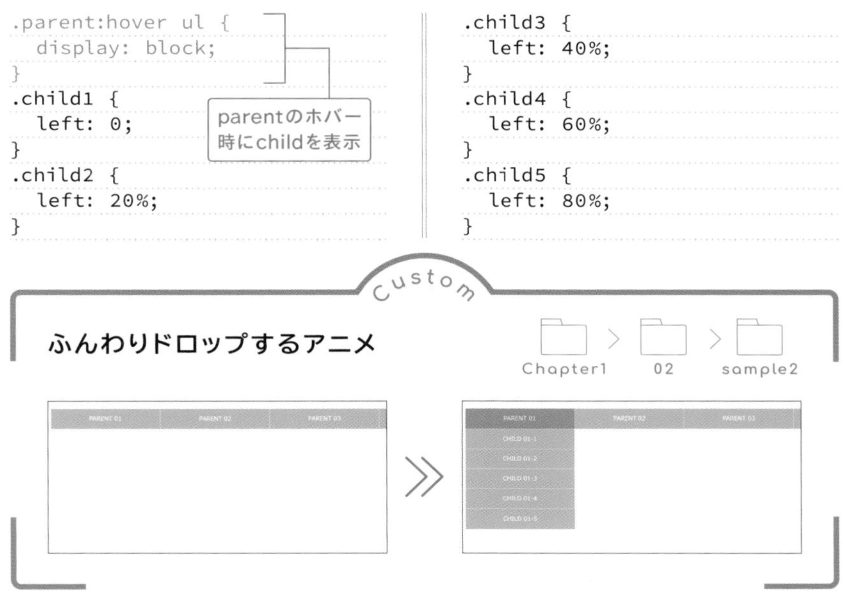

ふんわりドロップするアニメ

要素を表示/非表示するCSS「visibility」や要素の不透明度を設定する「opacity」、アニメーションの速度を設定する「transition」を主に使用します。これらをホバー前後とで親子のナビゲーションにそれぞれ組み合わせるだけでふわっと表示させることができます。速度は簡単に調整することができます。

CSS style.css

```
(省略)
.parent ul {
  width: 20%;
  position: absolute;
  padding: 0;
  top: 56px;
  visibility: hidden;
  opacity: 0;
  transition: 0s;
}
```

要素を非表示・透明・アニメーションを実行しないのを設定

```
.parent ul a{
  float: none;
  width: 100%;
  border-top: 1px solid #fff;
  visibility: hidden;
  opacity: 0;
  transition: .5s;
}
```

要素を非表示・透明・アニメーション完了まで5秒間を設定

```
.parent:hover ul {
  visibility: visible;
  opacity: 1;
}
.parent:hover ul a {
  visibility: visible;
  opacity: 1;
}
```

ホバー時に要素を表示・不透明を設定

03 3階層のドロップダウンメニュー

ドロップダウンメニューの中でも親要素、子要素、孫要素と階層が深い構成のWEBサイトに向いています。親要素と子要素の基準位置を調整することで実装することができます。

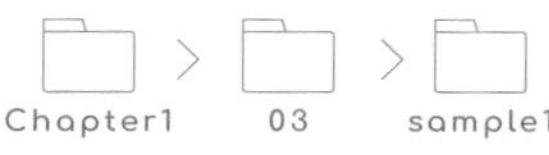

執筆者 伊藤麻奈美

Sample

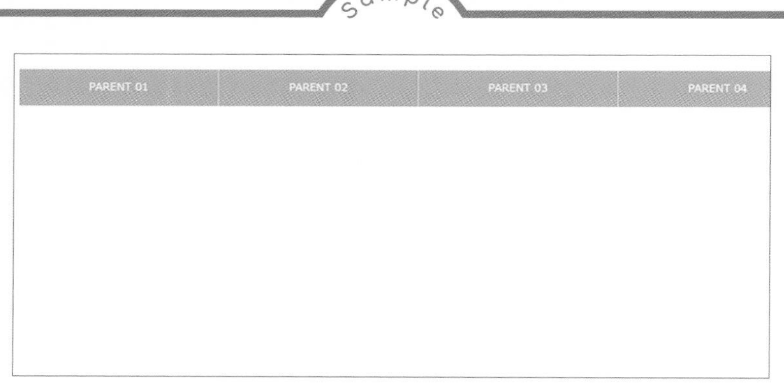

HTML index.html

```
<!DOCTYPE html>
<html lang="ja">
<head>
<meta charset="UTF-8">
<title>ドロップダウンメニュー(ステップ2)</title>
<meta name="viewport" content="width=device-width,initial-scale=1">
<link rel="stylesheet" href="style.css">
</head>
<body>
<div id="content1">
  <ul class="list1">
    <li class="parent">
      <a href="#">PARENT 01</a>
      <ul class="child1">
        <li><a href="#">CHILD 01-1</a>
          <ul>
            <li><a href="#">GRANDCHILD 01-1</a></li>
            <li><a href="#">GRANDCHILD 01-2</a></li>
            <li><a href="#">GRANDCHILD 01-3</a></li>
            <li><a href="#">GRANDCHILD 01-4</a></li>
          </ul>
        </li>
        <li><a href="#">CHILD 01-2</a>
          <ul>
            <li><a href="#">GRANDCHILD 02-1</a></li>
            <li><a href="#">GRANDCHILD 02-2</a></li>
            <li><a href="#">GRANDCHILD 02-3</a></li>
            <li><a href="#">GRANDCHILD 02-4</a></li>
          </ul>
        </li>
        <li><a href="#">CHILD 01-3</a>
          <ul>
            <li><a href="#">GRANDCHILD 03-1</a></li>
            <li><a href="#">GRANDCHILD 03-2</a></li>
            <li><a href="#">GRANDCHILD 03-3</a></li>
            <li><a href="#">GRANDCHILD 03-4</a></li>
          </ul>
        </li>
        <li><a href="#">CHILD 01-4</a>
          <ul>
            <li><a href="#">GRANDCHILD 04-1</a></li>
            <li><a href="#">GRANDCHILD 04-2</a></li>
            <li><a href="#">GRANDCHILD 04-3</a></li>
            <li><a href="#">GRANDCHILD 04-4</a></li>
          </ul>
        </li>
        <li><a href="#">CHILD 01-5</a>
          <ul>
```

ナビゲーションの親要素

ナビゲーションの子要素

ナビゲーションの孫要素

```
          <li><a href="#">GRANDCHILD 05-1</a></li>
          <li><a href="#">GRANDCHILD 05-2</a></li>
          <li><a href="#">GRANDCHILD 05-3</a></li>
          <li><a href="#">GRANDCHILD 05-4</a></li>
        </ul>
      </li>
    </ul>
  </li>
  <li class="parent">
    <a href="#">PARENT 02</a>
    <ul class="child2">
      <li><a href="#">CHILD 02-1</a>
        <ul>
          <li><a href="#">GRANDCHILD 01-1</a></li>
          <li><a href="#">GRANDCHILD 01-2</a></li>
          <li><a href="#">GRANDCHILD 01-3</a></li>
          <li><a href="#">GRANDCHILD 01-4</a></li>
        </ul>
      </li>
      <li><a href="#">CHILD 02-2</a>
        <ul>
          <li><a href="#">GRANDCHILD 02-1</a></li>
          <li><a href="#">GRANDCHILD 02-2</a></li>
          <li><a href="#">GRANDCHILD 02-3</a></li>
          <li><a href="#">GRANDCHILD 02-4</a></li>
        </ul>
      </li>
      <li><a href="#">CHILD 02-3</a>
        <ul>
          <li><a href="#">GRANDCHILD 03-1</a></li>
          <li><a href="#">GRANDCHILD 03-2</a></li>
          <li><a href="#">GRANDCHILD 03-3</a></li>
          <li><a href="#">GRANDCHILD 03-4</a></li>
        </ul>
      </li>
      <li><a href="#">CHILD 02-4</a>
        <ul>
          <li><a href="#">GRANDCHILD 04-1</a></li>
          <li><a href="#">GRANDCHILD 04-2</a></li>
          <li><a href="#">GRANDCHILD 04-3</a></li>
          <li><a href="#">GRANDCHILD 04-4</a></li>
        </ul>
      </li>
    </ul>
  </li>
  <li class="parent">
    <a href="#">PARENT 03</a>
    <ul class="child3">
      <li><a href="#">CHILD 03-1</a>
        <ul>
```

```
          <li><a href="#">GRANDCHILD 01-1</a></li>
          <li><a href="#">GRANDCHILD 01-2</a></li>
          <li><a href="#">GRANDCHILD 01-3</a></li>
          <li><a href="#">GRANDCHILD 01-4</a></li>
        </ul>
      </li>
      <li><a href="#">CHILD 03-2</a>
        <ul>
          <li><a href="#">GRANDCHILD 02-1</a></li>
          <li><a href="#">GRANDCHILD 02-2</a></li>
          <li><a href="#">GRANDCHILD 02-3</a></li>
          <li><a href="#">GRANDCHILD 02-4</a></li>
        </ul>
      </li>
      <li><a href="#">CHILD 03-3</a>
        <ul>
          <li><a href="#">GRANDCHILD 03-1</a></li>
          <li><a href="#">GRANDCHILD 03-2</a></li>
          <li><a href="#">GRANDCHILD 03-3</a></li>
          <li><a href="#">GRANDCHILD 03-4</a></li>
        </ul>
      </li>
    </ul>
  </li>
  <li class="parent">
    <a href="#">PARENT 04</a>
    <ul class="child4">
      <li><a href="#">CHILD 04-1</a>
        <ul>
          <li><a href="#">GRANDCHILD 01-1</a></li>
          <li><a href="#">GRANDCHILD 01-2</a></li>
          <li><a href="#">GRANDCHILD 01-3</a></li>
          <li><a href="#">GRANDCHILD 01-4</a></li>
        </ul>
      </li>
      <li><a href="#">CHILD 04-2</a>
        <ul>
          <li><a href="#">GRANDCHILD 02-1</a></li>
          <li><a href="#">GRANDCHILD 02-2</a></li>
          <li><a href="#">GRANDCHILD 02-3</a></li>
          <li><a href="#">GRANDCHILD 02-4</a></li>
        </ul>
      </li>
    </ul>
  </li>
  <li class="parent">
    <a href="#">PARENT 05</a>
    <ul class="child5">
      <li><a href="#">CHILD 05-1</a></li>
    </ul>
```

```
      </li>
    </ul>
</div>
</body>
</html>
```

Point ナビゲーションの親要素と子要素、孫要素の位置関係、ホバー前後の表示・非表示を設定

デフォルトではナビゲーションのうち親要素のみ表示、親要素ホバー時に子要素を表示、さらに子要素ホバー時に孫要素表示、といったように段階的にナビゲーションの表示を設定します。また孫要素は子要素を基準位置に、子要素は親要素を基準位置となるよう設定することでドロップダウンメニューが横に表示されるよう設定できます。

CSS style.css

```
@charset "UTF-8";

#content1 {
  position: relative;
  height: 100vh;
}
li a {
  display: block;
  width: 20%;
  padding: 1em;
  text-align: center;
  text-decoration: none;
  box-sizing: border-box;
  color: #fff;
  background: #82cddd;
}
.list1 {
  display: block;
  width: 100%;
  position: fixed;
  padding: 0;
}
.list1 li {
  list-style: none;
}
.list1 li a {
  float: left;
  border-right: 1px solid
#fff;
}
.list1 li:last-child a {
  border-right: none;
}
.list1 li li:last-child a {
  border-right: 1px solid
#fff;
}
.list1 li a:hover {
  background: #00afcc;
}
.list1 li li li a {
  background: #43c1de;
}
.parent {
  position: relative;
}

.parent ul {
  width: 20%;
  display: none;
  position: absolute;
  padding: 0;
  top: 56px;
}
.parent ul li {
  position: relative;
}


.parent ul a{
  float: none;
  width: 100%;
  border-top: 1px solid #fff;
}
```

子要素が親要素を基準に移動するための設定

親要素を基準に子要素を配置するための設定、または子要素を基準に孫要素を配置するための設定

```
.parent:hover ul {
  display: block;
}
.child1 {
  left: 0;
}
.child2 {
  left: 20%;
}
.child3 {
  left: 40%;
}
.child4 {
  left: 60%;
}
.child5 {
  left: 80%;
}
```

各子要素の配置を設定

```
.parent ul ul {
  width: 100%;
  display: none;
  position: absolute;
  padding: 0;
  top: 0;
}

.parent:hover ul ul {
  display: none;
}
.parent ul li:hover ul {
  display: block;
}
.parent ul ul {
  left: 100%;
}
```

親要素を基準に子要素を配置するための設定、または子要素を基準に孫要素を配置するための設定

孫要素の配置を設定

Custom

左側へドロップダウンメニュー

Chapter1 > 03 > sample2

PARENT 01 | PARENT 02 | PARENT

PARENT 01 | PARENT 02 | PARENT
GRANDCHILD 01-1 | CHILD 02-1
GRANDCHILD 01-2 | CHILD 02-2
GRANDCHILD 01-3 | CHILD 02-3
GRANDCHILD 01-4 | CHILD 02-4

親要素と子要素、孫要素の位置が決まれば左右どちら側からでもドロップダウンメニューを表示することができます。jQueryを使用せずCSSの設定のみで実装できます。CSSの「 position 」を用いて親要素は子要素の基準位置、子要素は絶対配置を設定しつつ孫要素の基準位置、孫要素は絶対配置と入れ子なっている要素を一つ一つ設定します。

HTML index.html

```
<!DOCTYPE html>
<html lang="ja">
<head>
<meta charset="UTF-8">
<title>ドロップダウンメニュー(ステップ2)</title>
<meta name="viewport" content="width=device-width,initial-scale=1">
<link rel="stylesheet" href="style.css">
</head>
<body>
<div id="content1">
  <ul class="list1">
    <li class="parent">
      <a href="#">PARENT 01</a>
      <ul class="child1">
        <li><a href="#">CHILD 01-1</a></li>
        <li><a href="#">CHILD 01-2</a></li>
        <li><a href="#">CHILD 01-3</a></li>
        <li><a href="#">CHILD 01-4</a></li>
        <li><a href="#">CHILD 01-5</a></li>
      </ul>
    </li>
    <li class="parent">
      <a href="#">PARENT 02</a>
      <ul class="child2">
        <li><a href="#">CHILD 02-1</a>
          <ul>
            <li><a href="#">GRANDCHILD 01-1</a></li>
            <li><a href="#">GRANDCHILD 01-2</a></li>
            <li><a href="#">GRANDCHILD 01-3</a></li>
            <li><a href="#">GRANDCHILD 01-4</a></li>
          </ul>
        </li>
        <li><a href="#">CHILD 02-2</a>
          <ul>
            <li><a href="#">GRANDCHILD 02-1</a></li>
            <li><a href="#">GRANDCHILD 02-2</a></li>
            <li><a href="#">GRANDCHILD 02-3</a></li>
            <li><a href="#">GRANDCHILD 02-4</a></li>
          </ul>
        </li>
        <li><a href="#">CHILD 02-3</a>
          <ul>
            <li><a href="#">GRANDCHILD 03-1</a></li>
            <li><a href="#">GRANDCHILD 03-2</a></li>
            <li><a href="#">GRANDCHILD 03-3</a></li>
            <li><a href="#">GRANDCHILD 03-4</a></li>
          </ul>
        </li>
```

```
        <li><a href="#">CHILD 02-4</a>
          <ul>
            <li><a href="#">GRANDCHILD 04-1</a></li>
            <li><a href="#">GRANDCHILD 04-2</a></li>
            <li><a href="#">GRANDCHILD 04-3</a></li>
            <li><a href="#">GRANDCHILD 04-4</a></li>
          </ul>
        </li>
      </ul>
    </li>
(省略)
  </ul>
</div>
</body>
</html>
```

CSS style.css

```
(省略)
.parent ul ul {
  right: 100%;
}
```

孫要素を子要素の左側に設定

04 CSSだけで作るシンプルなメニュー

マウスオーバーでドロップメニューが表示される、横並びナビゲーション。孫メニューにも対応で、JavaScript不要・CSSのみで実装できるので、カスタマイズしやすいシンプルなナビゲーションです。

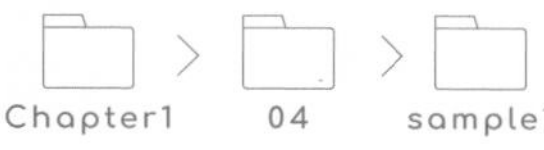

執筆者 桟敷友香子

Sample

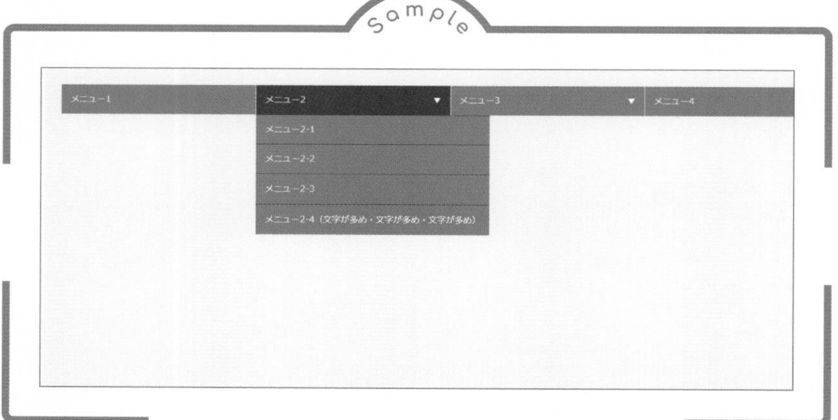

HTML index.html

```
<!doctype html>
<html lang="ja">
<head>
<meta charset="utf-8">
<title>ドロップダウンメニュー03</title>
<meta name="viewport" content="width=device-width,initial-scale=1">
<link rel="stylesheet" href="style.css">
</head>

<body>

  <nav id="gnavWrap">
    <ul class="gnav">
      <li><a href="#">メニュー1</a></li>
      <li><a href="#">メニュー2<span>▼</span></a>
        <ul>
```

レスポンシブ対応とCSSのリンク

ナビゲーションの親項目

```
          <li><a href="#">メニュー2-1</a></li>
          <li><a href="#">メニュー2-2</a></li>
          <li><a href="#">メニュー2-3</a></li>
          <li><a href="#">メニュー2-4(文字が多め・文字が多め・文字が多め
)</a></li>
        </ul></li>
      <li><a href="#">メニュー3<span>▼</span></a>
        <ul>
          <li><a href="#">メニュー3-1</a></li>
          <li><a href="#">メニュー3-2</a></li>
          <li><a href="#">メニュー3-3</a></li>
        </ul></li>
      <li><a href="#">メニュー4</a></li>
    </ul>
  </nav>

</body>
</html>
```

ナビゲーションの子項目

ナビゲーションの親項目

ナビゲーションの親項目

ナビゲーションの親項目

CSS style.css

```
@charset "UTF-8";
body {
  background: #efefef;
  margin: 0 auto;
   padding: 2em;

}

/* グローバルナビ */
#gnavWrap ul,
#gnavWrap li{
  list-style: none;
  margin: 0;
  padding: 0;
}

/* 親階層 */
.gnav {
  width: 100%;
  margin: 0 auto;
  display: flex;
}
.gnav li {
  position: relative;
  background: #1e9dd0;
}
.gnav > li {
  width: calc( 100% / 4 );
  border-left: 1px solid #fff;
}
.gnav > li:first-child {
  border-left: 0;
}

.gnav li a {
  color: #fff;
  text-decoration: none;
  width: 100%;
  height: 100%;
  padding: 1em;
  box-sizing: border-box;
  display: flex;
  justify-content: space-
between;
}
.gnav li a:hover {
  background: #055e81;
}
```

親項目の背景色の指定

親項目数の増減によっての横幅調整

マウスオーバー時の背景色の指定

```
/* 子階層 */
.gnav li ul {
  width: 100%;
  min-width: max-content;
  position: absolute;
}
.gnav li li {
  height: 0;
  overflow: hidden;
}
.gnav li li a {
  border-top: 1px solid
#055e81;
  width: 100%;
}
.gnav li:hover > ul > li {
  height: 100%;
  overflow: visible;
}
```

Point } 数値を入れ替えるだけで、簡単カスタマイズ

CSSだけのシンプルなナビゲーションなので、メニューの増減・カラー変更などのカスタマイズが簡単です。例えば、メニュー数が4つから5つになった場合、cssで親項目のwidthを、calc(100% / 4)を、calc(100% / 5)にするだけでOK！ わざわざ横幅を計算する必要はありません。

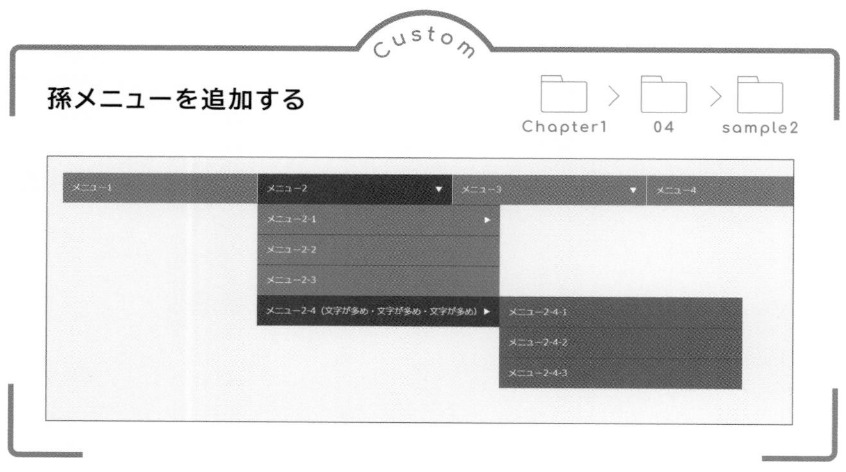

さらに、孫メニューに対応。こちらもCSSを追加するだけの、シンプルな作りになっています。

HTML index.html

```
<!doctype html>
<html lang="ja">
<head>
<meta charset="utf-8">
```

ナビゲーション

```
<title>ドロップダウンメニュー03</title>
<meta name="viewport" content="width=device-width,initial-scale=1">
<link rel="stylesheet" href="style.css">
</head>

<body>

  <nav id="gnavWrap">
    <ul class="gnav">
      <li><a href="#">メニュー1</a></li>
      <li><a href="#">メニュー2<span>▼</span></a>
        <ul>
          <li><a href="#">メニュー2-1<span>→</span></a>
            <ul>
              <li><a href="#">メニュー2-1-1</a></li>
              <li><a href="#">メニュー2-1-2</a></li>
              <li><a href="#">メニュー2-1-3</a></li>
            </ul></li>
          <li><a href="#">メニュー2-2</a></li>
          <li><a href="#">メニュー2-3</a></li>
          <li><a href="#">メニュー2-4(文字が多め・文字が多め・文字が多め)
<span>→</span></a>
            <ul>
              <li><a href="#">メニュー2-4-1</a></li>
              <li><a href="#">メニュー2-4-2</a></li>
              <li><a href="#">メニュー2-4-3</a></li>
            </ul></li>
        </ul></li>
      <li><a href="#">メニュー3<span>▼</span></a>
        <ul>
          <li><a href="#">メニュー3-1</a></li>
          <li><a href="#">メニュー3-2</a></li>
          <li><a href="#">メニュー3-3<span>→</span></a>
            <ul>
              <li><a href="#">メニュー3-3-1</a></li>
              <li><a href="#">メニュー3-3-2</a></li>
              <li><a href="#">メニュー3-3-3</a></li>
            </ul></li>
        </ul></li>
      <li><a href="#">メニュー4</a></li>
    </ul>
  </nav>

</body>
</html>
```

アイコンは、画像にして見栄えよくしてもよい

ナビゲーションの孫項目

アイコンは、画像にして見栄えよくしてもよい

ナビゲーションの孫項目

アイコンは、画像にして見栄えよくしてもよい

ナビゲーションの孫項目

CSS style.css

```
@charset "UTF-8";
body {
  background: #efefef;
  margin: 0 auto;
   padding: 2em;

}

/* グローバルナビ */
#gnavWrap ul,
#gnavWrap li{
  list-style: none;
  margin: 0;
  padding: 0;
}

/* 親階層 */
.gnav {
  width: 100%;
  margin: 0 auto;
  display: flex;
}
.gnav li {
  position: relative;
  background: #1e9dd0;
}
.gnav > li {
  width: calc( 100% / 4 );
  border-left: 1px solid #fff;
}
.gnav > li:first-child {
  border-left: 0;
}

.gnav li a {
  color: #fff;
  text-decoration: none;
  width: 100%;
  height: 100%;
  padding: 1em;
  box-sizing: border-box;
  display: flex;
  justify-content: space-
between;
}
.gnav li a:hover {
  background: #055e81;
}

/* 子階層 */
.gnav li ul {
  width: 100%;
  min-width: max-content;
  position: absolute;
}
.gnav li li {
  height: 0;
  overflow: hidden;
}
.gnav li li a {
  border-top: 1px solid
#055e81;
  width: 100%;
}
.gnav li:hover > ul > li {
  height: 100%;
  overflow: visible;
}

/* 孫階層 */
.gnav li ul li ul {
  width: 100%;
  min-width: max-content;
  position: absolute;
  top: 0;
  left: 100%;
}
.gnav li ul li ul li a {
  background: #1c82ab;
}
```

孫階層用のcssを追加するだけで、多階層も対応

ナビゲーション

05 フルスクリーンで表示されるメニュー

どのデバイスでも展開イメージに差異が出づらい、コンテンツの前面・フルスクリーンに表示されるメニュー。カスタマイズしやすいよう、簡単なjQueryとCSSで構成されたメニューです。

執筆者 桟敷友香子

Sample

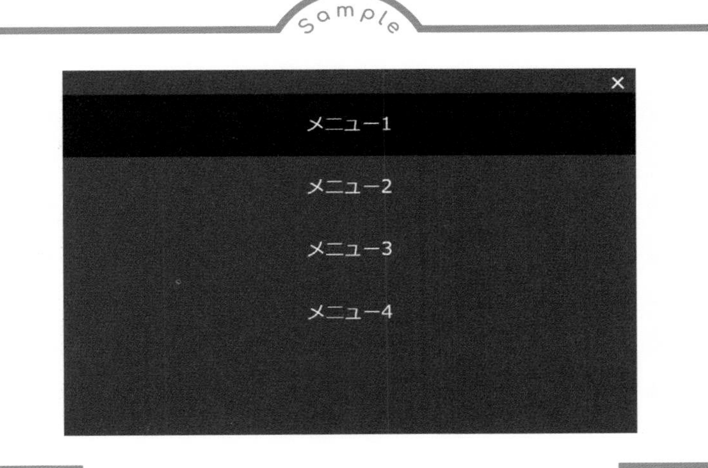

プラグイン

jQuery v3.6.0　https://ajax.googleapis.com/ajax/libs/jquery/3.6.0/jquery.min.js

HTML index.html

```
<!doctype html>
<html lang="ja">
<head>
<meta charset="utf-8">
<title>フルスクリーンメニュー</title>
<meta name="viewport" content="width=device-width,initial-scale=1">
<link rel="stylesheet" href="style.css">
<script src="https://ajax.googleapis.com/ajax/libs/jquery/3.6.0/
jquery.min.js"></script>
<script src="script.js" defer></script>
</head>
```

レスポンシブ対応とCSSのリンク

jQueryの読み込み

スクリプトの読み込み

```
<body>

  <div id="gnavWrap">
    <div class="toggle">
      <div class="one"></div>
      <div class="two"></div>
      <div class="three"></div>
    </div>
    <nav>
      <ul class="hidden">
        <li><a href="#"><span>メニュー1</span></a></li>
        <li><a href="#">メニュー2</a></li>
        <li><a href="#">メニュー3</a></li>
        <li><a href="#">メニュー4</a></li>
      </ul>
    </nav>
  </div>

  <main>
    <!-- コンテンツ -->
  </main>

</body>
</html>
```

ハンバーガーボタン部分

メニュー部分

CSS style.css

```
@charset "UTF-8";
body {
  background: #1e9dd0;
  margin: 0;
  padding: 0;
}

#gnavWrap.on {
  position: absolute;
  background-color: rgba(0, 0,
0, .5);
  width: 100%;
  min-height: 100%;
  display: block;
  z-index: 10;
}

/* ハンバーガー */
#gnavWrap .toggle {
  width: 40px;
  height: 30px;
  position: absolute;
  top: 20px;
  right: 25px;
  cursor: pointer;
}
#gnavWrap .toggle.on .one {
  transform: rotate(45deg)
translate(7px, 7px);
}
#gnavWrap .toggle.on .two {
  opacity: 0;
}
#gnavWrap .toggle.on .three {
  transform: rotate(-45deg)
translate(8px, -10px);
}
#gnavWrap .toggle .one,
#gnavWrap .toggle .two,
#gnavWrap .toggle .three {
  width: 100%;
  height: 5px;
  background: #fff;
  margin: 6px auto;
```

ハンバーガーボタンをクリックまたはタップされたときの設定

ハンバーガーボタン部分

```
  backface-visibility: hidden;
  transition-duration: .3s;
}

/* メニュー */
#gnavWrap nav ul {
  text-align: center;
  list-style: none;
  margin: 4em auto;
  padding: 0;
  overflow: hidden;
}
#gnavWrap nav ul.hidden {
  display: none;
}
```

メニュー部分

```
#gnavWrap nav ul li:hover {
  background-color:
rgba(0, 0, 0, .5);
}

#gnavWrap nav ul li a {
  color: #fff;
  font-size: 3em;
  text-decoration: none;
  line-height: 1.5;
  width: 100%;
  padding: 1em;
  display: block;
  box-sizing: border-box;
}
```

メニューの背景色の指定

メニューのテキスト部分の指定（文字の色や大きさ、余白など）

JavaScript extention.js

```
$(".toggle").on("click", function() {
  $(this).toggleClass("on");
  $("#gnavWrap").toggleClass("on");
  $("#gnavWrap nav ul").toggleClass("hidden");
});
```

idやclassを変更する場合は、この部分も一緒に設定

Point } どのデバイスでも同じようなイメージで展開できる

簡単なjQueryとCSSで構成されているので、メニューの増減・カラー変更などのカスタマイズが簡単です。コンテンツの前面にフルスクリーン表示させるので、どのデバイスでも表現・操作の差異が出づらいです。

Custom アニメーションさせる

Chapter1 > 05 > sample2

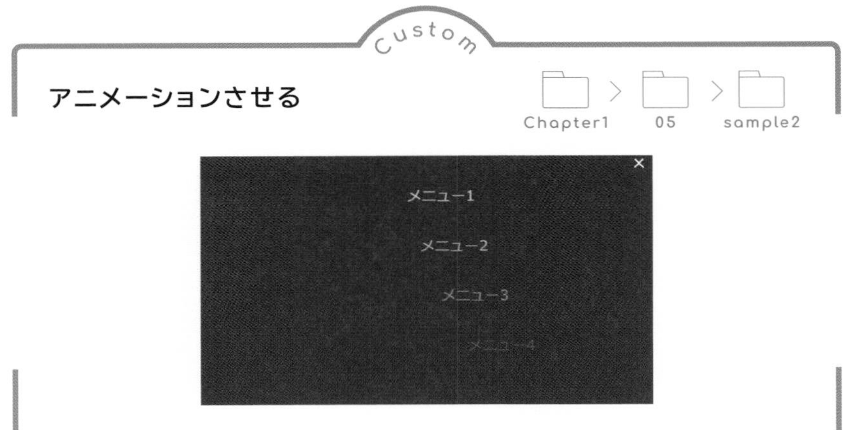

さらに、CSSだけを使って、効果的なアニメーションを追加させることも可能です。サンプルでは、ハンバーガーボタンをクリックまたはタップされたとき、メニューの背景をふわっとさせ、さらにメニュー項目を右から左へ表示させるよう、アニメーションを設定しています。

CSS style.css

```
@charset "UTF-8";
body {
  background: #1e9dd0;
  margin: 0;
  padding: 0;
}

#gnavWrap.on {
  position: absolute;
  background-color: rgba(0, 0,
0, 0.5);
  width: 100%;
  min-height: 100%;
  display: block;
  z-index: 10;
  transition: background-
color 1s;
}
```

ハンバーガーボタンをクリックまたはタップされたとき、メニューの背景をふわっと表示させる

```
/* ハンバーガー */
#gnavWrap .toggle {
  width: 40px;
  height: 30px;
  position: absolute;
  top: 20px;
  right: 25px;
  cursor: pointer;
}
#gnavWrap .toggle.on .one {
  transform: rotate(45deg)
translate(7px, 7px);
}
#gnavWrap .toggle.on .two {
  opacity: 0;
}
#gnavWrap .toggle.on .three {
  transform: rotate(-45deg)
translate(8px, -10px);
}
#gnavWrap .toggle .one,
#gnavWrap .toggle .two,
#gnavWrap .toggle .three {
  width: 100%;
  height: 5px;
  background: #fff;
  margin: 6px auto;
  backface-visibility: hidden;
  transition-duration: 0.3s;
}

/* メニュー */
#gnavWrap nav ul {
  text-align: center;
  list-style: none;
  margin: 4em auto;
  padding: 0;
  overflow: hidden;
}
#gnavWrap nav ul.hidden {
  display: none;
}
#gnavWrap nav ul li:hover {
  background-color: rgba(0, 0,
0, 0.5);
}
#gnavWrap nav ul li a {
  color: #fff;
  font-size: 3em;
  text-decoration: none;
  line-height: 1.5;
  width: 100%;
  padding: 1em;
  display: block;
  box-sizing: border-box;
```

```
  opacity: 0;
  animation: slideFadeIn 1.5s ease forwards;
}
#gnavWrap nav ul li:nth-child(1) a {
  animation-delay: .2s;
}
#gnavWrap nav ul li:nth-child(2) a {
  animation-delay: .4s;
}
#gnavWrap nav ul li:nth-child(3) a {
  animation-delay: .6s;
}
#gnavWrap nav ul li:nth-child(4) a {
  animation-delay: .8s;
}

/* アニメーション */
@keyframes slideFadeIn {
  0% {
    transform: translateX(20%);
    opacity: 0;
  }
  100% {
    transform: translateX(0);
    opacity: 1;
  }
}
```

アニメーションの設定

メニューのアニメーション指定。メニュー項目を1つずつ、時間差で表示

アニメーションの設定。要素を、右から左へ移動。メニュー項目のアニメーションで使用

06 スクロールに追随するサイドメニュー

画面をスクロールしても追従するメニューの実装です。CSSのみで画面から浮いたような表示をさせたり、コンテンツ内に収めつつメニューのみ追従する表示が可能です。

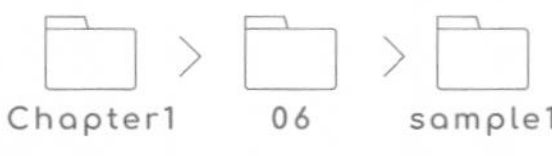

執筆者 伊藤麻奈美

Sample

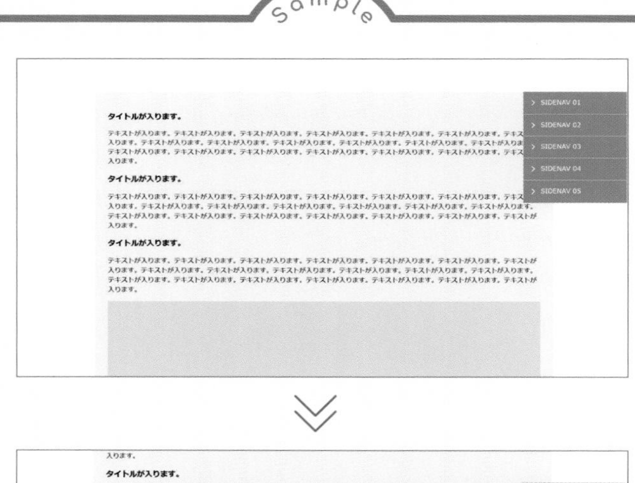

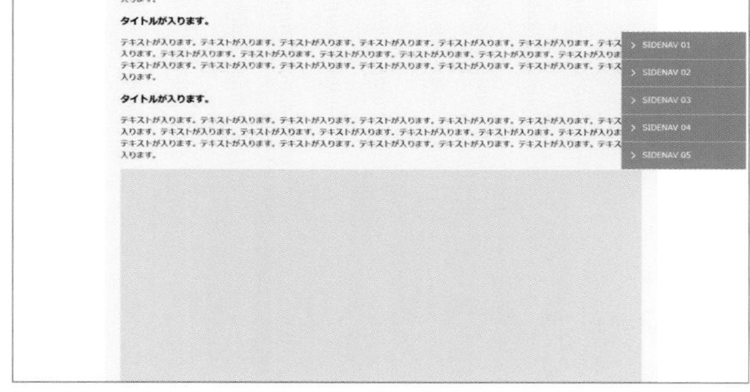

```
<!DOCTYPE html>
<html lang="ja">
<head>
<meta charset="UTF-8">
<title>サイドメニューがスクロールについてくる(ステップ1)</title>
<meta name="viewport" content="width=device-width,initial-scale=1">
<link rel="stylesheet" href="style.css">
</head>
<body>
<div id="content1">
  <div class="main_content">   ← メインコンテンツの記述
    <div class="section1">
      <h3>タイトルが入ります。</h3>
      <p>テキストが入ります。テキストが入ります。テキストが入ります。テキストが入ります。テキストが入ります。テキストが入ります。テキストが入ります。テキストが入ります。テキストが入ります。テキストが入ります。テキストが入ります。テキストが入ります。テキストが入ります。テキストが入ります。テキストが入ります。テキストが入ります。テキストが入ります。テキストが入ります。テキストが入ります。テキストが入ります。</p>

(省略)

      <img src="img/img.png" alt="サンプル画像">
    </div>
  </div>   ← メインコンテンツの記述
  <div class="sidebar">   ┐
    <ul class="list1">
      <li>
        <a href="#">SIDENAV 01</a>
      </li>
      <li>
        <a href="#">SIDENAV 02</a>
      </li>
      <li>
        <a href="#">SIDENAV 03</a>   ← サイドメニューの記述
      </li>
      <li>
        <a href="#">SIDENAV 04</a>
      </li>
      <li>
        <a href="#">SIDENAV 05</a>
      </li>
    </ul>
  </div>   ┘
</div>
</body>
</html>
```

Point } サイドメニューが追従するCSSを実装

サイドメニューのpositionを「fixed」にすることで画面の任意の位置に固定することができます。

「fixed」は画面の上下左右からどの位置に配置するかを基準とするので、他のコンテンツとの位置関係やスクロール位置に関わらず常に同じ位置で表示されます。

今回はサイドメニューを画面上部へ配置しますが、例えばトップに戻るボタンを画面下部に配置することも可能です。

CSS style.css

```
@charset "UTF-8";

#content1 {
  width: 80%;
  position: relative;
  margin: 3em auto;
  padding: 2em 3em;
}
.main_content {
  padding: 0 2em;
}
.main_content img {
  width: 100%;
}
.section1 {
  margin-bottom: 3em;
  padding: 2em;
  background: #efefef;
}
.list1 {
  display: block;
  width: 250px;
  position: fixed;
  top: 5em;
  right: 10px;
  margin: 0;
  padding: 0;
  background: #2ca9e1;
}
```

サイドメニューを画面トップから5em、右から10pxの位置で固定

```
.list1 li {
  list-style: none;
  border-bottom: 1px solid
#fff;
}
.list1 li:last-child {
  border-bottom: none;
}
.list1 li:hover {
  background: #1e50a2;
}
.list1 li a {
  display: block;
  padding: 1em;
  position: relative;
  text-decoration: none;
  color: #fff;
}
.list1 li a::before {
  display: inline-block;
  content: "";
  margin-right: 1em;
  position: relative;
  left: 0;
  top: 0;
  width: 8px;
  height: 8px;
  border-top: solid 2px #fff;
  border-right: solid 2px
#fff;
  -webkit-transform:
rotate(45deg);
  transform: rotate(45deg);
}
```

Custom

スクロールでついてくる

Chapter1 > 06 > sample2

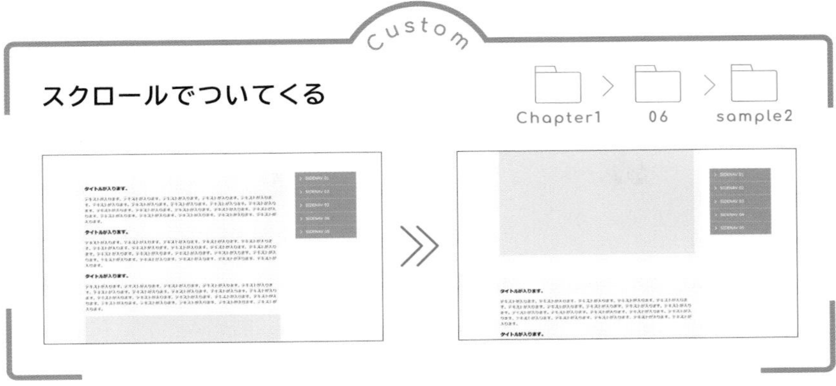

「 fixed 」では画面から浮いた印象でしたが、ここでは追従するCSS「 sticky 」を使用します。サイドメニューがページ内に配置されながらも「sticky」によりコンテンツのスクロールに合わせて移動するように見えます。
IEで「 sticky 」は非対応ですが、「 fixed 」とコンテンツ幅を調整し、コンテンツ内に埋め込まれているように見せることで違和感なく表示させることができます。

CSS style.css

```
@charset "UTF-8";

#content1 {
  display: flex;
  width: 80%;
  position: relative;
  margin: 3em auto;
  padding: 2em 3em;
}
.list1 {
  display: block;
  width: 250px;
  position: -webkit-sticky;
  position: sticky;
  top: 5em;
  margin: 0;
  padding: 0;
  background: #2ca9e1;
}
@media all and (-ms-high-
contrast: none) {
.main_content {
  width: calc(100% - 250px);
}
.list1  {
  position: fixed;
  top: 5em;
}
}
```

サイドメニューを追従するstickyを指定

IE対応、コンテンツ幅をサイト全幅-250px（サイドメニューの幅）でfixedを指定

07 アコーディオンで開閉するメニュー

クリックするとメニューが展開されるアコーディオンタイプのメニューを実装します。コンテンツが多い場合やメニューのカテゴリーを明確に分けたいときなどに向いています。

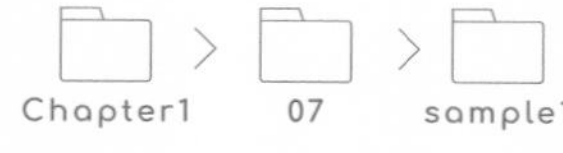

執筆者 伊藤麻奈美

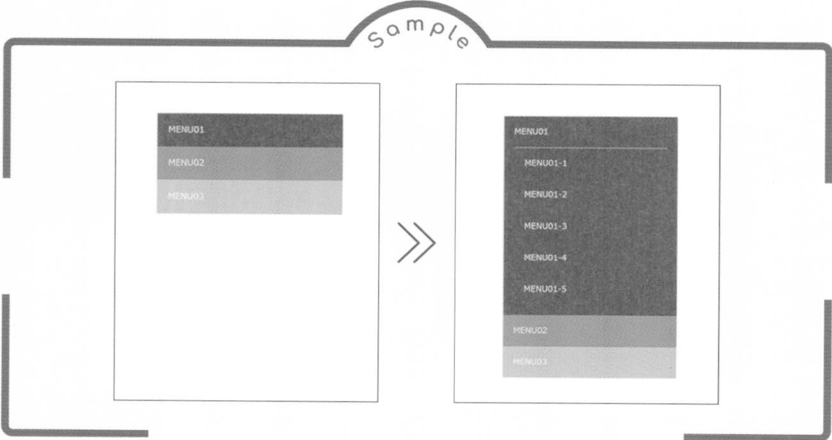

プラグイン

jQuery v3.6.0　https://jquery.com/

HTML　index.html

```
<!DOCTYPE html>
<html lang="ja">
<head>
<meta charset="UTF-8">
<title>クリックすると下に表示されるアコーディオン(ステップ1)</title>
<meta name="viewport" content="width=device-width,initial-scale=1">
<link rel="stylesheet" href="style.css">
<script src="js/jquery-3.6.0.min.js"></script>    ← jQueryの読み込み
</head>
<body>
<div id="content1">
  <div class="menu_box">
```

```
    <nav>
      <ul>
        <li id="menu01" class="menu">MENU01
          <ul>
            <li><a href="/" title="MENU01-1">MENU01-1</a></li>
            <li><a href="/" title="MENU01-2">MENU01-2</a></li>
            <li><a href="/" title="MENU01-3">MENU01-3</a></li>
            <li><a href="/" title="MENU01-4">MENU01-4</a></li>
            <li><a href="/" title="MENU01-5">MENU01-5</a></li>
          </ul>
        </li>
        <li id="menu02" class="menu">MENU02
          <ul>
            <li><a href="/" title="MENU02-1">MENU02-1</a></li>
            <li><a href="/" title="MENU02-2">MENU02-2</a></li>
            <li><a href="/" title="MENU02-3">MENU02-3</a></li>
            <li><a href="/" title="MENU02-4">MENU02-4</a></li>
            <li><a href="/" title="MENU02-5">MENU02-5</a></li>
          </ul>
        </li>
        <li id="menu03" class="menu">MENU03
          <ul>
            <li><a href="/" title="MENU03-1">MENU03-1</a></li>
            <li><a href="/" title="MENU03-2">MENU03-2</a></li>
            <li><a href="/" title="MENU03-3">MENU03-3</a></li>
            <li><a href="/" title="MENU03-4">MENU03-4</a></li>
            <li><a href="/" title="MENU03-5">MENU03-5</a></li>
          </ul>
        </li>
          </ul>
    </nav>
  </div>
</div>
<script type="text/javascript">
$(function(){
  $('.menu').on('click', function(){
    $(this).toggleClass('open');
    $('.open ul').slideToggle(500);
    $(this).removeClass('open');
  });
});
</script>
</body>
</html>
```

メニューをクリックしたときにClass「open」を付与、Class「open」をクリックしたときは「open」が外れる設定

アコーディオンの展開に0.5秒のアニメーション速度を設定

oint アコーディオンの展開時にClass「 open 」を付与

初期設定ではメニューは非表示にし、クリックしたメニューにClass「 open 」を与え展開する設定を記述します。「 toggleClass 」は任意のClassを与えたり外したりという繰り返しの動作が可能です。
ここでは「 slideToggle 」も追記しメニューがスライドするようにアコーディオンを展開させます。

CSS style.css

```
@charset "UTF-8";

ul ul {
  display: none;
  padding: 0;
}
li li:first-child {
  border-top: 1px solid #fff;
  margin: 20px 0 0 0;
}
li {
  list-style: none;
}
a {
  text-decoration: none;
}
#content1 {
  margin: 6em auto;
}
.menu_box {
  width: 380px;
}
.menu {
  color: #fff;
  display: block;
  margin: 0;
  padding: 20px;
}
.menu a {
  color: #fff;
  display: block;
  margin: 0;
  padding: 20px;
}
#menu01 {
  background: #f61533;
}
#menu02 {
  background: #fc8a33;
}
#menu03 {
  background: #fbce33;
}
#menu01 a:hover {
  background: #cc3033;
}
#menu02 a:hover {
  background: #f37933;
}
#menu03 a:hover {
  background: #fcc133;
}
.open li {
  display: block;
}
```

初期はアコーディオンメニューが非表示設定

Class「open」が付与されたときに表示

アイコンの表示も変える

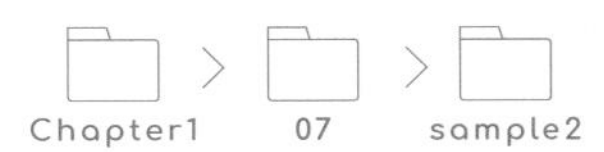

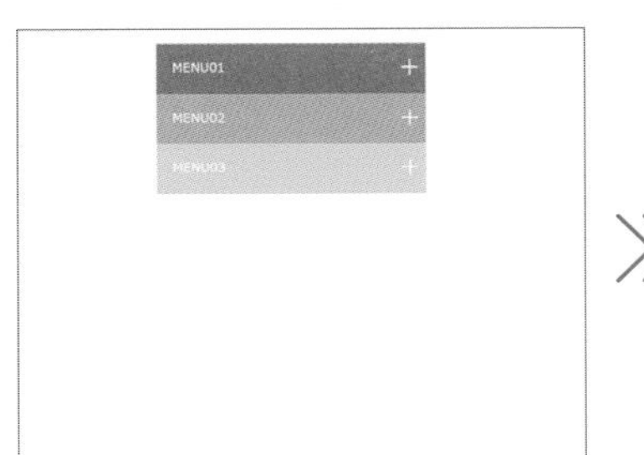

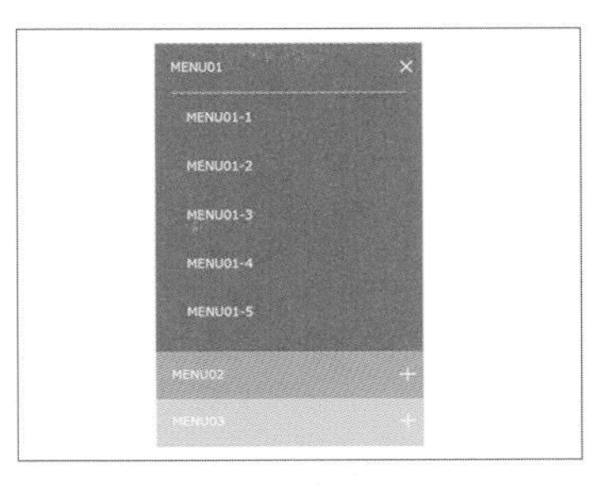

アコーディオンが展開されるのに合わせてメニューのアイコンが回転する実装です。基本的なコーディングは変わりませんがアイコンのコーディングはもちろん、初期設定のスタイルとアコーディオンが展開されアイコンを格納する要素にClass「open」が付与されたときのアイコンの回転をCSSで記述していきます。

HTML index.html

```
<!DOCTYPE html>
<html lang="ja">
<head>
<meta charset="UTF-8">
<title>アイコンの表示も変える(ステップ2)</title>
<meta name="viewport" content="width=device-width,initial-scale=1">
<link rel="stylesheet" href="style.css">
<script src="js/jquery-3.6.0.min.js"></script>   ← jQueryの読み込み
</head>
<body>
<div id="content1">
  <div class="menu_box">
    <nav>
      <ul>
        <li id="menu01" class="menu">MENU01
          <div class="btn">
            <span></span>
            <span></span>          ← 十字ボタンコーディング
          </div>
          <ul>
            <li><a href="/" title="MENU01-1">MENU01-1</a></li>
            <li><a href="/" title="MENU01-2">MENU01-2</a></li>
            <li><a href="/" title="MENU01-3">MENU01-3</a></li>
```

```
          <li><a href="/" title="MENU01-4">MENU01-4</a></li>
          <li><a href="/" title="MENU01-5">MENU01-5</a></li>
        </ul>
      </li>
      <li id="menu02" class="menu">MENU02
        <div class="btn">
          <span></span>
          <span></span>
        </div>
        <ul>
          <li><a href="/" title="MENU02-1">MENU02-1</a></li>
          <li><a href="/" title="MENU02-2">MENU02-2</a></li>
          <li><a href="/" title="MENU02-3">MENU02-3</a></li>
          <li><a href="/" title="MENU02-4">MENU02-4</a></li>
          <li><a href="/" title="MENU02-5">MENU02-5</a></li>
        </ul>
      </li>
      <li id="menu03" class="menu">MENU03
        <div class="btn">
          <span></span>
          <span></span>
        </div>
        <ul>
          <li><a href="/" title="MENU03-1">MENU03-1</a></li>
          <li><a href="/" title="MENU03-2">MENU03-2</a></li>
          <li><a href="/" title="MENU03-3">MENU03-3</a></li>
          <li><a href="/" title="MENU03-4">MENU03-4</a></li>
          <li><a href="/" title="MENU03-5">MENU03-5</a></li>
        </ul>
      </li>
        </ul>
    </nav>
  </div>
</div>
<script type="text/javascript">
$(function(){
  $('.menu').on('click', function(){
    $(this).toggleClass('open');
  });
});
</script>
</body>
</html>
```

十字ボタンコーディング

メニューをクリックしたときに
Class「open」を付与する設定

CSS style.css

```
@charset "UTF-8";
```

```
ul ul{
  padding: 0;
```

```
}
li li:first-child {
  border-top: 1px solid #fff;
}
li {
  list-style: none;
}
a {
  text-decoration: none;
}
#content1 {
  margin: 6em auto;
}
.menu_box {
  width: 380px;
}
.menu {
  color: #fff;
  display: block;
  margin: 0;
  padding: 20px;
  position: relative;
}
.menu li  {
  height: 0;
  opacity: 0;
}
.menu a {
  color: #fff;
  display: block;
  margin: 0;
  padding: 20px;
}
#menu01 {
  background: #f61533;
}
#menu02 {
  background: #fc8a33;
}
#menu03 {
  background: #fbce33;
}
#menu01 a:hover {
  background: #cc3033;
}
#menu02 a:hover {
  background: #f37933;
}
#menu03 a:hover {
  background: #fcc133;
```

```
}
.open li {
  height: auto;
  opacity: 1;
  transition: 1.5s;
}
```

Class「open」時の透明度1、アニメーション速度1.5秒の設定

```
.btn {
  position: absolute;
  top: 30px;
  right: 10px;
}
```

十字ボタンの基準とする位置設定

```
.btn span {
  background: #fff;
  display: block;
  width: 20px;
  height: 2px;
}
.btn span:nth-child(2) {
  position: relative;
  top: -2px;
  -webkit-transform:
rotate(90deg);
  -moz-transform:
rotate(90deg);
  transform: rotate(90deg);
}
```

十字ボタンの位置やスタイル

```
.open .btn span:first-child {
  -webkit-transform: rotate(-
45deg);
  -moz-transform: rotate(-
45deg);
  transform: rotate(45deg);
  transition: 1.5s;
}
.open .btn span:nth-child(2) {
  -webkit-transform:
rotate(135deg);
  -moz-transform:
rotate(135deg);
  transform: rotate(135deg);
  transition: 1.5s;
}
.open li:first-child {
  margin: 20px 0 0 0;
}
```

アコーディオンメニュー展開時の十字ボタンの回転設定

08 背景が下から上に切り替わるメニュー

ホバーすると、ボタンの背景が下から上へ伸縮しながら表示されます。アニメーションを入れ込むことで、ナビメニューがリッチになります。また、ホバー前と、ホバー後のテキストを変えることも可能です。

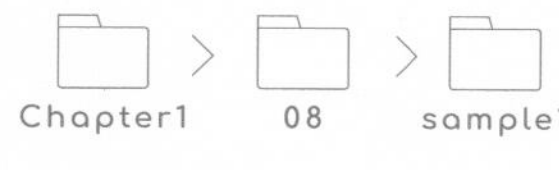

執筆者 桟敷友香子

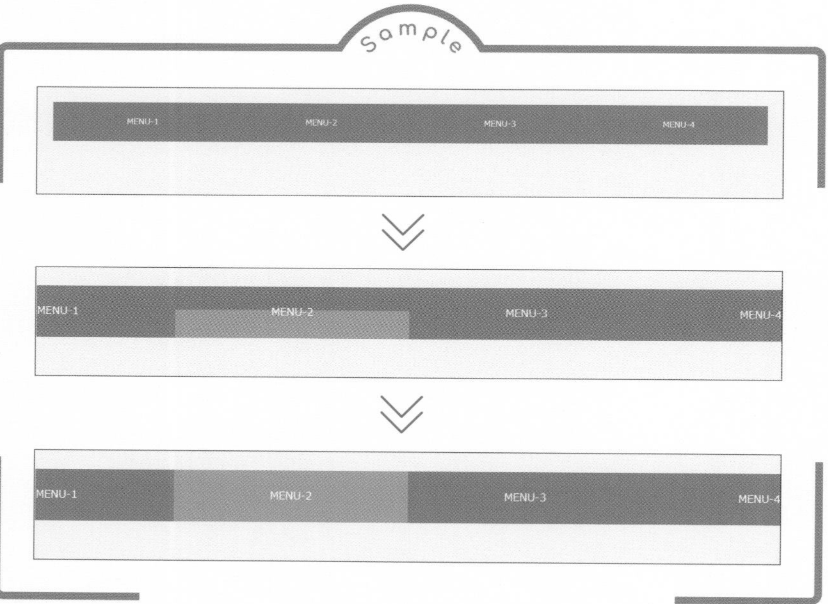

HTML index.html

```
<!doctype html>
<html lang="ja">
<head>
<meta charset="utf-8">
<title>ナビのロールオーバー</title>
<meta name="viewport" content="width=device-width,initial-scale=1">
<link rel="stylesheet" href="style.css">
</head>
```

```
<body>

  <nav id="nav">
    <ul>
      <li><a href="#">MENU-1</a></li>
      <li><a href="#">MENU-2</a></li>
      <li><a href="#">MENU-3</a></li>
      <li><a href="#">MENU-4</a></li>
    </ul>
  </nav>

</body>
</html>
```

ナビ部分

CSS style.css

```
@charset "UTF-8";
body {
  background: #efefef;
  margin: 0 auto;
   padding: 2em;

}

/* ナビ */
#nav ul,
#nav li{
  list-style: none;
  margin: 0;
  padding: 0;
}

#nav ul {
  width: 100%;
  height: 5em;
  display: flex;
}
#nav li {
  width: calc( 100% / 4 );
}

#nav li a {
  background: #1e9dd0;
  color: #fff;
  text-align: center;
  text-decoration: none;
  line-height: 5em;
  position: relative;
  display: block;
  box-sizing: border-box;
}

#nav li a::before {
  position: absolute;
  top: 0;
  left: 0;
  content: '';
  width: 100%;
  height: 100%;
  background:
rgba(255,255,255,.3);
  transform: scale(1,0);
  transition: all .5s ease;
  transition-property:
transform;
}
#nav li a:hover::before {
  transform: scale(1,1);
}
#nav li a::before {
  transform-origin: bottom;
}
```

ulタグと、liタグの余分なプロパティをなくす

縦中央に配置するために高さを指定

flexを使って横並びに

関数を使ってメニュー数の増減を調整

背景の基準

縦中央に配置するために行の高さを指定

擬似要素を使って背景を下から上へ伸ばす

プロパティtransformを使って、Y軸に対して、要素を拡大・縮小（伸縮）させる

サンプルでは下から上へ背景を伸ばしたが、上から下、右から左なども設定可能。詳しくは、Chapter2-03（P071）参照

Point } 擬似要素を使ってCSSだけで実装

擬似要素は、HTMLに無駄なコードを入れなくても装飾できるCSSの便利な要素。その擬似要素::afterを使って、CSSだけで実装するアニメーション。色や表示させるスピードなどを調整できます。

Custom

ワンランクアップ！

Chapter1 > 08 > sample2

テキストを変更することも可能です。例えば、ホバー前は「 CONTACT US 」、ホバー後は「お問い合わせ 」など、デザイン上、スタイリッシュな英文字を使いたくても、あまり親しみのない単語で意味が分かりづらいときなどに重宝します。

HTML index.html

```
<!doctype html>
<html lang="ja">
<head>
<meta charset="utf-8">
<title>ナビのロールオーバー</title>
<meta name="viewport" content="width=device-width,initial-scale=1">
<link rel="stylesheet" href="style.css">
</head>

<body>
  <nav id="nav">
```

ナビ部分

```
    <ul>
      <li><a href="#" data-item="メニュー-1">MENU-1</a></li>
      <li><a href="#" data-item="メニュー-2">MENU-2</a></li>
      <li><a href="#" data-item="メニュー-3">MENU-3</a></li>
      <li><a href="#" data-item="メニュー-4">MENU-4</a></li>
    </ul>
  </nav>

</body>
</html>
```

ホバー時のテキスト

HTML style.css

```
@charset "UTF-8";
body {
  background: #efefef;
  margin: 0 auto;
   padding: 2em;

}

/* ナビ */
#nav ul,
#nav li{
  list-style: none;
  margin: 0;
  padding: 0;
}
#nav ul {
  width: 100%;
  height: 5em;
  display: flex;
}
#nav li {
  width: calc( 100% / 4 );
  overflow: hidden;
}

#nav li a {
  background: #1e9dd0;
  color: #fff;
  text-align: center;
  text-decoration: none;
  line-height: 5em;
  position: relative;
  display: block;
  box-sizing: border-box;
  transition: all .5s ease;
  height: 10em;
}

#nav li a::after {
  background:
rgba(255,255,255,.3);
  position: absolute;
  bottom: 0;
  left: 0;
  width: 100%;
  content: attr(data-item);
}
#nav li a:hover {
  margin-top: -5em;
}
```

縦中央に配置するために高さを指定

ホバー時に移動させた要素を非表示に

縦中央に配置するために行の高さを指定

ホバー時の高さを確保

擬似要素を使って、コンテンツを下から上へ押し上げる

aタグに記載した「data-item」の内容を表示

ホバー時の移動する高さ

09 ロールオーバーで下線が表示されるメニュー

ホバーすると、下線が中央から左右へ伸縮しながら表示されます。また、カレント指定でユーザーが閲覧しているページのメニューをハイライト表示します。

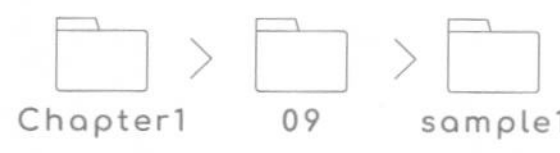

執筆者 桟敷友香子

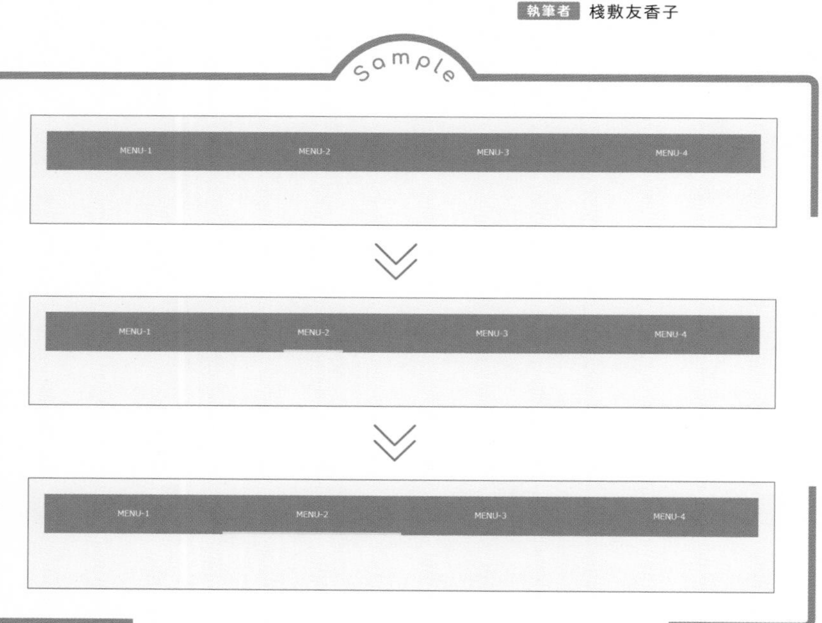

HTML index.html

```
<!doctype html>
<html lang="ja">
<head>
<meta charset="utf-8">
<title>ナビのロールオーバーとカレント</title>
<meta name="viewport" content="width=device-width,initial-scale=1">
<link rel="stylesheet" href="style.css">
</head>
```

```html
<body>

  <nav id="nav">
    <ul>
      <li><a href="#">MENU-1</a></li>
      <li><a href="#">MENU-2</a></li>
      <li><a href="#">MENU-3</a></li>
      <li><a href="#">MENU-4</a></li>
    </ul>
  </nav>

</body>
</html>
```

ナビ部分

CSS style.css

```css
@charset "UTF-8";
body {
  background: #efefef;
  margin: 0 auto;
   padding: 2em;

}

/* ナビ */
#nav ul,
#nav li{
  list-style: none;
  margin: 0;
  padding: 0;
}
#nav ul {
  width: 100%;
  height: 5em;
  display: flex;
}
#nav li {
  width: calc( 100% / 4 );
}

#nav li a {
  background: #1e9dd0;
  color: #fff;
  text-align: center;
  text-decoration: none;
  line-height: 5em;
  position: relative;
  display: block;
  box-sizing: border-box;
}

#nav li a::after {
  position: absolute;
  bottom: 0;
  left: 0;
  content: '';
  width: 100%;
  height: 5px;
  background: #ff0;
  transform: scale(0, 1);
  transition: transform .3s;
}

#nav li a:hover::after {
  transform: scale(1, 1);
}
#nav li a::after {
  transform-origin: center
top;
}
```

ulタグと、liタグの余分なプロパティをなくす

縦中央に配置するために高さを指定

flexを使って横並びに

関数を使えば、メニュー数が増減しても簡単に調整できる

縦中央に配置するために行の高さを指定

下線の基準

擬似要素を使って、下線を中央から左右へ伸ばす

下線の太さ

下線の色

プロパティtransformを使って、X軸に対して、要素を拡大・縮小（伸縮）させる

サンプルでは中央から左右へ、背景を伸ばしたが、左から右なども設定可能。詳しくは、Chapter2-02（P067）参照

Point } 擬似要素を使ってCSSだけで実装

擬似要素は、HTMLに無駄なコードを入れなくても装飾できるCSSの便利な要素。その擬似要素::afterを使って、CSSだけで実装するアニメーション。下線の太さや色、表示させるスピードなどを調整できます。

各ページへ遷移したときに、ユーザーが迷子にならないよう現在ページをカレント表示させると、UI（ユーザーインターフェース）が向上します。

HTML index.html

```
<!doctype html>
<html lang="ja">
<head>
<meta charset="utf-8">
<title>ナビのロールオーバーとカレント</title>
<meta name="viewport" content="width=device-width,initial-scale=1">
<link rel="stylesheet" href="style.css">
</head>
```

```
<body>
  <nav id="nav">
    <ul>
      <li class="current"><a href="index.html">HOME</a></li>
      <li><a href="page2.html">PAGE-2</a></li>
      <li><a href="page3.html">PAGE-3</a></li>
      <li><a href="page4.html">PAGE-4</a></li>
    </ul>
  </nav>

</body>
</html>
```

ナビ部分

カレント表示させたいliタグに「class="current"」を追記

CSS style.css

```
@charset "UTF-8";
body {
  background: #efefef;
  margin: 0 auto;
   padding: 2em;

}

/* ナビ */
#nav ul,
#nav li{
  list-style: none;
  margin: 0;
  padding: 0;
}
#nav ul {
  width: 100%;
  height: 5em;
  display: flex;
}
#nav li {
  width: calc( 100% / 4 );
}
#nav li a {
  background: #1e9dd0;
  color: #fff;
  text-align: center;
  text-decoration: none;
  line-height: 5em;
  position: relative;
  display: block;
  box-sizing: border-box;
}
#nav li a::after {
  position: absolute;
  bottom: 0;
  left: 0;
  content: '';
  width: 100%;
  height: 5px;
  background: #ff0;
  transform: scale(0, 1);
  transition: transform .3s;
}
#nav li a:hover::after,
#nav li.current a::after {
  transform: scale(1, 1);
}
```

カレント指定したilタグに下線を表示

```
#nav li.current a::after {
  background: #fff;
}
```

カレント指定したliタグの下線の色を変更

```
#nav li a::after {
  transform-origin: center
top;
}
```

10 マウスオーバーで色が変わるメニュー

transitionプロパティを利用して、マウスオーバー時にエフェクトが横にアニメーションするナビゲーションを作成します。CSSのみで実装でき、項目ごとにカラーも変更できるため、カスタマイズしやすいです。

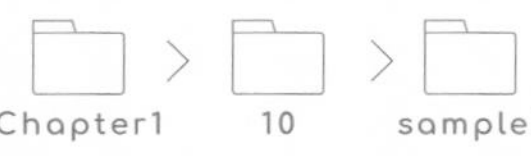

執筆者 錦織幸知（OSALE）

Sample

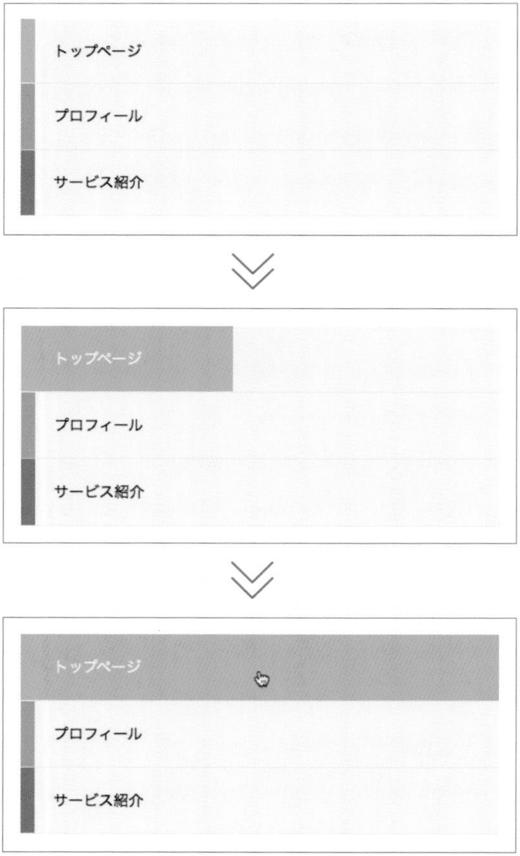

トップページ
プロフィール
サービス紹介

トップページ
プロフィール
サービス紹介

トップページ
プロフィール
サービス紹介

HTML index.html

```
<!doctype html>
<html lang="ja">
<head>
<meta charset="utf-8">
<title>ホバーエフェクトナビ(ステップ1)</title>
<meta name="viewport" content="width=device-width,initial-scale=1">
<link rel="stylesheet" href="style.css">
</head>

<body>

    <div class="menu">
      <ul class="menu-list">
        <li class="menu-item"><a href="#">トップページ</a></li>
        <li class="menu-item"><a href="#">プロフィール</a></li>
        <li class="menu-item"><a href="#">サービス紹介</a></li>
      </ul>
    </div>

</body>
</html>
```

レスポンシブ対応とCSSのリンク

ナビゲーションの項目

CSS style.css

```
@charset "UTF-8";
body {
  margin: 0 auto;
  padding: 20px;
}

.menu {
  background-color: #efefef;
}

.menu .menu-list {
  margin: 0;
  padding: 0;
  list-style-type: none;
}

.menu .menu-list .menu-item {
  border-bottom: #e0e0e0 1px
solid;
}

.menu .menu-list .menu-item a {
  display: block;
  box-sizing: border-box;
  width: 100%;
  padding: 1.5em 1.25em;
  text-decoration: none;
  color: #000000;
  position: relative;
  z-index: 1;
}

.menu .menu-list .menu-item
a:before {
  content: "";
  top: 0;
  left: 0;
  width: 0;
  height: 100%;
  position: absolute;
  z-index: -1;
  transition: all 1.0s ease-
out;
}

.menu .menu-list .menu-item
```

マウスオーバー時のアニメーションの秒数を設定

```
a:hover {
  color: #ffffff;
}

.menu .menu-list .menu-item
a:hover:before {
  width: 100%;
}

.menu .menu-list .menu-
item:first-child a {
  border-left: #FF9055 15px
solid;
}

.menu .menu-list .menu-
item:first-child a:before {
  background-color: #FF9055;
}
```

1番目の項目のカラーを設定（両方に同じカラーを設定）

```
.menu .menu-list .menu-
item:nth-child(2) a {
  border-left: #55B1FF 15px
solid;
}

.menu .menu-list .menu-
item:nth-child(2) a:before {
  background-color: #55B1FF;
}
```

2番目の項目のカラーを設定

```
.menu .menu-list .menu-
item:nth-child(3) a {
  border-left: #C455FF 15px
solid;
}

.menu .menu-list .menu-
item:nth-child(3) a:before {
  background-color: #C455FF;
}
```

3番目の項目のカラーを設定

Point アニメーション秒数と各項目のカラーを好みの設定に

CSSを読み込んだあとは、アニメーションの秒数と各項目のカラーを好きな値に変更しましょう。秒数はサンプルでは1秒（1.0s）になっています。カラー指定は項目ごとに、アニメーション前と後で2箇所（aとa:beforeの両方）に設定します。

Custom 項目の追加+線の太さを変える

Chapter1 > 10 > sample2

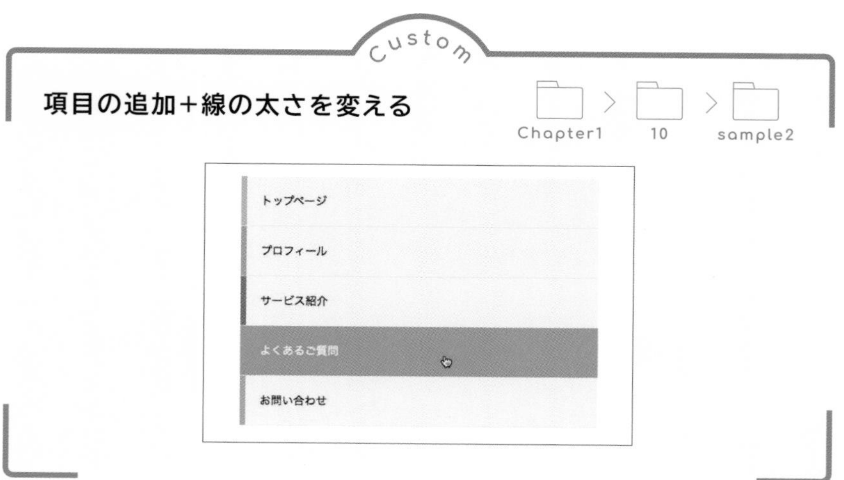

ナビゲーションに項目を新しく追加したい場合は、HTMLとCSSにそれぞれ追記します。合わせて、アニメーションの秒数や、左の線の太さも調整してみましょう。数値を変更するだけで簡単にカスタマイズが可能です。

HTML index.html

```
<!doctype html>
<html lang="ja">
<head>
<meta charset="utf-8">
<title>ホバーエフェクトナビ(ステップ2)</title>
<meta name="viewport" content="width=device-width,initial-scale=1">
<link rel="stylesheet" href="style.css">
</head>

<body>

    <div class="menu">
      <ul class="menu-list">
        <li class="menu-item"><a href="#">トップページ</a></li>
        <li class="menu-item"><a href="#">プロフィール</a></li>
        <li class="menu-item"><a href="#">サービス紹介</a></li>
        <li class="menu-item"><a href="#">よくあるご質問</a></li>
        <li class="menu-item"><a href="#">お問い合わせ</a></li>
      </ul>
    </div>

</body>
</html>
```

新しくナビゲーションの項目を追加

CSS style.css

```
@charset "UTF-8";
body {
  margin: 0 auto;
  padding: 20px;
}

.menu {
  background-color: #efefef;
}

.menu .menu-list {
  margin: 0;
  padding: 0;
  list-style-type: none;
}

.menu .menu-list .menu-item {
  border-bottom: #e0e0e0 1px
solid;
}

.menu .menu-list .menu-item a {
  display: block;
  box-sizing: border-box;
  width: 100%;
  padding: 1.5em 1.25em;
  text-decoration: none;
  color: #000000;
  position: relative;
  z-index: 1;
}
```

```
.menu .menu-list .menu-item
a:before {
  content: "";
  top: 0;
  left: 0;
  width: 0;
  height: 100%;
  position: absolute;
  z-index: -1;
  transition: all 0.4s ease-
out;
}

.menu .menu-list .menu-item
a:hover {
  color: #ffffff;
}

.menu .menu-list .menu-item
a:hover:before {
  width: 100%;
}

.menu .menu-list .menu-
item:first-child a {
  border-left: #FF9055 8px
solid;
}

.menu .menu-list .menu-
item:first-child a:before {
  background-color: #FF9055;
}

.menu .menu-list .menu-
item:nth-child(2) a {
  border-left: #55B1FF 8px
solid;
}

.menu .menu-list .menu-
item:nth-child(2) a:before {
  background-color: #55B1FF;
}

.menu .menu-list .menu-
item:nth-child(3) a {
  border-left: #C455FF 8px
solid;
}

.menu .menu-list .menu-
item:nth-child(3) a:before {
  background-color: #C455FF;
}

.menu .menu-list .menu-
item:nth-child(4) a {
  border-left: #FF5555 8px
solid;
}

.menu .menu-list .menu-
item:nth-child(4) a:before {
  background-color: #FF5555;
}

.menu .menu-list .menu-
item:nth-child(5) a {
  border-left: #6FC967 8px
solid;
}

.menu .menu-list .menu-
item:nth-child(5) a:before {
  background-color: #6FC967;
}
```

アニメーションの秒数を短くしてみる

1番目の項目の左の線の太さを減らす

2番目の項目の左の線の太さを減らす

3番目の項目の左の線の太さを減らす

4番目の項目の設定を作成する

5番目の項目の設定を作成する

Chapter

2

ボタン

01 マウスオーバーで透明に変わるボタン

マウスオーバーで透明になるボタン。とてもシンプルなボタンなので、どんなデザインのサイトでも使いやすく重宝します。

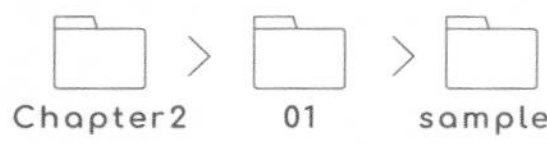

執筆者 桟敷友香子

Sample

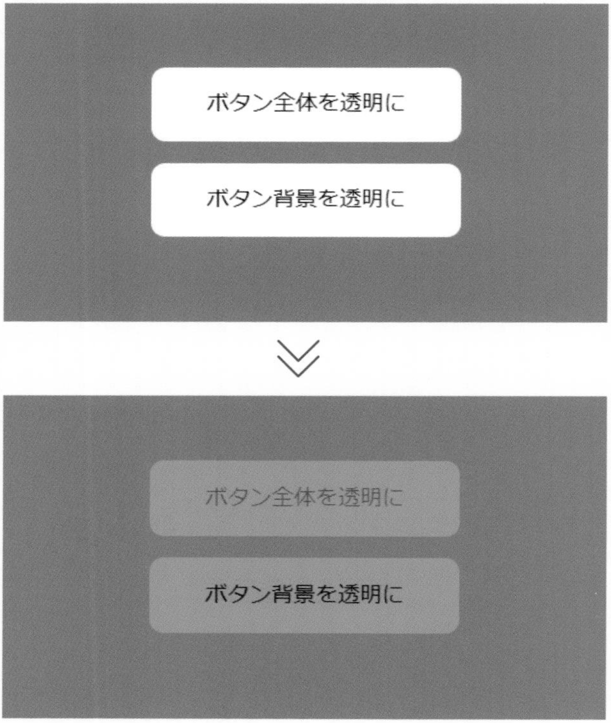

ボタン全体を透明に

ボタン背景を透明に

ボタン全体を透明に

ボタン背景を透明に

HTML index.html

```
<!DOCTYPE html>
<html lang="ja">
<head>
<meta charset="UTF-8">
<title>ボタンアニメーション01</title>
<meta name="viewport" content="width=device-width,initial-scale=1">
<link rel="stylesheet" href="style.css">
</head>
<body>
  <p class="all"><a href="/">ボタン全体を透明に</a></p>
  <p class="bg"><a href="/">ボタン背景を透明に</a></p>
</body>
</html>
```

ボタン全体を透明に

文字の色はそのままに、ボタンの背景を透明に

CSS style.css

```
@charset "UTF-8";
body {
  background: #db4e76;
  margin: 0 auto;
   padding: 2em;
}
.all a,
.bg a {
  display: block;
  width: 12em;
  padding: 1em;
  margin: auto;
  color: #000;
  text-align: center;
  text-decoration: none;
  background: #fff;
  border-radius: 10px;
}
.all a:hover {
  opacity: .3;
}
.bg a:hover {
  background:
rgba(255,255,255,.3);
}
```

サンプル用にaタグの全体設定

リンクボタンの背景色を指定

擬似クラス(:hover)を使って、マウスオーバーしたときのaタグの設定を指定

プロパティopacityの数値で透明度を設定

背景のみ透明にしたい場合は、RGBAカラーのアルファ部分を調整

Point } 用途に合わせて

ボタン全体を透明にするか、背景のみ透明にするかは、デザインや配色によって使い分けると便利です。

たとえば、ボタンを画像で作る場合は、全体を透明にすることで、効果をワンランクアップに。

テキストでボタンを作る場合は、背景色のみ透過にすると、視認性を損ないません。

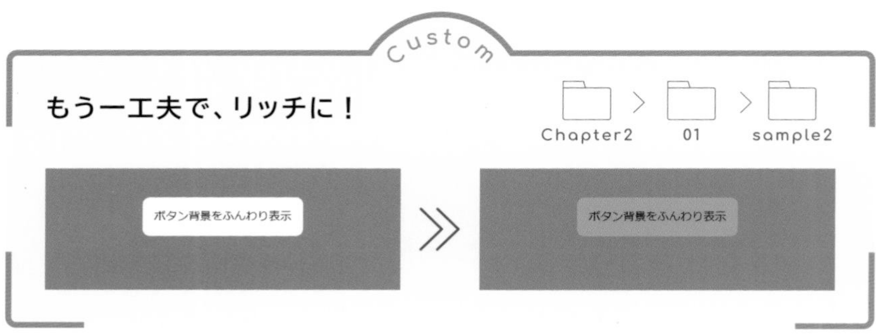

さらに、transitionプロパティを設定することで、ふんわり表示させる簡単なアニメーションも追加できます。

HTML index.html

```
<!DOCTYPE html>
<html lang="ja">
<head>
<meta charset="UTF-8">
<title>ボタンアニメーション01</title>
<meta name="viewport" content="width=device-width,initial-scale=1">
<link rel="stylesheet" href="style.css">
</head>
<body>
  <p class="bgSoft"><a href="/">ボタン背景をふんわり表示</a></p>
</body>
</html>
```

ボタンの背景がふんわりと変わる

CSS style.css

```
@charset "UTF-8";
body {
  background: #db4e76;
  margin: 0 auto;
   padding: 2em;
}

.bgSoft a {
  display: block;
  width: 12em;
  padding: 1em;
  margin: auto;
  color: #000;
  text-align: center;
  text-decoration: none;
  background: #fff;
  border-radius: 10px;
  transition: all .3s ease;
}

.bgSoft a:hover {
  background:
rgba(255,255,255,.3);
}
```

ふんわり度合いは、時間を調整する

02 アニメーションで下線がスゥーと出現

ホバー時に下線がアニメーションで現れるボタン。メニューなどに実装すると、アクセントになります。

Chapter2 > 02 > sample1

執筆者 桟敷友香子

Sample

左から出て、左に戻る。

左から出て、左に戻る。

HTML index.html

```
<!DOCTYPE html>
<html lang="ja">
<head>
<meta charset="UTF-8">
<title>ボタンアニメーション02</title>
<meta name="viewport" content="width=device-width,initial-scale=1">
<link rel="stylesheet" href="style.css">
</head>
```

```
<body>
    <p class="underline"><a href="/">左から出て、左に戻る。</a></p>
</body>
</html>
```

マウスホバーすると、下線が左から出て、外すと左に戻る

CSS style.css

```
@charset "UTF-8";
body {
  background: #db4e76;
  margin: 0 auto;
   padding: 2em;
  text-align: center;
}

.underline a {
  position: relative;
  color: #fff;
  text-decoration: none;
}

.underline a::after {
  position: absolute;
  bottom: -3px;
  left: 0;
  content: '';
  width: 100%;
  height: 1px;
  background: #fff;
  transform: scale(0, 1);
  transform-origin: left top;
  transition: transform .3s;
}

.underline a:hover::after {
  transform: scale(1, 1);
}
```

- position: relative; — 下線の位置を決めるための基準
- text-decoration: none; — デフォルトの下線をなくす
- .underline a::after — 擬似要素（::after）を使って、マウスオーバーした時のaタグの設定を指定
- position: absolute; — 親要素であるaタグを基準に位置を指定
- bottom: -3px; — テキストと下線の距離
- height: 1px; — 下線の高さ（太さ）
- background: #fff; — 下線の色
- transform — プロパティtransformを使って、左から右へ、要素を拡大・縮小（伸縮）させる

Point 擬似要素を使ってCSSだけで実装

擬似要素は、HTMLに無駄なコードを入れなくても装飾できるCSSの便利な要素。その擬似要素::afterを使って、CSSだけで実装するアニメーション。下線の太さや色、表示させるスピードなどを調整できます。サンプルでは、「1pxの白い下線を0.3秒かけて表示」させましたが、ご自身のサイトに合わせて、いろいろ調整してみてください。

Custom

お好みに合わせて

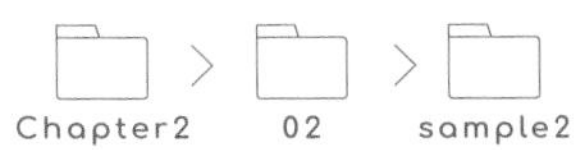

左から出て、右に消える。
中央から出て、中央に消える。

≫

左から出て、右に消える。
中央から出て、中央に消える。

下線が左から出て右へ消える、中央から現れるなど、CSSだけで簡単にアニメーションのカスタマイズができます。

HTML index.html

```
<!DOCTYPE html>
<html lang="ja">
<head>
<meta charset="UTF-8">
<title>ボタンアニメーション02</title>
<meta name="viewport" content="width=device-width,initial-scale=1">
<link rel="stylesheet" href="style.css">
</head>
<body>
  <p class="underlineRight"><a href="/">左から出て、右に消える。</a></p>
  <p class="underlineCenter"><a href="/">中央から出て、中央に消える。</a></
p>
</body>
</html>
```

マウスホバーすると下線が左から出て、外すと右に消える

マウスホバーすると下線が中央から出て、外すと中央に消える

CSS style.css

```
@charset "UTF-8";
body {
  background: #db4e76;
  margin: 0 auto;
   padding: 2em;
  text-align: center;
}

.underlineRight a,
.underlineCenter a {
  position: relative;
  color: #fff;
  text-decoration: none;
}

.underlineRight a::after,
.underlineCenter a::after {
  position: absolute;
  bottom: -3px;
  left: 0;
  content: '';
  width: 100%;
  height: 1px;
  background: #fff;
  transform: scale(0, 1);
  transition: transform .3s;
}
.underlineRight a:hover::after,
.underlineCenter a:hover::after
{
  transform: scale(1, 1);
}

.underlineRight a::after {
  transform-origin: right top;
}
.underlineRight a:hover::after
{
  transform-origin: left top;
}
.underlineCenter a::after {
  transform-origin: center
top;
}
```

マウスホバーすると、左から出て、外すと右に消える

下線が中央から出て、外すと中央に消える

03 背景がシュッと切り替わるボタン

ホバー時に背景色がアニメーションで現れるボタン。ワンポイントにアニメーションを入れるだけで、アクセントになります。

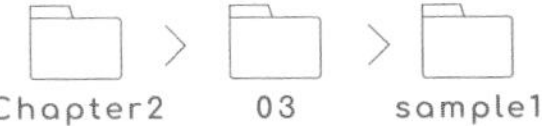

執筆者 桟敷友香子

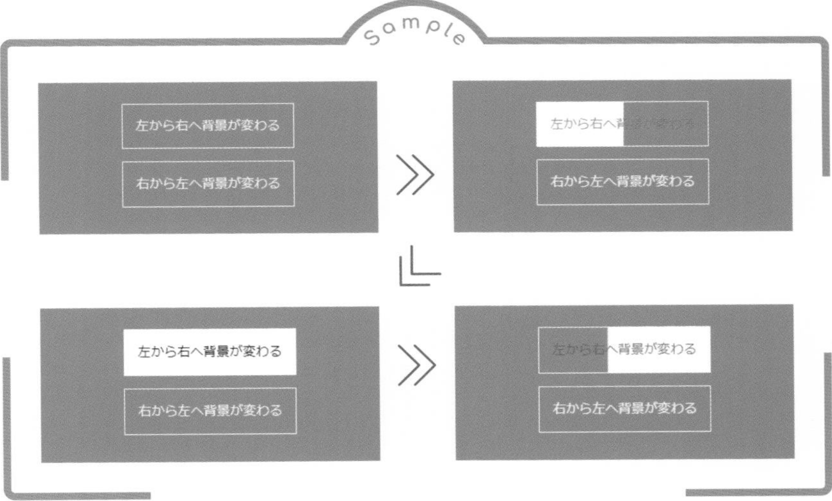

HTML index.html

```
<!DOCTYPE html>
<html lang="ja">
<head>
<meta charset="UTF-8">
<title>ボタンアニメーション03</title>
<meta name="viewport" content="width=device-width,initial-scale=1">
<link rel="stylesheet" href="style.css">
</head>
<body>
  <p class="left"><a href="/">左から右へ背景が変わる</a></p>
  <p class="right"><a href="/">右から左へ背景が変わる</a></p>
</body>
</html>
```

ホバーすると背景が左から出て、外すと右に消える

ホバーすると背景が右から出て、外すと左に消える

CSS style.css

```
@charset "UTF-8";
body {
  background: #db4e76;
  margin: 0 auto;
   padding: 2em;
  text-align: center;
}

.left a,
.right a {
  position: relative;
  display: inline-block;
  color: #fff;
  text-decoration: none;
  padding: 1em;
  border: 1px solid #fff;
  transition: color .25s ease;
}

.left a:hover,
.right a:hover {
  color: #000;
}

.left a::before,
.right a::before {
  position: absolute;
  top: 0;
  left: 0;
  content: '';
  width: 100%;
  height: 100%;
  background: #fff;
  z-index: -1;
  transform: scale(0,1);
  transition: all .25s ease;
  transition-property:
transform;
}

.left a:hover::before,
.right a:hover::before {
  transform: scale(1,1);
}

.left a::before {
  transform-origin: right;
}
.left a:hover::before {
  transform-origin: left;
}

.right a::before {
  transform-origin: left;
}
.right a:hover::before {
  transform-origin: right;
}
```

背景の位置を決めるための基準

背景が変わるとき、文字色も同じスピードで変わるように設定

ホバー時の文字色

擬似要素（::before）を使って、ホバー時のaタグの設定を指定

親要素であるaタグを基準に位置を指定

ホバー時の背景色の重なりを背面へ

プロパティtransformを使って、X軸に対して、要素を拡大・縮小（伸縮）させる

ホバーすると背景が左から出て、外すと右に消える

ホバーすると背景が右から出て、外すと左に消える

Point } 擬似要素を使ってCSSだけで実装

擬似要素は、HTMLに無駄なコードを入れなくても装飾できるCSSの便利な要素。その擬似要素::beforeを使って、CSSだけで実装するアニメーション。背景の色や表示させるスピードなどを調整できます。サンプルでは、プロパティtransformを使って、X軸に対して、要素を拡大・縮小（伸縮）させています。

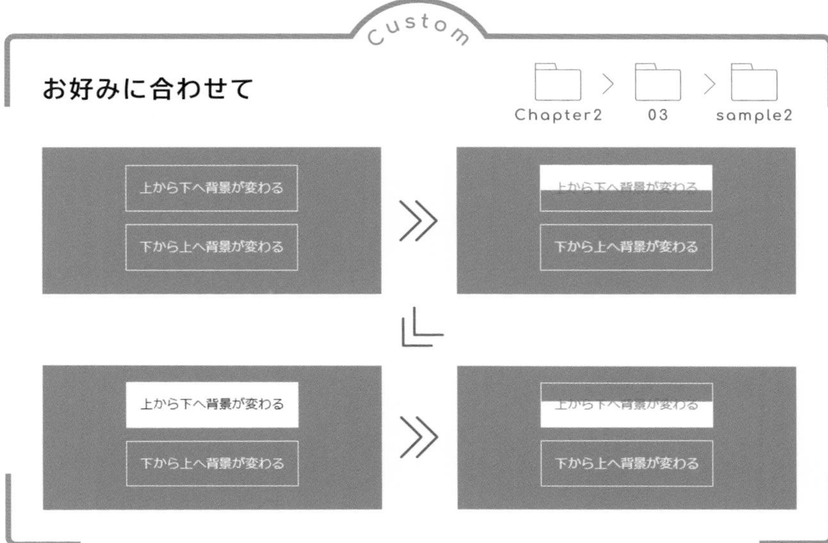

上下のアニメーションも、CSSだけで簡単にカスタマイズができます。

HTML index.html

```
<!DOCTYPE html>
<html lang="ja">
<head>
<meta charset="UTF-8">
<title>ボタンアニメーション03</title>
<meta name="viewport" content="width=device-width,initial-scale=1">
<link rel="stylesheet" href="style.css">
</head>
<body>
  <p class="top"><a href="/">上から下へ背景が変わる</a></p>
  <p class="bottom"><a href="/">下から上へ背景が変わる</a></p>
</body>
</html>
```

CSS style.css

```
@charset "UTF-8";
body {
  background: #db4e76;
  margin: 0 auto;
   padding: 2em;
  text-align: center;
}

.top a,
.bottom a {
  position: relative;
  display: inline-block;
  color: #fff;
  text-decoration: none;
  padding: 1em;
  border: 1px solid #fff;
  transition: color .25s ease;
}

.top a:hover,
.bottom a:hover {
  color: #000;
}

.top a::before,
.bottom a::before {
  position: absolute;
  top: 0;
  left: 0;
  content: '';
  width: 100%;
  height: 100%;
  background: #fff;
  z-index: -1;
  transform: scale(1,0);
  transition: all .25s ease;
  transition-property:
transform;
}

.top a:hover::before,
.bottom a:hover::before {
  transform: scale(1,1);
}

.top a::before {
  transform-origin: bottom;
}
.top a:hover::before {
  transform-origin: top;
}

.bottom a::before {
  transform-origin: top;
}
.bottom a:hover::before {
  transform-origin: bottom;
}
```

プロパティtransformを使って、Y軸に対して、要素を拡大・縮小（伸縮）させる

ホバーすると背景が上から出て、外すと下に消える

ホバーすると背景が下から出て、外すと上に消える

ボタン

04 背景がセンターから変化するボタン

ホバー時に背景色がアニメーションで現れるボタン。ワンポイントにアニメーションを入れるだけで、アクセントになります。

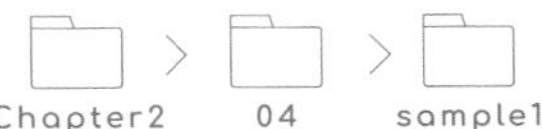

執筆者　桟敷友香子

Sample

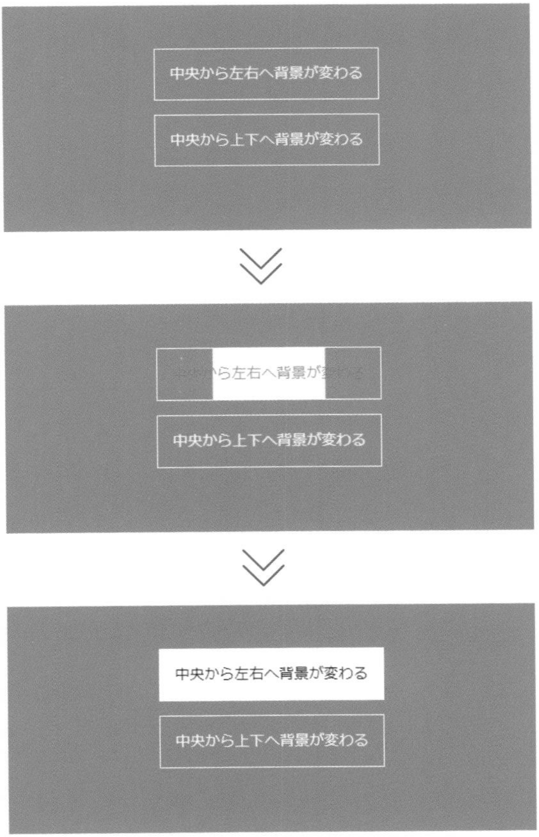

中央から左右へ背景が変わる

中央から上下へ背景が変わる

中央から左右へ背景が変わる

中央から上下へ背景が変わる

中央から左右へ背景が変わる

中央から上下へ背景が変わる

HTML index.html

```
<!DOCTYPE html>
<html lang="ja">
<head>
<meta charset="UTF-8">
<title>ボタンアニメーション04</title>
<meta name="viewport" content="width=device-width,initial-scale=1">
<link rel="stylesheet" href="style.css">
</head>
<body>
  <p class="width"><a href="/">中央から左右へ背景が変わる</a></p>
  <p class="height"><a href="/">中央から上下へ背景が変わる</a></p>
</body>
</html>
```

ホバーすると背景が中央から左右に出て、外すと戻る

ホバーすると背景が中央から上下に出て、外すと戻る

CSS style.css

```
@charset "UTF-8";
body {
  background: #db4e76;
  margin: 0 auto;
   padding: 2em;
  text-align: center;
}

.width a,
.height a {
  position: relative;
  display: inline-block;
  color: #fff;
  text-decoration: none;
  padding: 1em;
  border: 1px solid #fff;
  transition: color .25s ease;
}

.width a:hover,
.height a:hover {
  color: #000;
}

.width a::before,
.height a::before {
  position: absolute;
  top: 0;
  left: 0;
  content: '';
  width: 100%;
  height: 100%;
  background: #fff;
  z-index: -1;
  transform-origin: center;
  transition: all .25s ease;
  transition-property:
transform;
}

.width a::before {
  transform: scale(0,1);
}

.height a::before {
  transform: scale(1,0);
}

.width a:hover::before,
.height a:hover::before {
  transform: scale(1,1);
}
```

背景の位置を決めるための基準

背景が変わるとき、文字色も同じスピードで変わるように設定

ホバー時の文字色

擬似要素(::before)を使って、ホバー時のaタグの設定を指定

親要素であるaタグを基準に位置を指定

ホバー時の背景色の重なりを背面へ

プロパティtransformを使って、伸縮スピードを調整できる

X軸に対して、要素を拡大・縮小(伸縮)させる

Y軸に対して、要素を拡大・縮小(伸縮)させる

ホバー時に、X軸・Y軸ともに100%になるよう設定

Point 擬似要素を使ってCSSだけで実装

擬似要素は、HTMLに無駄なコードを入れなくても装飾できるCSSの便利な要素。その擬似要素::beforeを使って、CSSだけで実装するアニメーション。背景の色や表示させるスピードなどを調整できます。

Custom

お好みに合わせて

Chapter2 > 04 > sample2

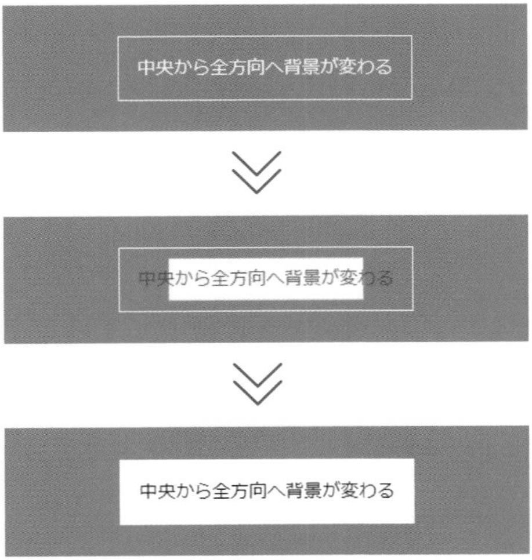

中央から全方向へ背景が変わる

中央から全方向へ背景が変わる

中央から全方向へ背景が変わる

背景色を中央から全方向のアニメーションも、CSSだけで簡単にカスタマイズできます。

HTML index.html

```
<!DOCTYPE html>
<html lang="ja">
<head>
<meta charset="UTF-8">
<title>ボタンアニメーション04</title>
<meta name="viewport" content="width=device-width,initial-scale=1">
<link rel="stylesheet" href="style.css">
</head>
```

```
<body>
  <p class="all"><a href="/">中央から全方向へ背景が変わる</a></p>
</body>
</html>
```

ホバーすると背景が中央から全方向に出て、外すと戻る

CSS style.css

```
@charset "UTF-8";
body {
  background: #db4e76;
  margin: 0 auto;
   padding: 2em;
  text-align: center;
}

.all a {
  position: relative;
  display: inline-block;
  color: #fff;
  text-decoration: none;
  padding: 1em;
  border: 1px solid #fff;
  transition: color .25s ease;
}

.all a:hover {
  color: #000;
}

.all a::before {
  position: absolute;
  top: 0;
  left: 0;
  content: '';
  width: 100%;
  height: 100%;
  background: #fff;
  z-index: -1;
  transform-origin: center;
  transition: all .25s ease;
  transition-property:
transform;
  transform: scale(0,0);
}
```

X軸・Y軸の伸縮を0にするだけで、中央から全方向へのアニメーションにできる

```
.all a:hover::before {
  transform: scale(1,1);
}
```

ボタン

05 グラデーションの色が変わるボタン

アイキャッチで目立つアニメーションのボタン。背景をグラデーションのみで作るため簡単に設定可能です。角度や色指定などでお好みのボタンが作れます。

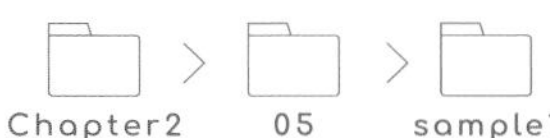

執筆者 矢野みち子
（株式会社KLEE）

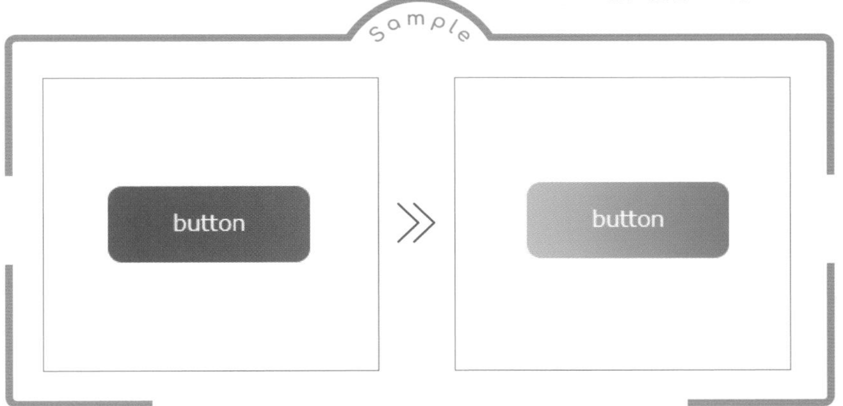

HTML index.html

```
<!DOCTYPE html>
<html lang="ja">
<head>
<meta charset="UTF-8">
<title>背景アニメーショングラデーションボタン</title>
<meta name="viewport" content="width=device-width,initial-scale=1">
<link rel="stylesheet" href="style.css">
</head>
<body>
  <p class="backgradation"><a href="#">button</a></p>
</body>
</html>
```

任意のクラス名をつける

Point アニメーションの設定

HTMLとCSSで基本の設定を行います。HTMLファイルのボタンに任意のクラス名をつけ、CSSでボタンのデザインを作ります。この際background: linear-gradientにてグラデーションのカラーを設定、background-sizeでグラデーションの幅を設定します。
またbackground: linear-gradienの90degでグラデーションの角度を調整できます。

CSS style.css

```
@charset "UTF-8";
.backgradation a {
  display: block;
  width: 110px;
  padding: 1em;
  margin: auto;
  color: #fff;
  text-align: center;
  text-decoration: none;
  background: linear-gradient(90deg, #407097, #88dfa2);
  background-size: 300%;
  border-radius: 10px;}
```

グラデーションの幅をお好みで設定

グラデーションカラーを設定

アニメーションの設定を行います。animationでつけた名を指定してkeyframesで背景を動かすアニメーションの設定を行います。

CSS style.css

```
@charset "UTF-8";
.backgradation a {
  display: block;
  width: 110px;
  padding: 1em;
  margin: auto;
  color: #fff;
  text-align: center;
  text-decoration: none;
  background: linear-
gradient(90deg, #407097,
#88dfa2);
  background-size: 300%;
  border-radius: 10px;
  animation: backgradation 3s
infinite;
}
@keyframes backgradation {
0% {
  background-position: 0% 50%;
}
50% {
  background-position: 100%
50%;
}
100% {
  background-position: 0% 50%;
}
}
```

グラデーションの幅をお好みで設定

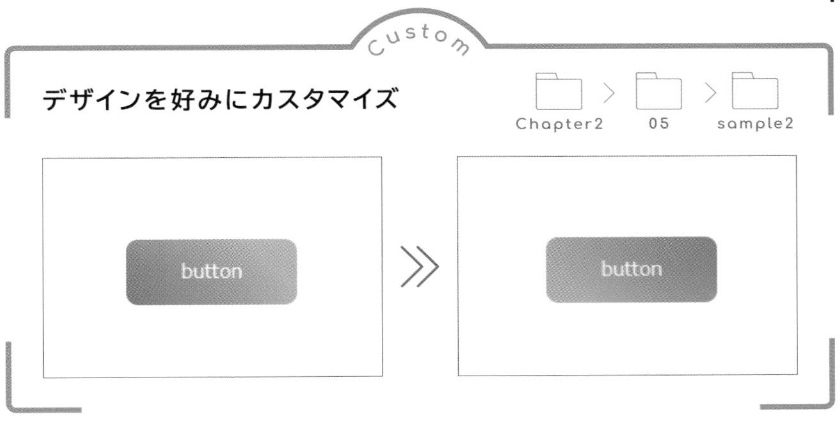

グラデーションの色を増やして角度も変化させます。animationにeaseをつけることで最後と最初をゆっくりと見せることもできます。

CSS style.css

```
@charset "UTF-8";
.backgradation a {
  display: block;
  width: 110px;
  padding: 1em;
  margin: auto;
  color: #fff;
  text-align: center;
  text-decoration: none;
  background: linear-gradient(45deg, #407097, #78bac5, #72bb88,
#088d44);
  background-size: 300%;
  border-radius: 10px;
  animation: backgradation 8s infinite ease;
}
@keyframes backgradation {
0% {
  background-position: 0% 50%;
}
50% {
  background-position: 100% 50%;
}
100% {
  background-position: 0% 50%;
}
}
```

グラデーションカラーを設定

easeで動きの強弱をつける

06 ボーダーの色が変わるボタン

ロールオーバーをすると枠がアニメーションするボタンです。アニメーションの時間設定などで簡単にカスタマイズできます。

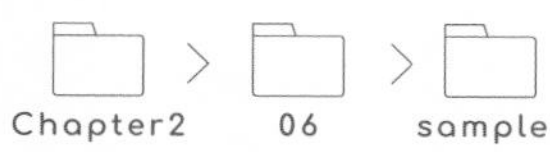

執筆者 矢野みち子
（株式会社KLEE）

Sample

button

button

button

HTML index.html

```
<!DOCTYPE html>
<html lang="ja">
<head>
<meta charset="UTF-8">
<title>枠アニメーションボタン</title>
<meta name="viewport" content="width=device-width,initial-scale=1">
<link rel="stylesheet" href="style.css">
</head>
<body>
  <p class="framebutton">
    <a href="#"><span>button</span></a>
  </p>
</body>
</html>
```

任意のクラス名をつける

HTMLとCSSで基本を設定を行います。HTMLファイルのボタンに任意のクラス名をつけます。

Point 擬似要素を使用してボーダーアニメーションを作る

アニメーション用のボーダーは擬似要素のafterとbeforeで設定します。セレクタframebuttonで設定したボーダーの太さを基準に擬似要素の幅と高さを合わせて指定します。ボーダーを上から重ねるのでwidth: calc(100% + 5px);とheight: calc(100% + 5px);でボーダーの太さ分、プラス5pxを指定します。IE11は非対応なので少し大き目のサイズに指定しています（サンプルではwidth: 106%;とheight: 110%;）。そしてtransitionでアニメーション設定を行います。

CSS style.css

```
@charset "utf-8";
.framebutton {
  text-align: center;
}
.framebutton a {
  position: relative;
  display: inline-block;
  padding: 1em 2em;
  color: #bca823;
  text-decoration: none;
  border: 5px solid #bca823;
}
.framebutton a:hover {
  color: #4b7030;
}
.framebutton a:after,
.framebutton a:before,
.framebutton span:after,
.framebutton span:before {
  position: absolute;
  display: block;
  z-index: 1;
  content: '';
  background-color: #37673e;
  transition: all 0.5s ease;
}
/*枠上*/
.framebutton a:after {
```

```
  top: -5px;
  left: -5px;
  width: 0px;
  height: 5px;
}
/*枠下*/
.framebutton a:before {
  right: -5px;
  bottom: -5px;
  width: 0px;
  height: 5px;
}
/*枠左*/
.framebutton span:after {
  bottom: -5px;
  left: -5px;
  width: 5px;
  height: 0px;
}
/*枠右*/
.framebutton span:before {
  top: -5px;
  right: -5px;
  width: 5px;
  height: 0px;
}
.framebutton a:hover:after,
.framebutton a:hover:before {
  width: calc(100% + 5px);
  width: 106%;/*IE11に対応の場合
はこの一行を記述*/
}
.framebutton a:hover
span:after,
.framebutton a:hover
span:before {
  height: calc(100% + 5px);
  height: 110%;/*IE11に対応の場合
はこの一行を記述*/
}
```

Custom

カスタマイズして囲うような アニメーションをつける

Chapter2 > 06 > sample2

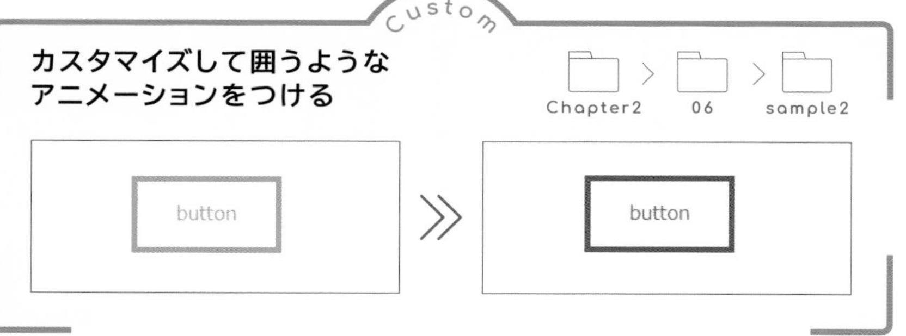

アニメーションの始まりを遅くすることで上から順番に囲うようなボタンを作ります。
上→右→下→左という順番でアニメーションをつけるため各擬似要素にアニメーション完了の時間を計算して設定します。それぞれのアニメが終了するのを0.3sに設定しているので始まりから0.3ずつを足していきます。
上→なし、右→0.3s、下→0.6s、左→0.9s
アニメーションの時間をカスタマイズする際にサンプルを参考に計算してください。またロールオーバーを離した際にすぐにもとのボタンになるよう、全体にtransition: 0.1s;を追記します。

ボタン

CSS style.css

```
@charset "utf-8";
p.framebutton {
  text-align: center;
}
.framebutton a {
  position: relative;
  display: inline-block;
  padding: 1em 2em;
  color: #bca823;
  text-decoration: none;
  border: 5px solid #bca823;
}
.framebutton a:hover {
  color: #4b7030;
}
.framebutton a:after,
.framebutton a:before,
.framebutton span:after,
.framebutton span:before {
  position: absolute;
  display: block;
  z-index: 1;
  content: '';
  background-color: #37673e;
  transition: 0.1s;
}
/*枠上*/
.framebutton a:after {
  top: -5px;
  left: -5px;
  width: 0px;
  height: 5px;
}
.framebutton a:hover:after {
  transition: all 0.3s ease;
}
/*枠下*/
.framebutton a:before {
  right: -5px;
  bottom: -5px;
  width: 0px;
  height: 5px;
}
.framebutton a:hover:before {
  transition: all 0.3s ease
0.6s;
}
/*枠左*/
.framebutton span:after {
  bottom: -5px;
  left: -5px;
  width: 5px;
  height: 0px;
}
.framebutton a:hover
span:after{
  transition: all 0.3s ease
0.9s;
}
/*枠右*/
.framebutton span:before {
  top: -5px;
  right: -5px;
  width: 5px;
  height: 0px;
}
.framebutton a:hover
span:before{
  transition: all 0.3s ease
0.3s;
}
.framebutton a:hover:after,
.framebutton a:hover:before {
  width: calc(100% + 5px);
  width: 106%;/*IE11に対応の場合
はこの一行を記述*/
}
.framebutton a:hover
span:after,
.framebutton a:hover
span:before {
  height: calc(100% + 5px);
  height: 110%;/*IE11に対応の場合
はこの一行を記述*/
}
```

ロールオーバーを離した際にすぐにもとのボタンになる設定

それぞれ0.3sずつ足していく

07 アニメーションで動くボタン

簡単なアニメーションを使ってボタンを動かします。基本となる動きをマスターして自分の好みの動きにカスタマイズしてください。

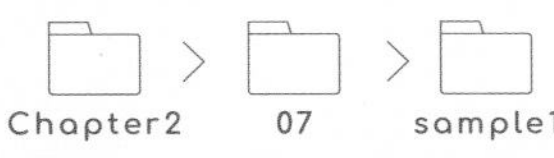

執筆者 矢野みち子
（株式会社KLEE）

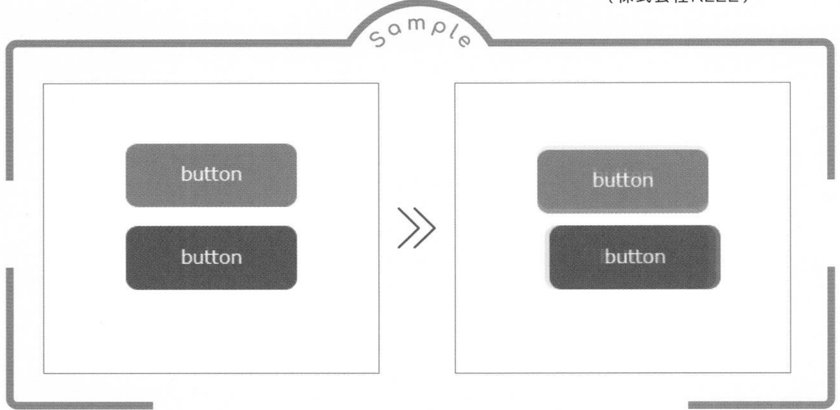

HTML index.html

```
<!DOCTYPE html>
<html lang="ja">
<head>
<meta charset="UTF-8">
<title>アニメーションで動くボタン</title>
<meta name="viewport" content="width=device-width,initial-scale=1">
<link rel="stylesheet" href="style.css">
</head>
<body>
  <p class="animationbutton"><a href="#">button</a></p>
  <p class="animationbutton02"><a href="#">button</a></p>
</body>
</html>
```

任意のクラス名をつける

任意のクラス名をつける

HTMLとCSSで基本を設定を行います。HTMLファイルのボタンに任意のクラス名をつけます。

Point } 移動のアニメーションを使ってボタンを動かす

こちらのChapterではローオーバーをすると動くように設定します。
.animationbutton a:hoverにアニメーション定義を行ったあとに@keyframesにてアニメーションを設定していきます。

- **animationbutton01（アニメーションの名前を定義）**
- **0.2s（動く時間）**
- **infinite（動きを繰り返す）**

CSS style.css

```
@charset "UTF-8";
/*一つ目のボタン*/
.animationbutton a {
  display: block;
  width: 110px;
  padding: 1em;
  margin: auto;
  color: #fff;
  text-align: center;
  text-decoration: none;
  background: #61969f;
  border-radius: 10px;
}
.animationbutton a:hover{
  animation: animationbutton01
0.2s infinite;
}
@keyframes animationbutton01 {
    0% {
        transform:
translate(0, 2px);
}
    100% {
        transform:
translate(0, 0);
}
}
/*二つ目のボタン*/
.animationbutton02 a {
  display: block;
  width: 110px;
  padding: 1em;
  margin: auto;
  color: #fff;
  text-align: center;
  text-decoration: none;
  background: #257381;
  border-radius: 10px;
}
.animationbutton02 a:hover{
  animation: animationbutton02
0.2s infinite;
}
@keyframes animationbutton02 {
    0% {
        transform:
translate(2px, 0);
}
    100% {
        transform:
translate(0, 0);
}
}
```

@keyframesで動きを設定します。設定時間経過の0〜100%で、transformプロパティに上下左右の動きを指定します。

- **translate(上下の動きの大きさ, 左右の動きの大きさ)**

CSS style.css

```
.animationbutton a:hover{
  animation: animationbutton01
0.2s infinite;
}
@keyframes animationbutton01 {
    0% {
        transform:
translate(0, 2px);
}
    100% {
        transform:
translate(0, 0);
}
}
```

```
.animationbutton02 a:hover{
  animation: animationbutton02
0.2s infinite;
}
@keyframes animationbutton02 {
    0% {
        transform:
translate(2px, 0);
}
    100% {
        transform:
translate(0, 0);
}
}
```

Custom

他のアニメーションボタンを作る

Chapter2 > 07 > sample2

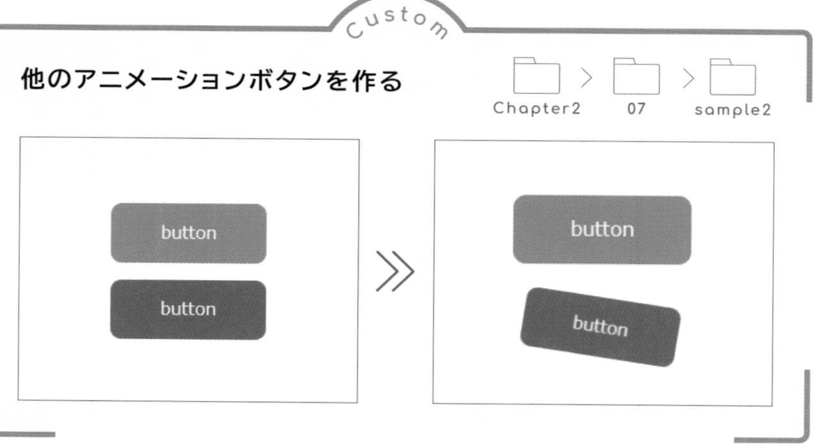

同じような記述方法で拡大縮小、角度を変えるなど別のアニメーションのボタンも作ることができます。
変えるのはtransformの値を変更するだけです。

- **scale(拡大縮小する倍率)**
- **rotate(回転する角度deg)**

サンプルの数値に-（マイナス）をつけることで縮小、半回転の動きも設定可能です。

CSS style.css

```
@charset "UTF-8";
/*一つ目のボタン*/
.animationbutton a {
  display: block;
  width: 110px;
  padding: 1em;
  margin: auto;
  color: #fff;
  text-align: center;
  text-decoration: none;
  background: #61969f;
  border-radius: 10px;
}
.animationbutton a:hover{
  animation: animationbutton01
0.2s infinite;
}
@keyframes animationbutton01 {
     0% {
          transform: scale(1.1);
}
     100% {
          transform: scale(1);
}
}
```

```
/*二つ目のボタン*/
.animationbutton02 a {
  display: block;
  width: 110px;
  padding: 1em;
  margin: auto;
  color: #fff;
  text-align: center;
  text-decoration: none;
  background: #257381;
  border-radius: 10px;
}
.animationbutton02 a:hover{
  animation: animationbutton02
0.2s infinite;
}
@keyframes animationbutton02 {
     0% {
          transform:
rotate(10deg);
}
     100% {
          transform: rotate(0);
}
}
```

08 クルクル回るローディングボタン

画面変移や画像を読み込む際のローディングアニメーションを作ります。よく見かけるシンプルなものから簡単にカスタマイズしてオリジナリティをプラスできます。

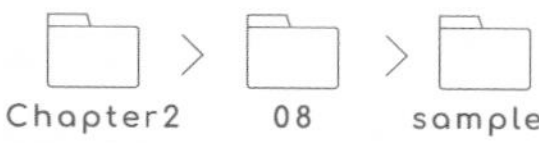

執筆者 矢野みち子
（株式会社KLEE）

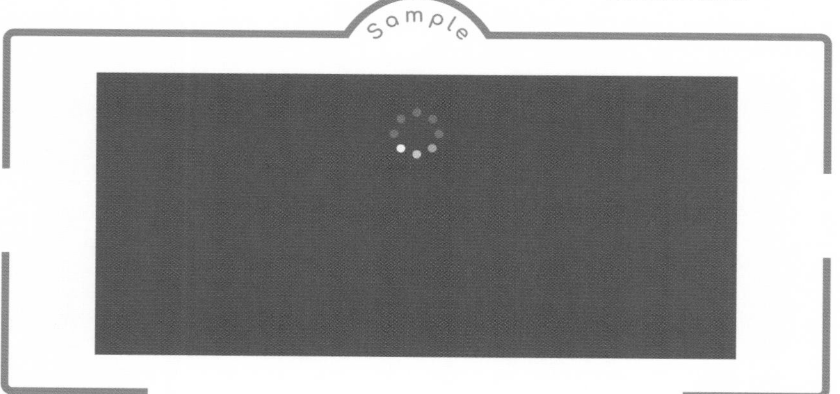

HTML index.html

```
<!DOCTYPE html>
<html lang="ja">
<head>
<meta charset="UTF-8">
<title>ローディングボタン</title>
<meta name="viewport" content="width=device-width,initial-scale=1">
<link rel="stylesheet" href="style.css">
</head>
<body>
  <div class="loader">Loading...</div>
</body>
</html>
```

HTMLとCSSで基本の設定を行います。HTMLファイルのdivに任意のクラス名をつけます。

Point } アニメーションを作る

.loaderにアニメーションのクラス名（load5）を定義してアニメーションを設定します。

CSS style.css

```
@charset "UTF-8";
body{
  background-color: #4b7458;
}
.loader {
  position: relative;
  width: 1em;
  height: 1em;
  margin: 100px auto;
  font-size: 15px;
  text-indent: -9999em;
  border-radius: 50%;
  animation: load5 1.1s infinite ease;
  -ms-transform: translateZ(0);
  transform: translateZ(0);
  }

@keyframes load5 {
  0%,
  100% {
    box-shadow: 0em -2.6em 0em 0em #ffffff, 1.8em -1.8em 0 0em 
rgba(255, 255, 255, 0.2), 2.5em 0em 0 0em rgba(255, 255, 255, 
0.2), 1.75em 1.75em 0 0em rgba(255, 255, 255, 0.2), 0em 2.5em 0 
0em rgba(255, 255, 255, 0.2), -1.8em 1.8em 0 0em rgba(255, 255, 
255, 0.2), -2.6em 0em 0 0em rgba(255, 255, 255, 0.5), -1.8em 
-1.8em 0 0em rgba(255, 255, 255, 0.7);
  }
  12.5% {
    box-shadow: 0em -2.6em 0em 0em rgba(255, 255, 255, 0.7), 1.8em 
-1.8em 0 0em #ffffff, 2.5em 0em 0 0em rgba(255, 255, 255, 0.2), 
1.75em 1.75em 0 0em rgba(255, 255, 255, 0.2), 0em 2.5em 0 0em 
rgba(255, 255, 255, 0.2), -1.8em 1.8em 0 0em rgba(255, 255, 255, 
0.2), -2.6em 0em 0 0em rgba(255, 255, 255, 0.2), -1.8em -1.8em 0 
0em rgba(255, 255, 255, 0.5);
  }
  25% {
    box-shadow: 0em -2.6em 0em 0em rgba(255, 255, 255, 0.5), 1.8em 
-1.8em 0 0em rgba(255, 255, 255, 0.7), 2.5em 0em 0 0em #ffffff, 
1.75em 1.75em 0 0em rgba(255, 255, 255, 0.2), 0em 2.5em 0 0em
```

```
rgba(255, 255, 255, 0.2), -1.8em 1.8em 0 0em rgba(255, 255, 255,
0.2), -2.6em 0em 0 0em rgba(255, 255, 255, 0.2), -1.8em -1.8em 0
0em rgba(255, 255, 255, 0.2);
  }
  37.5% {
    box-shadow: 0em -2.6em 0em 0em rgba(255, 255, 255, 0.2), 1.8em
-1.8em 0 0em rgba(255, 255, 255, 0.5), 2.5em 0em 0 0em rgba(255,
255, 255, 0.7), 1.75em 1.75em 0 0em #ffffff, 0em 2.5em 0 0em
rgba(255, 255, 255, 0.2), -1.8em 1.8em 0 0em rgba(255, 255, 255,
0.2), -2.6em 0em 0 0em rgba(255, 255, 255, 0.2), -1.8em -1.8em 0
0em rgba(255, 255, 255, 0.2);
  }
  50% {
    box-shadow: 0em -2.6em 0em 0em rgba(255, 255, 255, 0.2), 1.8em
-1.8em 0 0em rgba(255, 255, 255, 0.2), 2.5em 0em 0 0em rgba(255,
255, 255, 0.5), 1.75em 1.75em 0 0em rgba(255, 255, 255, 0.7), 0em
2.5em 0 0em #ffffff, -1.8em 1.8em 0 0em rgba(255, 255, 255, 0.2),
-2.6em 0em 0 0em rgba(255, 255, 255, 0.2), -1.8em -1.8em 0 0em
rgba(255, 255, 255, 0.2);
  }
  62.5% {
    box-shadow: 0em -2.6em 0em 0em rgba(255, 255, 255, 0.2), 1.8em
-1.8em 0 0em rgba(255, 255, 255, 0.2), 2.5em 0em 0 0em rgba(255,
255, 255, 0.2), 1.75em 1.75em 0 0em rgba(255, 255, 255, 0.5), 0em
2.5em 0 0em rgba(255, 255, 255, 0.7), -1.8em 1.8em 0 0em #ffffff,
-2.6em 0em 0 0em rgba(255, 255, 255, 0.2), -1.8em -1.8em 0 0em
rgba(255, 255, 255, 0.2);
  }
  75% {
    box-shadow: 0em -2.6em 0em 0em rgba(255, 255, 255, 0.2), 1.8em
-1.8em 0 0em rgba(255, 255, 255, 0.2), 2.5em 0em 0 0em rgba(255,
255, 255, 0.2), 1.75em 1.75em 0 0em rgba(255, 255, 255, 0.2),
0em 2.5em 0 0em rgba(255, 255, 255, 0.5), -1.8em 1.8em 0 0em
rgba(255, 255, 255, 0.7), -2.6em 0em 0 0em #ffffff, -1.8em -1.8em
0 0em rgba(255, 255, 255, 0.2);
  }
  87.5% {
    box-shadow: 0em -2.6em 0em 0em rgba(255, 255, 255, 0.2), 1.8em
-1.8em 0 0em rgba(255, 255, 255, 0.2), 2.5em 0em 0 0em rgba(255,
255, 255, 0.2), 1.75em 1.75em 0 0em rgba(255, 255, 255, 0.2),
0em 2.5em 0 0em rgba(255, 255, 255, 0.2), -1.8em 1.8em 0 0em
rgba(255, 255, 255, 0.5), -2.6em 0em 0 0em rgba(255, 255, 255,
0.7), -1.8em -1.8em 0 0em #ffffff;
  }
}
```

https://projects.lukehaas.me/css-loaders/

こちらのサイトに様々なアニメーションが紹介されています。参考サイトを基本にしてご自身でCSSを調整すれば、簡単にカスタマイズできます。

Custom

コンテンツの位置を調整する

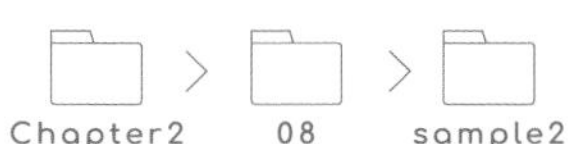

ローディングアニメーションを画面の左右上下中央に調整します。
全体のbodyセレクタに対して、height: 100vh;でビューポート（画面の大きさ）の高さを100%としてalign-items: center;で画面の中央にコンテンツを配置するための記述をします。上下中央のコンテンツを配置します。

CSS style.css

```
body{
  display: flex;
  align-items: center;
  height: 100vh;
  margin: 0;
  background-color: #b9dfe4;
}
```

画面の真ん中にコンテンツを配置

ビューポートの高さ100%

さらに参考サイトをヒントに別のアニメーションも設定します。前述のアニメーションはシャドウを動かしてアニメーションしていますが、サンプル02では擬似要素の:beforeと:afterを使用してローディングボタンを作ります。

CSS style.css

```
.loader,
.loader:before,
.loader:after {
  width: 1em;
  height: 4em;
  animation: load1 1s infinite 
ease-in-out;
  background: #ffffff;
}
.loader {
  position: relative;
  margin: 88px auto;
  font-size: 11px;
  color: #ffffff;
  text-indent: -9999em;
  transform: translateZ(0);
```

```
  animation-delay: -0.16s;
}
.loader:before,
.loader:after {
  position: absolute;
  top: 0;
  content: '';
}
.loader:before {
  left: -1.5em;
  animation-delay: -0.32s;
}
.loader:after {
  left: 1.5em;
}
@keyframes load1 {
  0%,
  80%,
  100% {
    box-shadow: 0 0;
    height: 4em;
  }
  40% {
    box-shadow: 0 -2em;
    height: 5em;
  }
}
```

09 カーソルの動きが印象的なエフェクト

ポインターにデザインをプラスしつつボタンに触れた際にアクションを起こすカーソルで見せるボタンです。

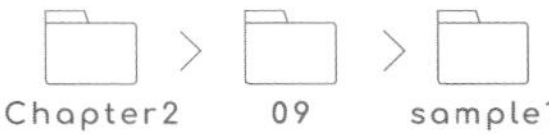

執筆者 矢野みち子
（株式会社KLEE）

プラグイン

jQuery v3.6.0　https://jquery.com/

HTML　index.html

```
<!DOCTYPE html>
<html lang="ja">
<head>
<meta charset="UTF-8">
<title>マウスカーソルが追随するボタン
</title>
<meta name="viewport"
content="width=device-
width,initial-scale=1">
<link rel="stylesheet"
href="style.css">
</head>
<body>
  <div class="cursor"></div>
  <div class="follow"></div>
```

```
  <a href="#">cursor</a>

 <script src="js/jquery-
3.6.0.min.js"></script>
 <script>
  $(function(){
    var cursor=$(".cursor");
    var follow=$(".follow");
    $(document).
on("mousemove",function(evt){
      var x=evt.clientX;
      var y=evt.clientY;
      cursor.css({
      "opacity":"0.8",
      "top":y+"px",
```

```
      "left":x+"px"
      });
      setTimeout(function(){
      follow.css({
        "opacity":"0.3",
        "top":y+"px",
        "left":x+"px"
        });
        });
      });
      });
 </script>
</body>
</html>
```

HTMLの基本設定を行います。クラス名cursorとfollowでカーソル部分を表示します。jQueryの本体読み込ませマウスが動いた際（mousemove）のアクション（ポインターに合わせて円がついてくる）を設定します。

HTML index.html

```
<script src="js/jquery-
3.6.0.min.js"></script>
 <script>
  $(function(){
    var cursor=$(".cursor");
    var follow=$(".follow");
    $(document).
on("mousemove",function(evt){
      var x= evt.clientX;
      var y= evt.clientY;
      cursor.css({
      "opacity":"0.8",
      "top":y+"px",
      "left":x+"px"
      });
      setTimeout(function(){
      follow.css({
        "opacity":"0.3",
        "top":y+"px",
        "left":x+"px"
      });
      });
    });
    });
 </script>
```

Point } カーソルのデザインを作る

スタイルシートクラス名followでカーソルのデザインを作っていきます。

CSS style.css

```
@charset "UTF-8";
body{
  padding-top: 5em;
  text-align: center;
  background:#876b88;
}
a{
  display:inline-block;
  padding: 1em 2em;
  margin:0 auto;
  color: #fff;
  text-align: center;
  text-decoration: none;
  background-color: #2d295a;
  border-radius:10px;
}
a:hover{
  background-color: #4d150b;
  transition: 1.0s;
}
.follow{
  position: fixed;
  opacity: 0;
  z-index: 1;
```

```
背景の丸の大きさの幅
width: 40px;
height: 40px;
margin: -20px 0 0 -20px;
background: #f0d01b;
背景の丸の大きさの高さ(正円にする場合幅と同じサイズ)
```

```
border-radius:20px;
pointer-events: none;
}
```

Custom

ボタンに触れたときに
ポインターが拡大する

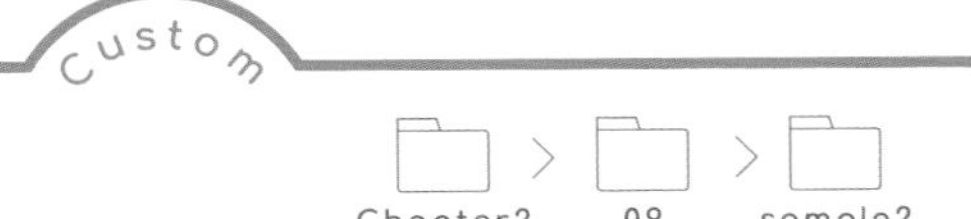

ボタンに触れたときにクラス名をつけるイベントを追加記述します。また同時に離れたときにそのクラス名を削除する命令も記述しておきます。

HTML index.html

```
    $("a").on({
      "mouseenter": function()
{
        cursor.
addClass("active");//カーソルがボタンに乗ったときにクラス指定
        follow.
addClass("active");
      },
```

```
      "mouseleave": function()
{
        cursor.
removeClass("active");
        follow.
removeClass("active");
      }
    });
```

カーソルがボタンから離れたときにクラスを削除

また追いかかるポインターを少し遅らせて雰囲気を出すようにこちらも追加記述します。

CSS style.css

```
      setTimeout(function(){
      follow.css({
        "opacity":"0.3",
        "top":y+"px",
```

```
        "left":x+"px"
      });
      },180);//遅れる時間を指定
```

ボタンに触れた際、ポインターデザインが拡大するようにスタイルシートに記述します。またその際にふんわりと変化するようにfollowのスタイルに追加記述します。

CSS style.css

```
.follow{
  position: fixed;
  opacity: 0;
  z-index: 1;
  width: 40px;/*背景の丸の大きさの幅*/
  height: 40px;/*背景の丸の大きさの高さ(正円にする場合幅と同じサイズ)*/
  margin: -20px 0 0 -20px;
  background: #f0d01b;
  border-radius:20px;
  pointer-events: none;
  transition: transform 0.5s;
}
.active {
  transform: scale(2);
}
```

ボタンアクションをゆっくり変化させる

ボタンに触れたときにカーソルを拡大する

ボタン

10 ページトップにスッと戻るボタン

スマホの普及や回線スピードの向上により、1ページでたくさんの情報をスクロール表示させるデザインが増えました。ページトップへボタンがあると、メニューなどにアクセスしやすくなります。

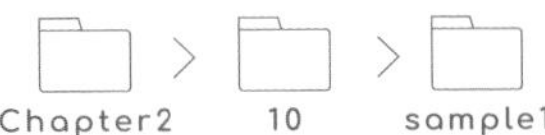

執筆者 桟敷友香子

Sample

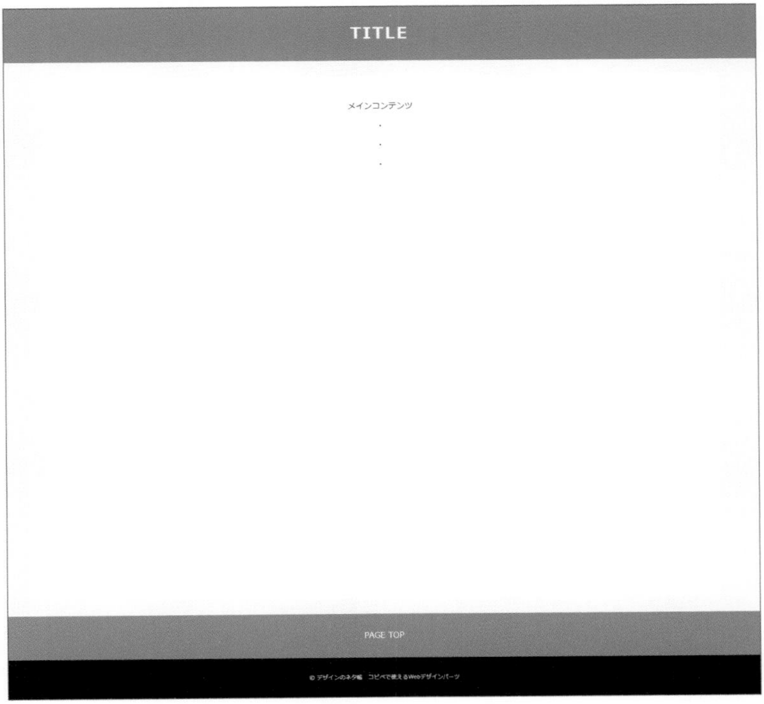

TITLE

メインコンテンツ

・
・
・

PAGE TOP

© デザインのネタ帳 コピペで使えるWebデザインパーツ

プラグイン

jQuery v3.6.0　https://ajax.googleapis.com/ajax/libs/jquery/3.6.0/jquery.min.js

HTML index.html

```
<!DOCTYPE html>
<html lang="ja">
<head>
<meta charset="UTF-8">
<title>ページトップへボタン</title>
<meta name="viewport" content="width=device-width,initial-scale=1">
<link rel="stylesheet" href="style.css">
<script src="https://ajax.googleapis.com/ajax/libs/
jquery/3.6.0/jquery.min.js"></script>
<script src="script.js" defer></script>
</head>
<body>

  <header id="header">
    <h1>TITLE</h1>
  </header>

  <main id="main">
    <p>メインコンテンツ</p>
    <p>・</p>
    <p>・</p>
    <p>・</p>
  </main>

  <footer id="footer">
    <p class="pageTop"><a href="#header">PAGE TOP</a></p>
    <p class="copy">&copy; デザインのネタ帳　コピペで使えるWebデザインパーツ</
p>
  </footer>

</body>
</html>
```

jQueryの読み込み

スクリプトの読み込み

ボタン部分。アンカーリンクを使ってページの先頭へ移動

ボタン部分。アンカーリンクを使ってページの先頭へ移動

CSS style.css

```
@charset "UTF-8";
body {
  background: #efefef;
  margin: 0;
   padding: 0;
  text-align: center;
}

/* ヘッダー */
#header {
  background: #db4e76;
  color: #fff;
}
```

```
#header h1 {
  margin: 0;
  padding: 1em;
  letter-spacing: 0.1em;
}

/* メインコンテンツ */
#main {
  background: #fff;
  width: 85%;
  height: 200vh;
  margin: 2em auto;
  padding: 2em;
```

ボタン

```
}

/* フッター(コピーライト) */
#footer .copy {
  background: #000;
  color: #fff;
  font-size: 0.7em;
  margin: 0;
  padding: 2rem;
}

/* フッター(ページトップへ) */
#footer .pageTop {
  margin: 0;
}
#footer .pageTop a {
  background: #db4e76;
  color: #fff;
  text-decoration: none;
  margin: 0;
  padding: 2em;
  display: block;
  transition: all .5s ease;
}
#footer .pageTop a:hover {
  opacity: .6;
}
```

背景や文字色など、ボタンの装飾部分

ふんわり変わるように設定

ボタン全体が透明になるよう設定

JavaScript extention.js

```
$('.pageTop').click(function () {
    $('body,html').animate({
        scrollTop: 0
    }, 500);
    return false;
});
```

ページトップへボタンのクラス。idでも可

ページの先頭まで移動

スクロールの速さ

Point アニメーションでワンランクアップ

単にアンカーリンクで移動するよりも、アニメーションがつくと、UI（ユーザーインターフェース）が向上します。特にスマホの普及や回線スピードの向上により、1ページでたくさんの情報をスクロール表示させるデザインが増えました。ページトップへボタンがあると、メニューなどにアクセスしやすくなります。

Custom

ふわっと表れる丸ボタン

Chapter2 > 10 > sample2

CSS style.css

```
@charset "UTF-8";
body {
  background: #efefef;
  margin: 0;
   padding: 0;
  text-align: center;
}

/* ヘッダー */
#header {
  background: #db4e76;
  color: #fff;
}
#header h1 {
  margin: 0;
  padding: 1em;
  letter-spacing: 0.1em;
}


/* メインコンテンツ */
#main {
  background: #fff;
  width: 85%;
  height: 200vh;
  margin: 2em auto;
  padding: 2em;
}

/* フッター(コピーライト) */
#footer .copy {
  background: #000;
  color: #fff;
  font-size: 0.7em;
  margin: 0;
  padding: 2rem;
}

/* フッター(ページトップへ) */
#footer .pageTop {
  position: fixed;
  right: 1em;
  bottom: 1em;
  z-index: 1;
}

#footer .pageTop a {
  background: #db4e76;
  color: #fff;
  text-decoration: none;
  line-height: 8em;
  width: 8em;
  height: 8em;
  margin: 0;
  display: block;
  transition: all .5s ease;
  border-radius: 50%;
}

#footer .pageTop a:hover {
  opacity: .6;
}
```

- 背景や文字色、表示させる位置など、ボタンの装飾部分（#footer .pageTop {）
- ボタンが前面になるように設定（z-index: 1;）
- 丸ボタンの縦中央に来るように設定（line-height / width / height）
- 丸ボタンに設定（border-radius: 50%;）

JavaScript extention.js

```
$(function() {
  var pageTopBtn = $('.
pageTop');
  pageTopBtn.hide();
  $(window).scroll(function ()
{
    if ($(this).scrollTop() >
100) {
      pageTopBtn.fadeIn();
    } else {
      pageTopBtn.fadeOut();
    }
  });

  pageTopBtn.click(function ()
{
    $('body,html').animate({
      scrollTop: 0
    }, 500);
    return false;
  });
});
```

- ページトップへボタンのクラス。idでも可。（pageTop）
- ページの先頭からどれくらいスクロールされたら、ボタンを表示するか（100）

11 矢印がスクロールを促すアニメーション

矢印が動くことでページスクロールを促すアニメーションです。ファーストビューで大きめのイメージや動画を配置しているサイトでよく見かけます。

Chapter2 > 11 > sample1

執筆者 五十嵐小由利
（株式会社マジカルリミックス）

Sample

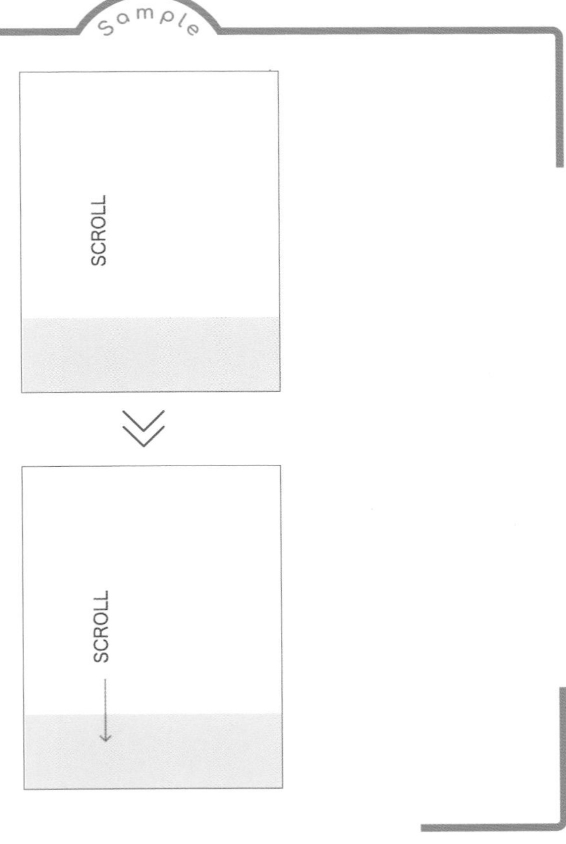

プラグイン

jQuery v2.1.4　https://jquery.com/

HTML index.html

```
<!DOCTYPE html>
<html lang="ja">
<head>
<meta charset="UTF-8">
<title>矢印が動いてスクロールを促すアニメーション(ステップ1)</title>
<meta name="viewport" content="width=device-width,initial-scale=1">
<script src="js/jquery-2.1.4.min.js"></script>
<script src="js/extention.js"></script>
<link rel="stylesheet" href="style.css">
</head>
<body>
  <div id="content1">
    <div class="scroll">
      <a href="#content2"><span>SCROLL</span></a>
    </div>
  </div>
  <div id="content2"></div>
</body>
</html>
```

jQueryと動きの設定ファイルの読み込み

CSS style.css

```
@charset "UTF-8";

#content1 {
  position: relative;
  height: 100vh;
}
#content2 {
  height: 100vh;
  background: #ddd;
}
.scroll {
  position: absolute;
  bottom: 20px;
  left: 0;
  z-index: 1;
  width: 85px;
  height: 15px;
  /* 要素を回転させているためアニメーションの方向に注意 */
  transform: rotate(-90deg);
}

.scroll a {
  display: block;
  font-size: 10px;
  color: #333;
  text-align: right;
  text-decoration: none;
}
.scroll a:hover {
  opacity: 0.8;
}
.scroll::after, .scroll::before {
  position: absolute;
  content: "";
}
.scroll::after {/* 伸びる棒の設定 */
  right: 50px;
  bottom: 5px;
  width: 0;/* 初期値 */
  height: 1px;
  background: #333;
  opacity: 1;
  animation: line 1.5s ease-in-out infinite;
}
.scroll::before {/* 移動する矢印の設定 */
```

@keyframes lineを使用

```
  right: 45px;/* 初期値 */
  bottom: 3px;
  width: 4px;
  height: 4px;
  border: solid #333;
  border-width: 0 0 1px 1px;
  opacity: 1;
  transform: rotate(45deg);
  animation: arrow 1.5s ease-
in-out infinite;
}
@keyframes line {
  50% {/* 横幅35px */
    width: 35px;
  }
  100% {/* 不透明度0% */
    width: 35px;
    opacity: 0;
  }
}
@keyframes arrow {
  50% {/* 右から80pxの位置 */
    right: 80px;
  }
  100% {/* 不透明度0% */
    right: 80px;
    opacity: 0;
  }
}
```

keyframes arrowを使用

JavaScript extention.js

```
$(function(){
  //#で始まるリンクをクリックした場合
  $('a[href^=#]').on('click', function() {

    //スクロールの速度
    var speed = 600;

    //href属性の取得
    var href= $(this).attr('href');

    //移動先の取得 hrefが#ならトップ$(html)に
    var target = $(href == "#" || href == "" ? 'html' : href);

    //移動先のポジション取得
    var position = target.offset().topt;

    //animateでスムーススクロール
    $('body,html').animate({scrollTop:position}, speed, 'swing');

    return false;
  });
});
```

Point 2種類のanimationを作成

擬似要素afterで伸びる棒を、擬似要素beforeで移動する矢印を設定します。それぞれ動きが違うため、アニメーションも2種類作成する必要があります。
要素は90度回転しているため、アニメーションの方向に注意が必要です。例えば、伸びる棒は縦に伸びているように見えますが、回転前は横に伸びています。つまり、heightではなくwidthで指定しましょう。
伸びる棒はデフォルトの横幅から「横幅35px」、そして「不透明度0%」へ。移動する矢印はデフォルトの位置から「右から80pxの位置」、そして「不透明度0%」へ。それぞれ移動して消える@keyframesを作成します。
それぞれの@keyframesを擬似要素に適用したら完成です。
必要に応じて、クリックしたときに次のコンテンツへスクロールされる動きをJavaScriptで追加してください。

Custom

矢印を円に変える

Chapter2 > 11 > sample2

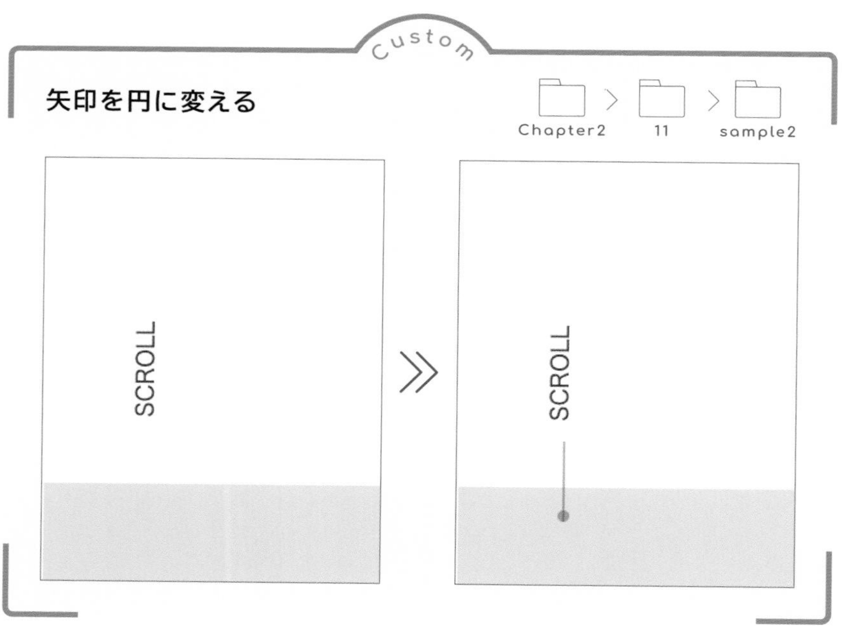

CSS style.css

```
@charset "UTF-8";

#content1 {
  position: relative;
  height: 100vh;
}
#content2 {
  height: 100vh;
  background: #ddd;
}
.scroll {
  position: absolute;
  bottom: 20px;
  left: 0;
  z-index: 1;
  width: 85px;
  height: 15px;
  transform: rotate(-90deg);
}
.scroll a {
  display: block;
  font-size: 10px;
  color: #333;
  text-align: right;
  text-decoration: none;
}
.scroll a:hover {
  opacity: 0.8;
}
.scroll::after, .scroll::before
{
  position: absolute;
  right: 50px;
  content: "";
  background: #666;
}
.scroll::after {/* 伸びる棒の設定
*/
  bottom: 5px;
  width: 0;/* 初期値 */
  height: 1px;
  opacity: 1;
  animation: line 2s ease-in-
out infinite;
}
.scroll::before {/* 移動する円の設
定 */
  bottom: 3px;
  width: 5px;
  height: 5px;
  border-radius: 50%;
  opacity: 1;
  animation: circle 2s ease-
in-out infinite;
}
@keyframes line {
  50% {
    width: 35px;
  }
  100% {
    width: 35px;
    opacity: 0;
  }
}
@keyframes circle {
  50% {
    right: 80px;
  }
  100% {
    right: 80px;
    opacity: 0;
  }
}
```

@keyframes lineを使用

@keyframes circleを使用

矢印の大きさを変えたり、形を変えたりすることもできます。今回は円にしてみました。CSSがシンプルになりましたね。
また、animationに要する時間も変えることができます。あまりに早かったり遅かったりすると気が散ってしまいますので、程よい秒数にしましょう。

12 背景画像が変化する ボタンアニメーション

ボタンでよく使われるホバー時のアニメーションです。今回はホバー時にボタンの背景画像をぼかします。ギャラリーなど写真を多用するコンテンツに向いているでしょう。

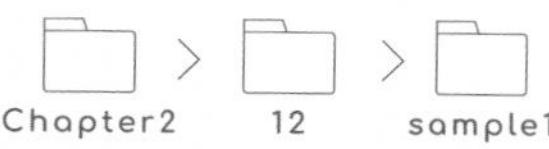

執筆者 五十嵐小由利
（株式会社マジカルリミックス）

Sample

プラグイン

jQuery v2.1.4 https://jquery.com/
Image Blur Plugin https://msurguy.github.io/background-blur/

HTML index.html

```
<!DOCTYPE html>
<html lang="ja">
<head>
<meta charset="UTF-8">
<title>背景画像使用ボタンアニメーション(ステップ1)</title>
<meta name="viewport" content="width=device-width,initial-scale=1">
<script src="js/jquery-2.1.4.min.js"></script>
<script src="js/background-blur.min.js"></script>
<script src="js/extention.js"></script>
<link rel="stylesheet" href="style.css">
</head>
<body>
  <a class="button" href="#">
    <div class="blurred"></div>
    <div class="original"></div>
    <span>MORE</span>
  </a>
</body>
</html>
```

jQueryとプラグイン、動きの設定ファイルの読み込み

ぼかした画像

ぼかしていない元画像

CSS style.css

```
@charset "UTF-8";

.button {
  position: relative;
  display: block;
  width: 300px;
  height: 200px;
}
/* .buttonの子要素はすべて親と同じ大きさ、位置に指定 */
.button > * {
  position: absolute;
  top: 0;
  left: 0;
  width: 100%;
  height: 100%;
}
.original {
  background: url('img/bg.jpg') no-repeat center;
  background-size: cover;
  transition: opacity 0.3s;
}
.button span {
  display: flex;
  align-items: center;
  justify-content: center;
  font-size: 60px;
  font-weight: bold;
  color: #fff;
  opacity: 0;/* 通常非表示 */
  transition: all 0.3s;
}

.button:hover .original {
  opacity: 0;
}
.button:hover span {
  opacity: 1;
}
```

動きをなめらかに

ホバーでぼかしていない元画像非表示

ホバーでテキスト表示

JavaScript extention.js

```
$(function(){
  $('.blurred').backgroundBlur({
    imageURL: 'img/bg.jpg',
    blurAmount: 2
  });
});
```

ぼかしたい要素名、もしくは要素のID、classを指定

ぼかしたい画像を指定

ぼかしの強さを指定（初期値10）。
数値が大きいほどぼかしが強くなる

Point 画像を重ねる

div.buttonの子要素として、ぼかした画像とぼかしていない元画像を重ねます。前者は通常時は非表示としておきます。そして、ボタンホバーでぼかした画像と文字を表示し、元画像を非表示としました。すると、ホバー時にボタンの背景画像がボケたように見えます。
IEにも対応するため、画像をぼかすためにbackground-blur.jsを使いました。$('要素指定').backgroundBlur('画像名');で指定した画像にぼかしがかかります。今回はオプションを設定し、ぼかしの強さを指定しています。

IEに対応しなくてもよい場合は、filter:blurを使いましょう。div.originalが不要となり、HTMLがシンプルになります。また、div.blurredに背景画像を指定しておけば、ホバー時の指定はfilter: blur(2px);のみとなりますので、CSSもわかりやすくなります。
しかし、IEにも対応する必要があるのならば、jQueryプラグイン「background-blur.js」を使いましょう。主要ブラウザをすべてサポートし、IEも9以上ならば対応しています。

HTML index.html

```
<a class="button" href="#">
  <div class="blurred"></div>
  <span>MORE</span>
</a>
```

CSS style.css

```
.blurred {
  display: block;
  width: 100%;
  height: 100%;
  background: url('img/bg.jpg') no-repeat center;
  background-size: cover;
  transition: all 0.3s;
}
.button:hover .blurred {
  filter: blur(2px);
}
```

ホバーで背景画像拡大

CSS style.css

```
@charset "UTF-8";

.button {
  position: relative;
  display: block;
  width: 300px;
  height: 200px;
  overflow: hidden;
  transition: all 0.3s;
}
.button > * {
  position: absolute;
  top: 0;
  left: 0;
  width: 100%;
  height: 100%;
}
.original {
  background: url('img/bg.jpg')
no-repeat center;
  background-size: cover;
  transition: opacity 0.3s;
}
.blurred {
  transition: all 0.3s;
}
.button span {
  display: flex;
  align-items: center;
  justify-content: center;
  font-size: 60px;
  font-weight: bold;
  color: #fff;
  opacity: 0;
  transition: all 0.3s;
}

.button:hover {
  box-shadow: 2px 2px 5px
rgba(0,0,0,0.5);
}
.button:hover .original {
  opacity: 0;
}
.button:hover .blurred {
  transform: scale(1.3);
}
.button:hover span {
  opacity: 1;
}
```

動きをなめらかに（.button の transition: all 0.3s;）

動きをなめらかに（.blurred の transition: all 0.3s;）

ホバーで影がつく（.button:hover）

ホバーで1.3倍に拡大（.button:hover .blurred）

ボタンホバー時に背景画像がぼけるだけではなく、影と拡大の動きも追加しました。あまり過剰に動きを追加するとゴテゴテしてしまうため、ほどほどがおすすめです。

13 クリックでURLをコピーするボタン

プラグイン「 clipboard.js 」使って、任意のテキストをクリップボードにコピーできるボタンを作成します。また、コピーできたことがユーザーにわかりやすく伝わるように、CSSを使って動きをつけてみましょう。

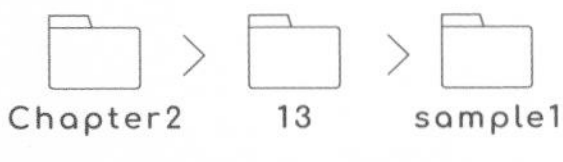

執筆者 錦織幸知（OSALE）

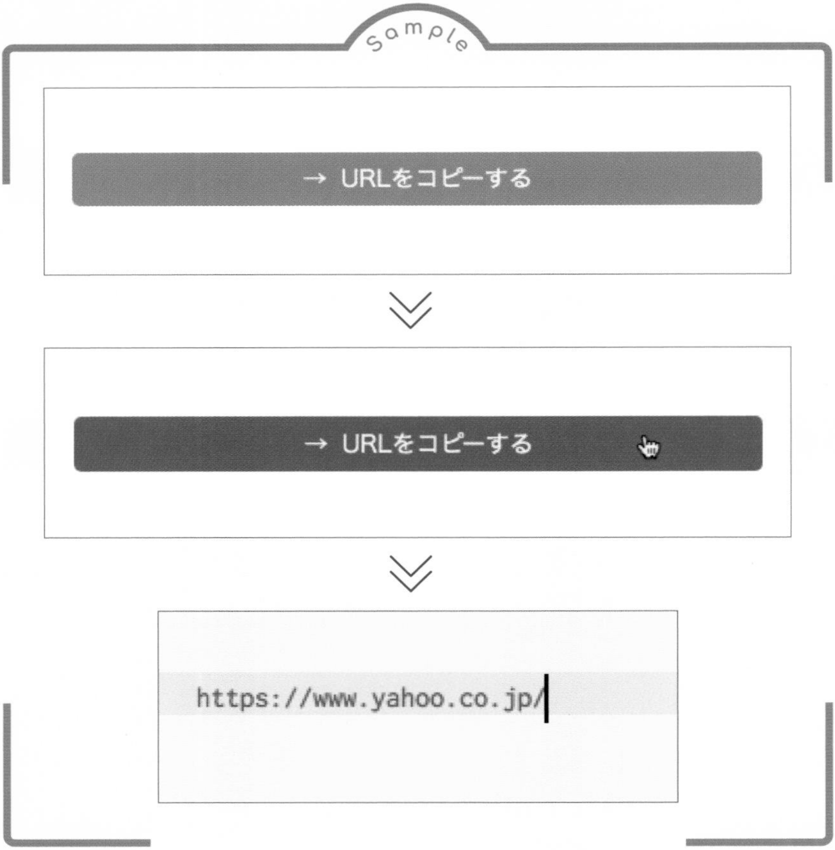

Sample

→ URLをコピーする

→ URLをコピーする

https://www.yahoo.co.jp/

プラグイン

jQuery v2.1.4 https://jquery.com/
clipboard.js https://clipboardjs.com

HTML index.html

```
<!doctype html>
<html lang="ja">
<head>
<meta charset="utf-8">
<title>URLコピーボタン(ステップ1)</title>
<meta name="viewport" content="width=device-width,initial-scale=1">
<link rel="stylesheet" href="style.css">
</head>

<body>

  <div class="copy-btn" data-clipboard-text="https://www.yahoo.
co.jp/">
    URLをコピーする
  </div>

  <script src="js/jquery-2.1.4.min.js"></script>
  <script src="js/clipboard.min.js"></script>
  <script>
  new ClipboardJS('.copy-btn');
  </script>

</body>
</html>
```

レスポンシブ対応とCSSのリンク

コピーさせたいテキストを入力

jQueryとプラグインの設定ファイルの読み込み

コピーボタンにしたい要素名(もしくはid名、class名)を指定

CSS style.css

```
@charset "UTF-8";
body {
  margin: 0 auto;
  padding: 20px;
}

.copy-btn {
  background-color: #909494;
  color: #fff;
  display: block;
  text-align: center;
  padding: .45em;
  border-radius: 5px;
  transition: all 0.3s ease;
}
```

コピーボタンの背景色を設定

```
.copy-btn:hover {
  opacity: .7;
  cursor: pointer;
  color: #fff;
  background: #303030;
}
```

コピーボタンのマウスオーバー時の透明度と背景色を指定

```
.copy-btn::before {
  line-height: 1;
  content: '→';
  padding-right: .25em;
}
```

コピーボタンの文言の横に置く文字

Point } CSSとJavascriptを読み込み、要素を指定するだけ

簡単な記述で、文字をクリップボードにコピーできるjQueryプラグインです。CSSとJavascriptを読み込んだあとは、コピーボタンにしたい要素名（もしくはid名、class名）を指定するだけで実装できます。コピーさせたいテキストはURL以外の文字でも大丈夫です。ボタンの色も、CSSで簡単に変更することができます。

前ページの実装では、クリックしてもボタンに変化がないため、ユーザーにはちゃんとコピーできているのかどうかが分かりづらい状態です。コピーしたときに、ボタンの文言や色が変わるようにカスタマイズしてみましょう。

HTML index.html

```
<!doctype html>
<html lang="ja">
<head>
<meta charset="utf-8">
<title>URLコピーボタン(ステップ2)</title>
<meta name="viewport" content="width=device-width,initial-scale=1">
<link rel="stylesheet" href="style.css">
</head>

<body>

  <div class="copy-btn" data-clipboard-text="https://www.yahoo.
co.jp/">
    URLをコピーする
  </div>

  <script src="js/jquery-2.1.4.min.js"></script>
  <script src="js/clipboard.min.js"></script>
```

```
  <script>
  new ClipboardJS('.copy-btn');
  $(function(){
    $('.copy-btn').click(function(){
      $(this).addClass('copy-ok');
      $(this).text('コピーしました');
    });
  });
  </script>

</body>
</html>
```

コピーボタンをクリックしたときの動作を追記

ボタンをクリックした後に表示されるテキストを入力

CSS style.css

```
@charset "UTF-8";
body {
  margin: 0 auto;
  padding: 20px;
}

.copy-btn {
  background-color: #909494;
  color: #fff;
  display: block;
  text-align: center;
  padding: .45em;
  border-radius: 5px;
  transition: all 0.3s ease;
}

.copy-btn:hover {
  opacity: .7;
  cursor: pointer;
  color: #fff;
  background: #303030;
}

.copy-btn::before {
  line-height: 1;
  content: '→';
  padding-right: .25em;
}
```

コピーボタンをクリックしたときのスタイルを設定

```
.copy-btn.copy-ok {
  pointer-events: none;
  background: #333;
  color: #fff;
}

.copy-btn.copy-ok:hover {
  cursor: auto;
}

.copy-btn.copy-ok::before {
  content: '◎';
}
```

クリックした後のボタンの文字色と背景色を設定

クリックした後はカーソルが変更しないようにする

「→」を「◎」に変更させる

jQueryの読み込み方

本書の多くのサンプルでは、jQueryのファイルをダウンロードして読み込む方法で紹介をしています。

jQueryはファイルをダウンロードする以外に、CDN経由でjQuery本体を読み込むことも可能です。CDNとは「Content Delivery Network（コンテンツ・デリバリー・ネットワーク）」の略で、ファイルをダウンロードしなくても、インターネット上のサーバーにあるファイルを読み込んで使用できる仕組みのことです。

CDNでjQueryを読み込むためのソースコードは、公式サイト内で取得が可能です。「https://releases.jquery.com/」にアクセスし、任意のファイル名をクリックすると、CDNのソースコードが表示されます。

執筆時点（2022年2月現在）では、jQuery 3.6.0が最新版になりますが、プラグインの組み合わせやソースコードによって動かない場合などには、jQueryのバージョンを変えてみるなど、用途に合わせて試してみてください。

HTML index.html

```
  ~(<body>内のhtmlの記述)~
(</body>の直前にCDNの記述を貼り付ける)
<script src="(プラグインや設定のjsファイル)"></script>
</body>

【例】
  ~(<body>内のhtmlの記述)~
<script
  src="https://code.jquery.com/jquery-3.6.0.js"
  integrity="sha256-H+K7U5CnXl1h5ywQfKtSj8PCmoN9aaq30gD
h27Xc0jk="
  crossorigin="anonymous"></script>
<script src="(プラグインや設定のjsファイル)"></script>
</body>
```

Chapter

3

スライドショー／ギャラリー

01　シンプルなスライドショー
02　ロールオーバーで別画像をスライド表示
03　スクロールで画像をふんわりと表示
04　マウスカーソルに合わせて画像が拡大
05　多彩なエフェクトで背景画像が切り替わる
06　インジケーターが波紋状に動くアニメーション
07　サイズに応じて挙動が変わるスライドショー
08　前後の画像をチラ見せするスライドショー
09　指定フィルターで要素を絞り込む
10　無限に横スクロールするカルーセル
11　3D風の立体で回転するギャラリー

01 シンプルなスライドショー

jQuery本体と同様プラグインをHTMLに読み込ませ、短い記述でさまざまな表示方法が設定できます。一見複雑に見える表示も効率良く実装することができます。

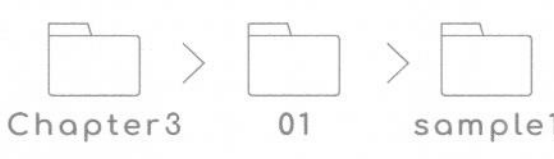

執筆者 伊藤麻奈美

Sample

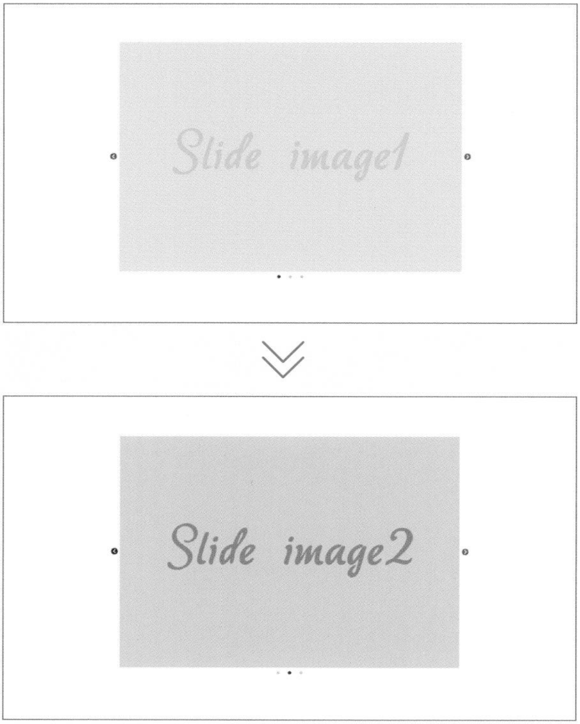

Slide image1

Slide image2

プラグイン

Slick https://kenwheeler.github.io/slick/

HTML index.html

```
<!DOCTYPE html>
<html lang="ja">
<head>
<meta charset="UTF-8">
<title>ノーマルなスライドショー(ステップ1)</title>
<meta name="viewport" content="width=device-width,initial-scale=1">
<link rel="stylesheet" href="style.css">
<link href="js/slick-theme.css" rel="stylesheet" type="text/css">
<link href="js/slick.css" rel="stylesheet" type="text/css">
<script src="js/jquery-3.6.0.min.js"></script>
<script src="js/script.js"></script>
<script type="text/javascript" src="js/slick.min.js"></script>
</head>
<body>
<div id="content1">

  <ul class="slide_box">
    <li><a href="#"><img src="img/img1.png" alt="サンプル画像1"></a></
li>
    <li><a href="#"><img src="img/img2.png" alt="サンプル画像2"></a></
li>
    <li><a href="#"><img src="img/img3.png" alt="サンプル画像3"></a></
li>
  </ul>
</div>

<script type="text/javascript">
$('.slide_box').slick({
  arrows: true,
    autoplay:true,
    autoplaySpeed:3000,
    dots:true
});
</script>
</body>
</html>
```

jQuery本体とプラグイン「Slick」をhead内で読み込ませる設定

スライド画像の記述

Slick設定
自動再生・速度・矢印・ドットナビの設定

Point 自動再生や秒数、矢印やドットナビを設定

スライダープラグイン「 Slick 」(https://kenwheeler.github.io/slick/) でプラグインを入手しHTMLに読み込ませます。
ソースにスライドさせたいimgタグなどを埋め込み自動再生や秒数など表示に関わる設定をします。スクリプトは</body>タグ直前に記述します。

CSS style.css

```
@charset "UTF-8";

#content1 {
  margin: 6em auto;
}
.slide_box{
  margin: 100px auto;
  padding: 0;
  width: 60%;
}
.slide_box img{
  height: auto;
  width: 100%;
}
```

```
.slick-prev:before, .slick-
next:before {
  color: #333!important;
}
```

デフォルトは白なので矢印の色を変更

```
.slick-prev {
  left: -25px;
}
.slick-next {
  right: -25px;
}
```

矢印の位置をスライド画像と重ならないよう変更

Custom

下の部分にサムネイルつき

Chapter3 > 01 > sample2

Slide image1 » Slide image2

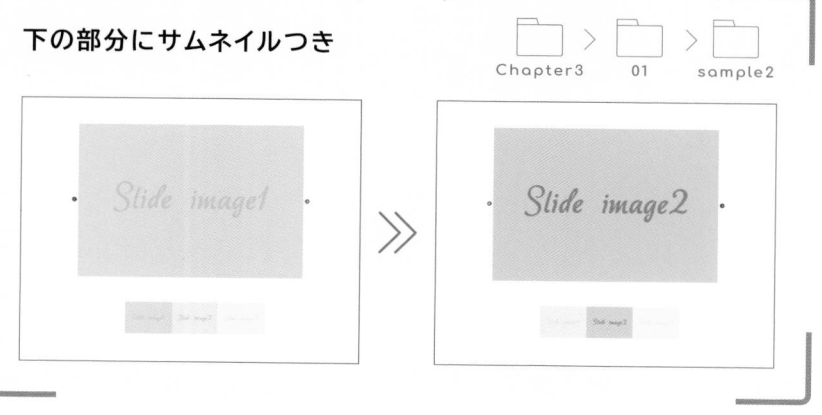

スライドショー下にサムネイルを表示させます。サムネイルがナビゲーションの役割をし、サムネイルをクリックすると指定されているスライドに表示が切り替わります。
スライドの画像とサムネイルの画像を紐づける設定と選択されたサムネイルと同じスライドがフォーカスされる設定が必要になります。

HTML index.html

```
<!DOCTYPE html>
<html lang="ja">
<head>
<meta charset="UTF-8">
<title>下の部分にサムネイルつき(ステップ2)</title>
<meta name="viewport" content="width=device-width,initial-scale=1">
<link rel="stylesheet" href="style.css">
<link href="js/slick-theme.css" rel="stylesheet" type="text/css">
<link href="js/slick.css" rel="stylesheet" type="text/css">
<script src="js/jquery-3.6.0.min.js"></script>
<script src="js/script.js"></script>
<script type="text/javascript" src="js/slick.min.js"></script>
</head>
<body>
<div id="content1">
  <ul class="slide_box">
    <li><a href="#"><img src="img/img1.png" alt="サンプル画像1"></a></
li>
    <li><a href="#"><img src="img/img2.png" alt="サンプル画像2"></a></
li>
    <li><a href="#"><img src="img/img3.png" alt="サンプル画像3"></a></
li>
  </ul>
  <ul class="thumbnail">
      <li><a href="#"><img src="img/img1.png" alt="サムネイル画像1"></
a></li>
      <li><a href="#"><img src="img/img2.png" alt="サムネイル画像2"></
a></li>
      <li><a href="#"><img src="img/img3.png" alt="サムネイル画像3"></
a></li>
  </ul>

</div>
<script type="text/javascript">
$('.slide_box').slick({
  asNavFor: ".thumbnail",
  arrows: true,
  autoplay: true,
  autoplaySpeed: 3000,
});
$('.thumbnail').slick({
  asNavFor:'.slide_box',
  focusOnSelect: true,
  slidesToShow: 3,
});
</script>
</body>
</html>
```

サムネイルのコーディング

スライドダー設定
「asNavFor」 で.thumbnailと.slide_boxを紐づける
また「focusOnSelect: true」でクリックしたサムネイルに紐づけられたスライド画像へフォーカスされる

CSS style.css

```
@charset "UTF-8";

#content1 {
  margin: 6em auto;
}
.slide_box{
  margin: 100px auto;
  padding: 0;
  width: 60%;
}
.slide_box img{
  height: auto;
  width: 100%;
}
.thumbnail {
  margin: auto;
  width: 40%;
}
.thumbnail img {
  width: 100%;
}
.thumbnail .slick-track {
  transform: none!important;
}
```

サムネイルを固定する設定

```
.thumbnail .slick-slide {
  opacity: .5;
  transition: opacity .5s
linear;
}
```

スライド表示以外のサムネイルを透過する設定

```
.thumbnail .slick-current {
  opacity: 1;
}
```

スライド表示と同じサムネイルが不透明で表示される設定

```
.slick-prev:before, .slick-
next:before {
  color: #333!important;
}
.slick-prev {
  left: -25px;
}
.slick-next {
  right: -25px;
}
```

02 ロールオーバーで別画像をスライド表示

ロールオーバーで画像がスライド表示される動作を実装します。バナーなどで使用するとマウスオーバー前後で画像がダイナミックに変化します。スライドは画像だけでなくテキストを表示させることもできます。

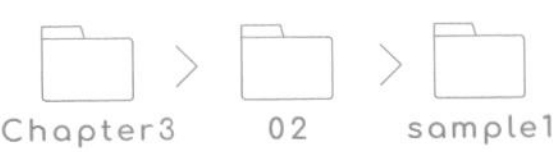

執筆者 伊藤麻奈美

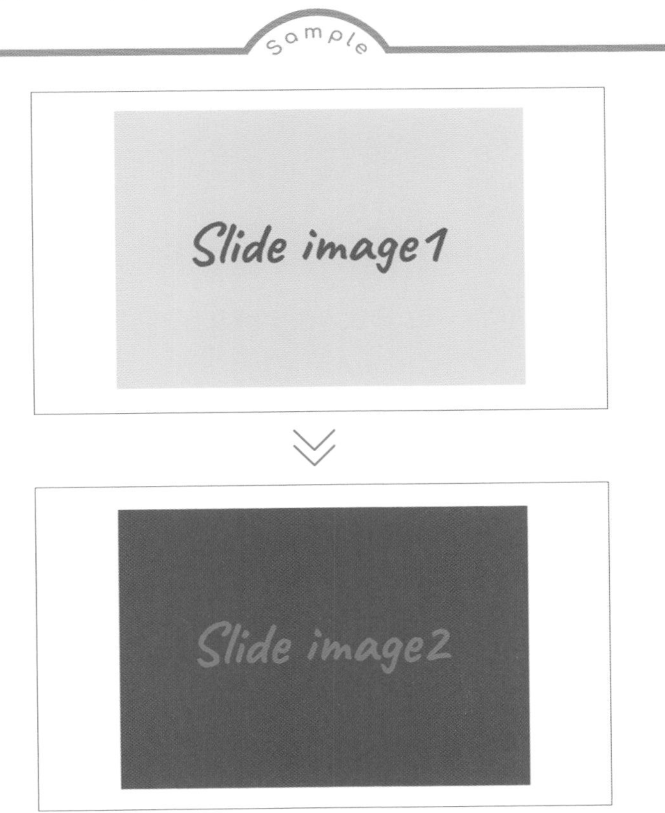

HTML index.html

```
<!DOCTYPE html>
<html lang="ja">
<head>
<meta charset="UTF-8">
<title>ロールオーバーでスライドで別の画像が表示(ステップ1)</title>
<meta name="viewport" content="width=device-width,initial-scale=1">
<link rel="stylesheet" href="style.css">
</head>
<body>
<div id="content1">
  <a href="#" class="link_box">
    <div class="img_box">
      <img src="img/img1.png" alt="サンプル画像1">
      <img src="img/img2.png" alt="サンプル画像2">
    </div>
  </a>
</div>
</body>
</html>
```

マウスオーバーを指定するリンクタグ

スライドする画像を囲む

Point ロールオーバー前後の画像の表示・非表示を設定

ロールオーバー前・ロールオーバー後のHTMLとCSS、マウスオーバー前後を「:hover」で表示の切り替えをします。画像2枚目は画像を囲むaを「overflow: hidden;」にすることでaからはみ出た部分とみなされ非表示になります。また「transform」でスライド方向を、「transition」でスライド速度を調整することができます。

CSS style.css

```
@charset "UTF-8";

#content1 {
  margin: 6em auto;
}
.link_box {
  display: block;
  width: 600px;
  height: 420px;
  margin: auto;
  overflow: hidden;
}
```

リンクタグのサイズとはみ出た要素は非表示にする設定

```
.img_box {
  display: flex;
  width: 200%;
  height: 100%;
  transition: 1s;
}

.img_box img {
  display: block;
  width: 50%;
}
.link_box:hover .img_box {
  transform: translateX(-50%);
}
```

画像を横並びにする設定

スライドする秒数を1秒に設定

マウスオーバー時に画像格納divを左50%にスライドする設定

コンテンツをdivで囲み画像以外もスライド

前回は画像2枚の動作のみでしたが、今回は2枚目にテキストを表示したいので、1枚目の画像、2枚目の画像、テキストをそれぞれdivで囲みます。テキストは2枚目の画像を背景として表示するので「position: absolute;」を指定します。

HTML　index.html

```
<!DOCTYPE html>
<html lang="ja">
<head>
<meta charset="UTF-8">
<title>ロールオーバーでスライドでテキストなどのコンテンツも表示(ステップ2) </title>
<meta name="viewport" content="width=device-width,initial-scale=1">
<link rel="stylesheet" href="style.css">
</head>
<body>
<div id="content1">
  <a href="#" class="link_box">
    <div class="content">
      <div class="img_box">
        <img src="img/img1.png" alt="サンプル画像1">
      </div>
      <div class="img_box">
        <p class="txt">テキストが入ります。テキストが入ります。テキストが入ります。テキストが入ります。テキストが入ります。テキストが入ります。テキストが入ります。テキストが入ります。テキストが入ります。テキストが入ります。</p>
        <img src="img/img2.png" alt="サンプル画像2">
      </div>
    </div>
  </a>
</div>
</body>
</html>
```

画像ほかコンテンツを格納するdiv

スライド後divの中のテキスト

CSS style.css

```
@charset "UTF-8";

#content1 {
  margin: 6em auto;
}
.link_box {
  display: block;
  width: 600px;
  height: 420px;
  margin: auto;
  overflow: hidden;
}
.content {
  display: flex;
  width: 200%;
  height: 100%;
  transition: 1s;
}
.img_box {
  position: relative;
  width: 50%;
}
.img_box img {
  display: block;
  width: 100%;
}
.txt {
  color: #fff;
  padding: 1em 2em;
  position: absolute;
  bottom: 0;
  left: 0;
  right: 0;
}
.link_box:hover .content {
  transform: translateX(-50%);
}
```

親要素divを起点にテキストの配置設定

03 スクロールで画像をふんわりと表示

スクロールに合わせてふんわりと表示するギャラリーです。jQueryのプラグインを使用して簡単に実装できます。

執筆者 矢野みち子
（株式会社KLEE）

Sample

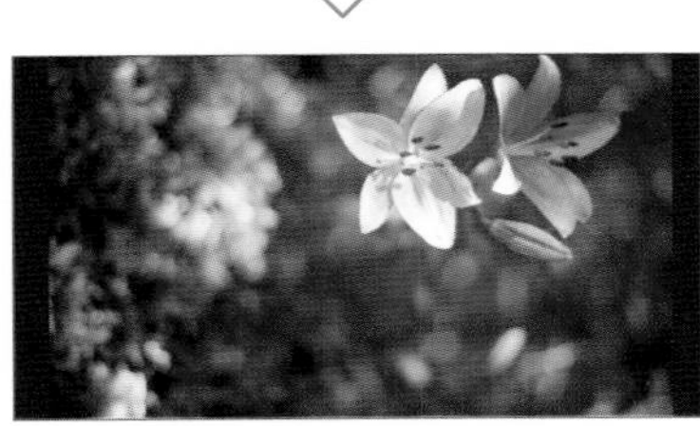

プラグイン

jQuery v3.6.0 https://jquery.com/
Protonet https://github.com/protonet/jquery.inview

HTML index.html

```
<!DOCTYPE html>
<html lang="ja">
<head>
<meta charset="UTF-8">
<title>ローディングボタン</title>
<meta name="viewport" content="width=device-width,initial-scale=1">
<link rel="stylesheet" href="style.css">
</head>
<body>
  <div class="fadegallery">
    <p class="fadein">
      <img src="img/photo01.jpg" alt="photo01">
    </p>
    <p class="fadein">
      <img src="img/photo02.jpg" alt="photo02">
    </p>
    <p class="fadein">
      <img src="img/photo03.jpg" alt="photo03">
    </p>
    <p class="fadein">
      <img src="img/photo04.jpg" alt="photo04">
    </p>
  </div>
</body>
</html>
```


HTMLの基本設定を行います。
アニメーションを設定したい個所に任意のクラス名をつけます（サンプルではfadein）。

Point jQueryを使用して動きを設定

jQuery本体とinview.jsを読み込みます。
ギャラリーがスクロールをして表示されたときにクラス名showをつけ、表示領域から出たときにクラス名を外すように記述します。

HTML index.html

```
<script src="js/jquery-3.6.0.min.js"></script>
<script src="js/jquery.inview.min.js"></script>
<script>
  $(function(){
    $(".fadein").on("inview", function (event, isInView) {
      if (isInView) {
      $(this).stop().addClass("show");
      } else {
      $(this).stop().removeClass("show");
      }
    });
  });
</script>
</body>
</html>
```


表示されたときのアクションはスタイルシートで設定します。
showを表示されるopacity: 1;をつけ、ふんわりと表示させるためにfadeinに非表示→表示の時間を遅らせるように設定します。

CSS style.css

```
@charset "UTF-8";
body{
    text-align: center;
    background-color: #061f05;
}
.fadegallery img{
    width: 100%;
}
.fadegallery{
    position: relative;
    width: 90%;
    margin: auto;
}
.fadein {
    opacity: 0;
    transition: 2s ;  ← ゆっくり表示
}
.show {
    opacity: 1;
}
```

Custom

アニメーションをカスタマイズと一度でイベントを停止する

Chapter3 > 03 > sample2

スクリプトの箇所の.onを.oneにするだけで一度ふんわりと表示させた箇所を二度目は通常通りの表示に設定可能です。

HTML index.html

```
$(".fadein").one("inview", function (event, isInView)
```

右側からスライドするようなアニメーションになるようスタイルシートに記述します。

CSS style.css

```
.fadein {
    opacity: 0;
    transform: translate(50%, 0);
    transition: 2s;/*ゆっくり表示*/
}
.show {
    opacity: 1;
    transform: translate(0, 0);
}
```

04 マウスカーソルに合わせて画像が拡大

カーソルをのせるとその場所が拡大できるギャラリー。ショップサイトの商品などを紹介する際に便利です。

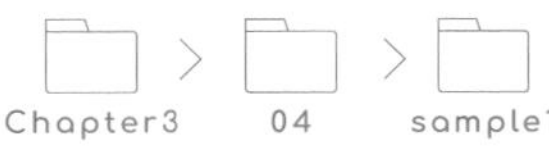

執筆者 矢野みち子
（株式会社KLEE）

Sample

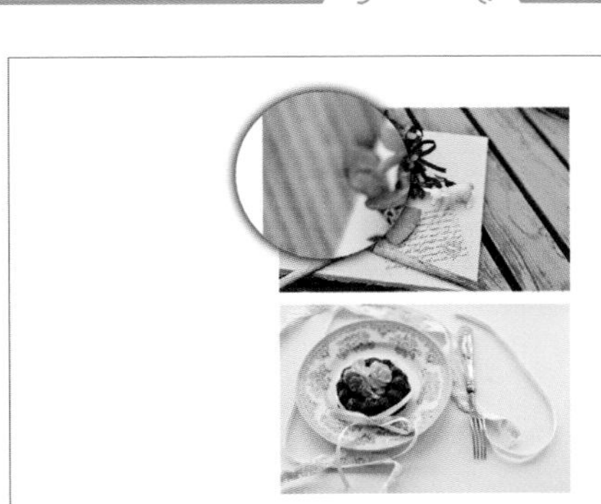

プラグイン

jQuery v3.6.0 https://jquery.com/
Zoomple https://github.com/sularome/Zoomple/

HTML index.html

```
<html lang="ja">
<head>
<meta charset="UTF-8">
<title>カーソルを合わせると画像拡大</title>
<meta name="viewport" content="width=device-width,initial-scale=1">
<link rel="stylesheet" href="style.css">
</head>
<body>
  <p>
    <a href="img/photo01.jpg" class="zoomple"><img src="img/
photo01-s.jpg" alt="" /></a>
```

```
  </p>
  <p>
    <a href="img/photo02.jpg" class="zoomple"><img src="img/
photo02-s.jpg" alt="" /></a>
  </p>
</body>
</html>
```

HTMLの基本設定を行います。画像にzoompleとクラス名をつけ、サムネイル画像に拡大のリンクを貼ります。スタイルシートもプラグインの中からzoomple.cssをそのままコピー&ペーストしておきます。

Point jQueryを使用して拡大表示を設定

jQuery本体とプラグインを読み込ませます。表示させたいサイズや形を記述します。

HTML index.html

```
<script src="js/jquery-3.6.0.min.js"></script>
 <script src="js/zoomple.js"></script>
 <script>
  $(function() {
  $('.zoomple').zoomple({
    offset : {x:-100,y:-100},// 座標を取得して少しずらす
    zoomWidth : 300,// 幅サイズ
    zoomHeight : 300,// 高さサイズ
    roundedCorners : true,// 円で見せる
  });
  });
 </script>
</body>
</html>
```

Custom

拡大場所を確認し 拡大表示する場所を固定する

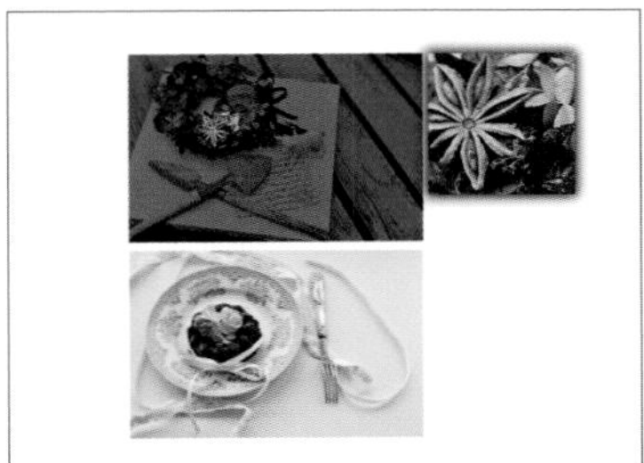

カーソルが画像のどこを指しているかを確認できて、さらに拡大の場所を固定させるように設定します。

HTML index.html

```
<script>
  $(function() {
  $('.zoomple').zoomple({
    offset : {x:10,y:0},      固定場所を指定
    zoomWidth : 332,
    zoomHeight : 332,
    showOverlay : true,      カーソルが画像のどこを指しているかを確認できる
  });
  });
 </script>
```

05 多彩なエフェクトで背景画像が切り替わる

jQueryプラグイン「VEGAS2」を使用します。ブラウザや要素を指定して、その背景画像の切り替え（スライド）ができます。切り替わり時のエフェクトなどを細かく設定することができて使い勝手が良いプラグインです。

執筆者 五十嵐小由利
（株式会社マジカルリミックス）

Sample

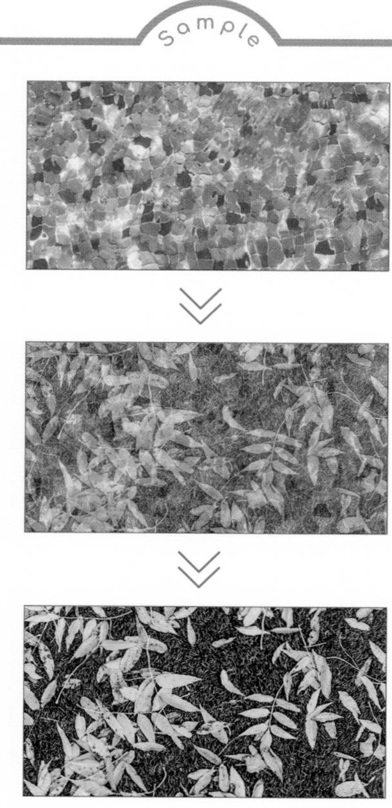

プラグイン

jQuery v2.1.4	https://jquery.com/
VEGAS2	https://vegas.jaysalvat.com/

HTML index.html

```
<!DOCTYPE html>
<html lang="ja">
<head>
<meta charset="UTF-8">
<title>背景スライドショー(ステップ1)</title>
<meta name="viewport" content="width=device-width,initial-scale=1">
<link rel="stylesheet" href="vegas.min.css">
<script src="js/jquery-2.1.4.min.js"></script>
<script src="js/vegas.min.js"></script>
<script src="js/extention.js"></script>
</head>
<body></body>
</html>
```

jQueryとプラグイン、動きの設定ファイルの読み込み

JavaScript extention.js

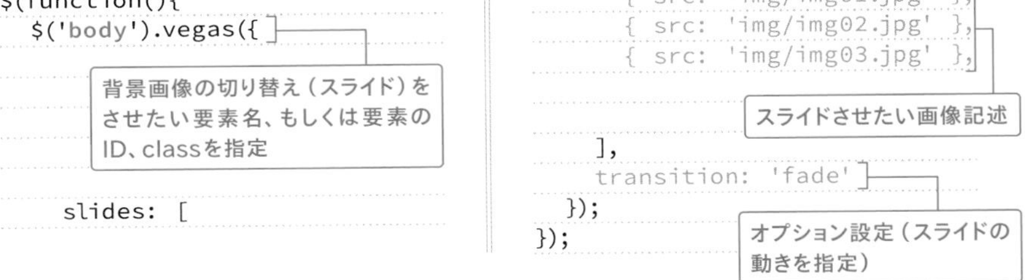

```
$(function(){
  $('body').vegas({
    slides: [
      { src: 'img/img01.jpg' },
      { src: 'img/img02.jpg' },
      { src: 'img/img03.jpg' },
    ],
    transition: 'fade'
  });
});
```

背景画像の切り替え（スライド）をさせたい要素名、もしくは要素のID、classを指定
スライドさせたい画像記述
オプション設定（スライドの動きを指定）

Point JavaScriptとCSSを読み込み、指定するだけ

「VEGAS2」は、簡単な記述で背景画像の切り替え（スライド）を行うことができるjQueryベースのプラグインです。JavaScriptとCSSを読み込み、背景画像の切り替え（スライド）をさせたい要素名、もしくは要素のid、classを指定するだけで利用できます。今回の作例ではbodyを指定しています。

オプションを追加

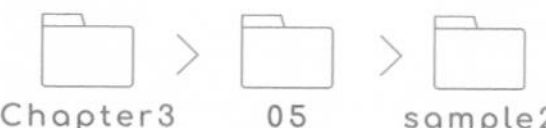

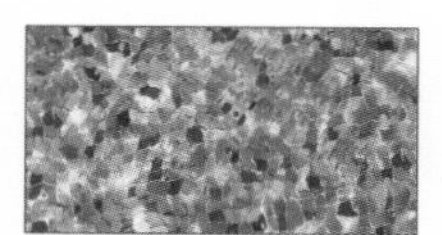

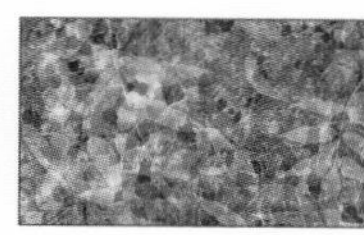

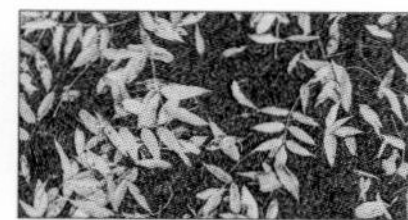

JavaScript extention.js

```
$(function(){
  $('body').vegas({
    slides: [
      { src: 'img/img01.jpg' },
      { src: 'img/img02.jpg' },
      { src: 'img/img03.jpg' },
    ],

// 次のスライドを表示するまでの時間
delay: 5000,

// 画像下部のタイマーバー(表示:true／表示しない:false)
timer: false,

// 次のスライドに遷移するときの切り替えエフェクト
transition: 'zoomOut2',

// スライドの切り替えにかかる時間
transitionDuration: 3000,

// 最初のスライドの切り替えエフェクト
firstTransition: 'fade',

// 最初のスライドの切り替えにかかる時間
firstTransitionDuration: 4000,

// スライドを表示中にするアニメーション
animation: 'kenburns'

  });
});
```

背景画像の切り替え（スライド）の動きをカスタマイズしています。html側には手を加える必要はなく、VEGAS2のオプションで指定します。
オプションは公式オプション設定ページで公開されていますので、お好みの動きを採用してください。
今回のオプションは下記のとおりです。

・次のスライドを表示するまでの時間：5秒
・タイマーバー：非表示
・スライド遷移エフェクト：zoomOut2（というエフェクト）
・スライド遷移にかかる時間：3秒
・最初のスライド表示：fade（というエフェクト）
・最初のスライドを表示するまでの時間：4秒
・スライドを表示中にするアニメーション：kenburns（というエフェクト）

▶公式オプション設定
https://vegas.jaysalvat.com/documentation/settings/

06 インジケーターが波紋状に動くアニメーション

並んだ複数の要素のうち、アクティブの要素が広がる波紋のようにアニメーションします。スライドショーのインジケーターに使用すると良い演出になると思います。

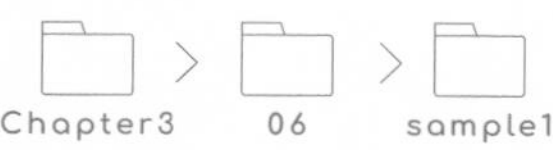

執筆者 五十嵐小由利
（株式会社マジカルリミックス）

Sample

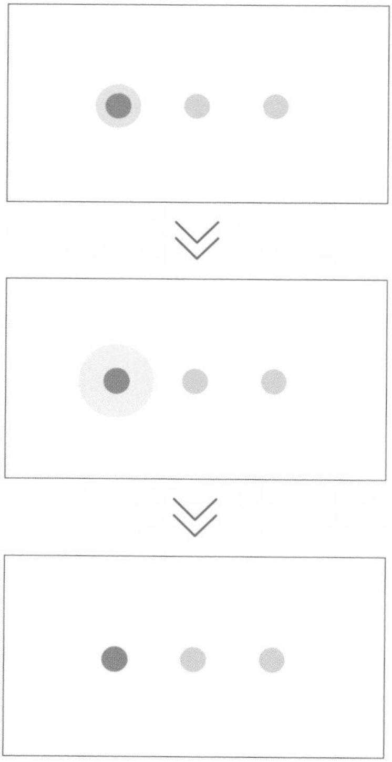

プラグイン

jQuery v2.1.4　https://jquery.com/

HTML index.html

```
<!DOCTYPE html>
<html lang="ja">
<head>
<meta charset="UTF-8">
<title>インジケーターが波紋のように動く</title>
<meta name="viewport" content="width=device-width,initial-scale=1">
<script src="js/jquery-2.1.4.min.js"></script>
<script src="js/extention.js"></script>
<link rel="stylesheet" href="style.css">
</head>
<body>
  <div class="flex">
    <span class="point active"></span>
    <span class="point"></span>
    <span class="point"></span>
  </div>
</body>
</html>
```

jQueryと動きの設定ファイルの読み込み

アクティブな要素

CSS style.css

```
@charset "UTF-8";

.flex {
  display: flex;
  justify-content: center;
  margin: 100px 0;
}
.point {
  position: relative;
  display: block;
  width: 20px;
  height: 20px;
  margin: 0 20px;
  cursor: pointer;
  background: #ccc;
  border-radius: 50%;
}
.point.active {
  background: #7b9daa;
}
.point:focus {
  outline: none;
}
```

親要素中心に位置指定

```
.point::after {/* 親要素に対して、中心に位置する幅100%・高さ100%の正円 */
  position: absolute;
  top: 50%;
  left: 50%;
  display: block;
  width: 100%;
  height: 100%;
  content: '';
  border-radius: 50%;
  transform: translate(-50%, -50%);
}

.point.active::after {
  animation: motion 1.5s linear infinite;
}
@keyframes motion {
  0% {/* 背景色透過40%、大きさ1倍 */
```

親要素中心に位置指定

activeが付加された要素のafterに@keyframes適用

```
    background: rgba(123, 151, 170, 0.4);
    transform: translate(-50%, -50%) scale(1);
  }
  100% {/* 背景色透過0%、大きさ5倍 */
    background: rgba(123, 151, 170, 0);
    transform: translate(-50%, -50%) scale(5);
  }
}
```

JavaScript extention.js

```
$(function(){
  //class「point」を持つ要素をクリックしたら
  $('.point').on('click', function() {

    //class「point」を持つ要素からclass「active」を除去
    $('.point').removeClass('active');

    //クリックされた自分自身にclass「active」を付加
    $(this).addClass('active');
  });
});
```


Point 拡大しながら消えていくアニメーションを作成

擬似要素afterで広がる波紋を設定しましょう。親要素pointに対して幅100%・高さ100%となる正円にし、positionで親要素の中心に位置指定します。
次に、animationで波紋を広げます。「背景色透過40%、大きさ1倍」という状態から「背景色透過0%、大きさ5倍」へ、つまり拡大しながら消えていく@keyframesを作成し、activeが付加された要素のafterに適用します。
JavaScriptでclass「point」を持つ要素がクリックされた際の設定を行ったら完成です。

07 サイズに応じて挙動が変わるスライドショー

jQueryプラグイン「slick」を使用します。カルーセルタイプのスライドショーで、「画面サイズに応じて表示形式を変えたい」という要望に応えることができます。もちろん、通常のスライドショーとしても使用できます。

執筆者 五十嵐小由利
（株式会社マジカルリミックス）

Sample

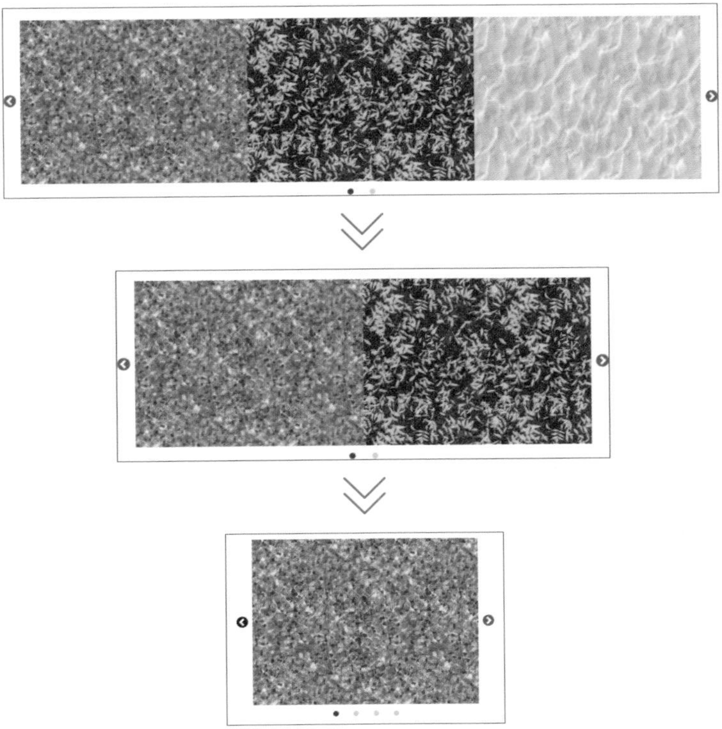

プラグイン

jQuery v2.1.4　https://jquery.com/
slick　https://kenwheeler.github.io/slick/

HTML index.html

```
<!DOCTYPE html>
<html lang="ja">
<head>
<meta charset="UTF-8">
<title>画面サイズに応じて挙動を変えるスライドショー</title>
<meta name="viewport" content="width=device-width,initial-scale=1">
<script src="js/jquery-2.1.4.min.js"></script>
<script src="slick/slick.min.js"></script>
<script src="js/extention.js"></script>
<link rel="stylesheet" href="slick/slick.css">
<link rel="stylesheet" href="slick/slick-theme.css">

<link rel="stylesheet" href="style.css">
</head>
<body>
  <ul class="slider">

    <li><img src="img/img01.jpg" alt=""></li>
    <li><img src="img/img02.jpg" alt=""></li>
    <li><img src="img/img03.jpg" alt=""></li>
    <li><img src="img/img04.jpg" alt=""></li>
  </ul>
</body>
</html>
```

jQueryとプラグイン、動きの設定ファイルの読み込み

スライドショーにするためのclass指定

スライドさせたい画像記述

CSS style.css

```
@charset "UTF-8";

ul {
  padding: 0;
  margin: 0 30px;
  list-style: none;
}
ul li img {
  max-width: 100%;
  height: auto;
}
.slick-prev::before, .slick-next::before {
  color: #333;
}
```

矢印カラーを指定

JavaScript extention.js

```
$(function(){
  $('.slider').slick({
    autoplay: true,
    dots: true,
    infinite: true,
    speed: 300,
    slidesToShow: 3,
    slidesToScroll: 3,
    responsive: [ //レスポンシブ指定(指定したbreakpointによってオプションを上書き可能)
    {
      breakpoint: 768, //breakpoint
      settings: {
        slidesToShow: 2,
        slidesToScroll: 2
      }
    },
    {
      breakpoint: 480, //breakpoint
      settings: {
        slidesToShow: 1,
        slidesToScroll: 1
      }
    }
    ]
  });
});
```

スライドショーを表示したい要素名、もしくは要素のid、classを指定

横幅に応じて表示が変わる部分

Point ブレイクポイントの設定で画面サイズに応じた見せ方が可能

$('要素指定').slick();でスライドショーを発動させます。今回はsliderのclassを持つ要素を指定しました。
オプションの「responsive」指定と「breakpoint」のサイズ指定で画面サイズに応じた見せ方が可能となります。
このJavaScriptでは画面サイズに応じてカルーセル表示のスライド枚数を変更していますが、他のオプションもブレイクポイントごとに自由に変更することができます。また、ブレイクポイントの数値もお好みで設定可能です。
オプションは公式ページで公開されていますので、お好みの動きを採用してください。

▶公式オプション設定
https://kenwheeler.github.io/slick/#settings

08 前後の画像をチラ見せするスライドショー

メインの画像の左右に前後の画像をチラ見せすることで、1枚表示のスライドに比べて賑やかさを演出でき、複数枚表示のスライドに比べてメインをひときわ目立たせることができます。

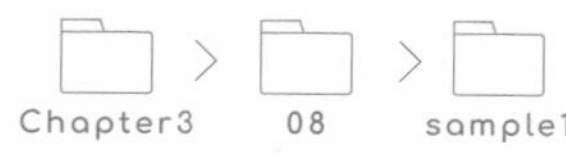

執筆者 五十嵐小由利
（株式会社マジカルリミックス）

プラグイン

jQuery v2.1.4　https://jquery.com/
slick　https://kenwheeler.github.io/slick/

HTML　index.html

```
<!DOCTYPE html>
<html lang="ja">
<head>
<meta charset="UTF-8">
<title>メインの画像の左右に前後の画像をチラ見せするスライドショー(ステップ1) </title>
<meta name="viewport" content="width=device-width,initial-scale=1">
<script src="js/jquery-2.1.4.min.js"></script>
<script src="slick/slick.min.js"></script>
<script src="js/extention.js"></script>
<link rel="stylesheet" href="slick/slick.css">
<link rel="stylesheet" href="slick/slick-theme.css">
```

jQueryとプラグイン、動きの設定ファイルの読み込み

```
<link rel="stylesheet" href="style.css">
</head>
<body>
  <ul class="slider">
    <li><img src="img/img01.jpg" alt=""></li>
    <li><img src="img/img02.jpg" alt=""></li>
    <li><img src="img/img03.jpg" alt=""></li>
    <li><img src="img/img04.jpg" alt=""></li>
  </ul>
</body>
</html>
```

スライドショーにするためのclass指定

スライドさせたい画像記述

CSS style.css

```
@charset "UTF-8";

ul {
  padding: 0;
  margin: 0 30px;
  list-style: none;
}
ul li img {
  max-width: 100%;
  height: auto;
}
.slick-prev::before, .slick-next::before {
  color: #333;
}
```

矢印カラーを指定

JavaScript extention.js

```
$(function(){
  $('.slider').slick({
    autoplay: true,
    autoplaySpeed: 4000,
    arrows: true,
    slidesToShow: 1,

    // センターモード(両端が切れるモード)を設定
    centerMode: true,

    // チラ見せするサイズを指定
    centerPadding: '10%',

    // チラ見せしている左右のコンテンツを選択すると中央に移動する
    focusOnSelect: true
  });
});
```

スライドショーを表示したい要素名、もしくは要素のid、classを指定

Point } オプションでセンターモードを指定

$('要素指定').slick();でスライドショーを発動させます。今回はsliderのclassを持つ要素を指定しました。
オプションの「centerMode」でtrueを指定することで両端が見切れたスライドショーとなり、「centerPadding」でチラ見せする前後のスライドのサイズを指定できます。あまり大きい値にしてしまうと、メインの画像表示エリアが小さくなってしまうためご注意ください。
「focusOnSelect」は左右にチラ見せした要素をクリックしたときに中央に移動させるオプションです。なくても問題ありませんが、あったほうがより親切です。

Custom

メインをより目立たせる

Chapter3 > 08 > sample2

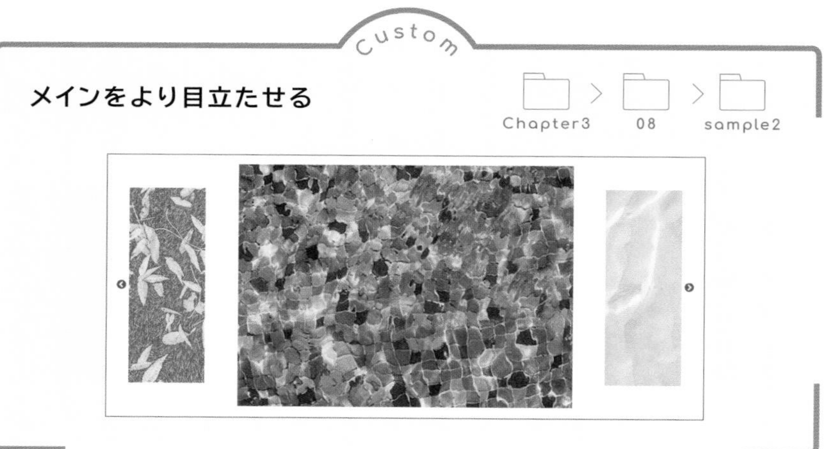

CSS style.css

```
@charset "UTF-8";

ul {
  padding: 0;
  margin: 0 30px;
  list-style: none;
}
ul li img {
  max-width: 100%;
  height: auto;
}
.slick-prev::before, .slick-next::before {
  color: #333;
}
slick-slide {
  opacity: 0.7;
  transition: all 0.3s easein-out; /* 動きに緩急をつけてなめらかに */
  transform: scale(0.8);
}

/* センターのスライド */
.slick-center {
  opacity: 1;
  transform: scale(1);
}
```

JavaScript extention.js

```
$(function(){
  $('.slider').slick({
    autoplay: true,
    autoplaySpeed: 4000,
    arrows: true,
    slidesToShow: 1,
    centerMode: true,
    centerPadding: '20%',
    focusOnSelect: true
  });
});
```

チラ見せするサイズを大きめに指定

オプション「centerMode」でtrueを指定するとメインのスライドに「slick-center」というclassが新しく付与されます。このスライドをより目立たせるため、デフォルトのスライドを薄く、小さくします。そして、メイン位置（センター）に移動したら元に戻します。スライドの際に変化がなめらかになるようtransitionを指定しましょう。
チラ見せする左右の画像が小さくなっている分表示エリアが狭くなるため、「centerPadding」のサイズは少し大きめに指定するのがおすすめです。

09 指定フィルターで要素を絞り込む

グリッドに沿って各要素をタイル状にレイアウトするjQueryプラグイン「Masonry」を利用し、要素をフィルタリングして並び替えます。

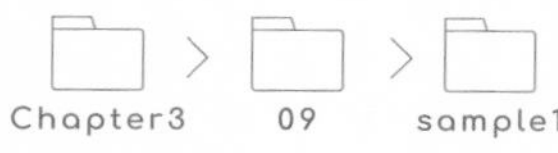

執筆者 五十嵐小由利
（株式会社マジカルリミックス）

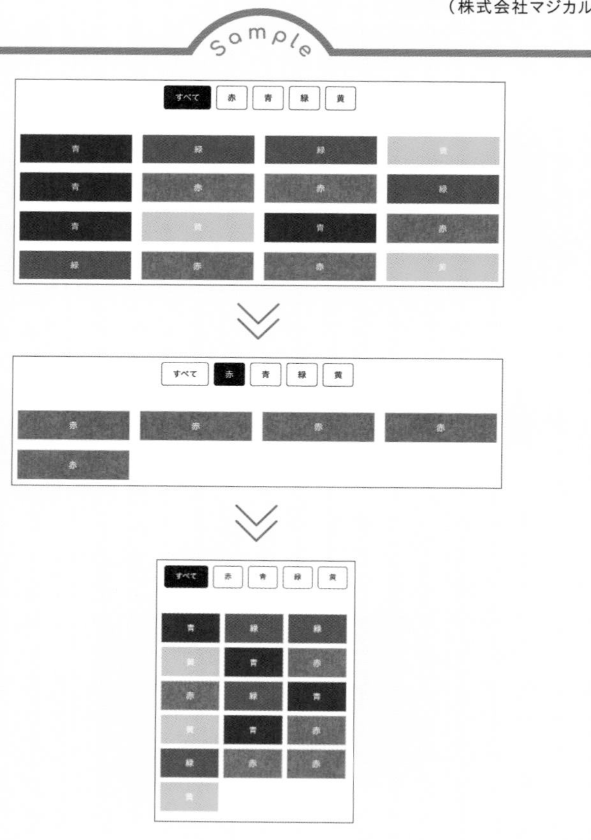

プラグイン

jQuery v2.1.4　https://jquery.com/
Masonry　https://masonry.desandro.com/

HTML index.html

```
<!DOCTYPE html>
<html lang="ja">
<head>
<meta charset="UTF-8">
<title>要素を指定フィルターで絞り込む</title>
<meta name="viewport" content="width=device-width,initial-scale=1">
<script src="js/jquery-2.1.4.min.js"></script>
<script src="js/masonry.pkgd.min.js"></script>
<script src="js/extention.js"></script>
<link rel="stylesheet" href="style.css">
</head>
<body>
  <ul class="filter-button">
    <li id="all" class="is-checked">すべて</li>
    <li id="red">赤</li>
    <li id="blue">青</li>
    <li id="green">緑</li>
    <li id="yellow">黄</li>
  </ul>
  <div class="contents">
    <div class="grid">
      <div class="itembox blue">
        <p>青</p>
      </div>
      <div class="itembox green">
        <p>緑</p>
      </div>
      <div class="itembox green">
        <p>緑</p>
      </div>
      <div class="itembox yellow">
        <p>黄</p>
      </div>
      <div class="itembox blue">
        <p>青</p>
      </div>
      <div class="itembox red">
        <p>赤</p>
      </div>
      <div class="itembox red">
        <p>赤</p>
      </div>
      <div class="itembox green">
        <p>緑</p>
      </div>
      <div class="itembox blue">
        <p>青</p>
      </div>
```

jQueryとプラグイン、動きの設定ファイルの読み込み

選ばれているフィルターにclass付与

フィルターのIDと対応する要素のclassを同じにする

プラグイン「Masonry」の指定に使用

フィルターのIDと対応する要素のclassを同じにする

```
        <div class="itembox yellow">
          <p>黄</p>
        </div>
        <div class="itembox blue">
          <p>青</p>
        </div>
        <div class="itembox red">
          <p>赤</p>
        </div>
        <div class="itembox green">
          <p>緑</p>
        </div>
        <div class="itembox red">
          <p>赤</p>
        </div>
        <div class="itembox red">
          <p>赤</p>
        </div>
        <div class="itembox yellow">
          <p>黄</p>
        </div>
      </div>
</body>
</html>
```

フィルターのIDと対応する要素のclassを同じにする

CSS style.css

```
@charset "UTF-8";

.filter-button {
  display: flex;
  justify-content: center;
  padding: 0;
  margin: 0;
  list-style: none;
}
.filter-button li {
  padding: 10px 20px;
  margin: 0 10px 0 0;
  color: #333;
  text-align: center;
  cursor: pointer;
  background: #fff;
  border: 1px solid #333;
  border-radius: 5px;
}
.filter-button li:last-child {
  margin: 0;
}
```

```
/* フィルタリングボタンホバー時と選択時
に色変更 */
.filter-button li:hover,
.filterbutton li.is-checked {
  color: #fff;
  background: #333;
}
.contents {
  width: 900px;
  padding: 50px 0;
  margin: 0 auto;
}
.grid {
  width: calc(100% + 20px);
}
.grid .itembox {
  width: 210px;  /* 必ず横幅指定
*/
  margin: 0 20px 20px 0;
  color: #fff;
  text-align: center;
}
```

itemboxのマージン分プラス

```css
.itembox.red {
  background: #f00;
}
.itembox.blue {
  background: #00f;
}
.itembox.green {
  background: #238c00;
}
.itembox.yellow {
  background: #fc0;
}
@media screen and (max-width: 768px) {
  body {
    margin: 0;
  }
  .filter-button li {
    font-size: 14px;
  }
  .contents {
    width: calc(100% - 20px);
    padding: 30px 10px;
  }
  .grid {
    width: calc(100% + 10px);
  }
  .grid .itembox {
    width: 110px;
    margin: 0 10px 10px 0;
  }
}
```

itemboxのマージン分プラス

JavaScript extention.js

```javascript
$(function(){
  // ウインドウの横幅を取得し、「windowWidth」に代入
  var windowWidth = $(window).width();

  // ウインドウの横幅が768px以下だったら
  if(windowWidth <= 768) {

    //masonryの発動条件を「$grid」に代入
    var $grid = $('.grid').masonry({
        itemSelector: '.itembox',
        columnWidth: 120,
    });

  // ウインドウの横幅が769px以上だったら
  } else {

    //masonryの発動条件を「$grid」に代入
    var $grid = $('.grid').masonry({
        itemSelector: '.itembox',
        columnWidth: 230,
    });
  }

  // class「filter-button」を持つ要素の子要素「li」に対して指定した回数を繰り返し処理
  $('.filter-button li').each(function() {

    // 自分自身(class「filter-button」を持つ要素の子要素「li」)がクリックされたら
    $(this).on('click', function() {

        // class「is-checke」を持つ要素からclass「is-checke」を削除
        jQuery('.is-checked').removeClass('is-checked');

        // クリックされた要素にclass「is-checke」を付与
        $(this).addClass('is-checked');

        // 自分自身(クリックされた要素)の属性「ID」を取得し、「buttonName」に代入
        var buttonName = $(this).attr('id');

        // 「buttonName」を
```

```
「.buttonName」として「className」に
代入
        var className = '.' +
buttonName;

        // 「buttonName」が「all」だっ
たら（クリックされた要素のIDが「all」
だったら）
        if(buttonName == 'all') {

          // class「itembox」を持つ
要素を200ミリ秒かけてフェードイン
          $('.itembox').
fadeIn(200);

        // 「buttonName」が「all」で
はなかったら （クリックされた要素のIDが
「all」ではなかったら）
        } else {

          // class「itembox」を持つ
がclass「className」を持たない要素を
非表示にする
          $('.
itembox:not(className)').
hide();

          // class「className」を
持つ要素を200ミリ秒かけてフェードイン
          $(className).
fadeIn(200);
        }

        // masonryを発動し、コンテン
ツの再配置を行う
        $grid.masonry('layout');
      });
    });
});
```

Point フィルタリングボタンクリック時にmasonry発動

「Masonry」では、指定した要素をタイル状にレイアウトできます。今回は、class「grid」要素内のclass「itembox」が対象です。レスポンシブに対応するため、事前に画面サイズに応じたMasonryの発動条件を指定しておきましょう。columnWidthはclass「itembox」要素の横幅にマージンを足した値にします。
その後、フィルタリングボタンクリック時の動きを指定します。ボタンのIDとフィルタリング対象の要素に付与するclassを一致させることで、ボタンクリックに対応して要素を出し入れできます。また、要素フィルタリング後にmasonryを発動することでスムーズな再レイアウトが可能となります。

10 無限に横スクロールするカルーセル

簡単な記述で実装できる横カルーセルです。jQuery本体以外のプラグインが不要なので、ちょっとした画像ギャラリーを設置したいときに最適です。表示数や速度も変更することができます。

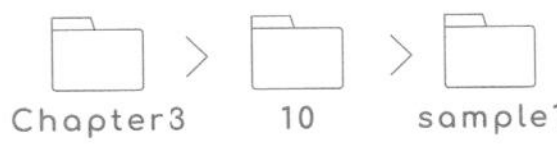

執筆者 錦織幸知（OSALE）

プラグイン

jQuery v2.1.4　https://jquery.com/

HTML index.html

```
<!doctype html>
<html lang="ja">
<head>
<meta charset="utf-8">
<title>無限横スクロールカルーセル(ステップ1)</title>
<meta name="viewport" content="width=device-width,initial-scale=1">
<link rel="stylesheet" href="style.css">
</head>

<body>

  <div class="slide">
    <div class="slide-body">
      <ul class="slide-list">
```

レスポンシブ対応とCSSのリンク

```
          <li><img src="img/photo001.jpg"></li>
          <li><img src="img/photo002.jpg"></li>
          <li><img src="img/photo003.jpg"></li>
          <li><img src="img/photo004.jpg"></li>
          <li><img src="img/photo005.jpg"></li>
          <li><img src="img/photo006.jpg"></li>
        </ul>
      </div>
    </div>

    <script src="js/jquery-2.1.4.min.js"></script>
    <script>
    $(document).ready(function() {
      $slide = $('.slide-list');
      $displayItem = 3; //画面に表示する数
      carousel($slide);
    });
    $(window).on('load resize', function() {
      $('.slide').css('height', $slide.height() );
    });

    function carousel() {
      var slideItem = $slide.find('li').length; //子要素の数をカウント
      if( slideItem > $displayItem ) {
        $slide.find('li:nth-last-child(-n+' + $displayItem + ')').
clone().prependTo($slide);
        $slide.addClass('slide-move'); //アニメーション用classを付与
      }
    }
    </script>

</body>
</html>
```

カルーセルさせたい画像をli要素で並べる

要素（もしくはid名、class名）を指定する

CSS style.css

```
@charset "UTF-8";
body {
  margin: 0 auto;
  padding: 20px;
}

.slide {
  width: 100%;
  height: 100vh;
  position: relative;
  overflow: hidden;
}
```

```
.slide-body {
  position: absolute;
  left: 0;
  height: 100%;
}

.slide-list {
  display: -ms-flexbox;
  display: flex;
  margin: 0;
  padding: 0;
}
```

```
.slide-list li {
  display: block;
  width: 33.3333vw;
  height: 100%;
  box-sizing: border-box;
}

.slide-list li img {
  width: 100%;
}

.slide-move {
  animation: animation 10s
linear infinite;
}

/* アニメーション */
@keyframes animation {
  100% {
    transform:
translate(calc(-100% + 100vw),
0);
  }
}
```

全要素が一周するまでの時間を設定

Point } CSSとJavaScriptを読み込み、要素を指定する

CSSとJavaScriptを読み込み、並べたい画像をli要素で並べてください。
カルーセルさせたい親のul要素（もしくはid名、class名）を指定するだけで実装できます。
CSSでは、アニメーションが一周して終わるまでの時間を設定します（サンプルでは10s = 10秒）。

Custom 画面に表示される枚数を変更する

Chapter3 > 10 > sample2

画面に表示される画像の数を3から4に増やしてみましょう。CSSを変更する際は、設定した数に合わせli要素のwidthの値を変更してください。（次頁のstyle.cssを参照）。
また、現状ではCSSで全体アニメーションが終わるまでの秒数を指定していましたが、より直感的にわかりやすくなるよう、JavaScript側で1枚の画像に対してアニメーション秒数を設定できるようにしましょう。

HTML index.html

```
<script>
$(document).ready(function() {
  $slide = $('.slide-list');
  $displayItem = 4; //画面に表示する数
  carousel($slide);
});
$(window).on('load resize', function() {
  $('.slide').css('height', $slide.height() );
});

function carousel() {
  var slideItem = $slide.find('li').length; //子要素の数をカウント
  if( slideItem > $displayItem ) {
    $slide.find('li:nth-last-child(-n+' + $displayItem + ')').
clone().prependTo($slide);
    $slide.addClass('slide-move'); //アニメション用classを付与
    $slide.css('animation-duration', slideItem * 2 + 's' ); //1枚に
対するアニメーション時間
  }
}
</script>
```

画面に表示される画像の数を変更

1枚の画像に対するアニメーションの時間を設定

ここでは2s（2秒）に設定

CSS style.css

```
.slide-list li {
  display: block;
  width: 25vw;
  height: 100%;
  box-sizing: border-box;
}

.slide-list li img {
  width: 100%;
}

.slide-move {
  animation: animation 10s
linear infinite;
}

/* アニメーション */
@keyframes animation {
  100% {
    transform:
translate(calc(-100% + 100vw),
0);
  }
}
```

先ほどhtmlで設定した「画面に表示する数」に合わせて数値を変更。数を掛けたときに、合計で100になるように設定。
例：
$displayItem = 3 の場合：33.3333vw
$displayItem = 4 の場合：25vw
$displayItem = 5 の場合：20vw

先ほどindex.html内にて、1枚の画像に対してアニメーション時間を設定するようにしたので、ここでの秒数設定は無視される

スライドショー／ギャラリー

11 3D風の立体で回転するギャラリー

CSSの3Dプロパティを使って、立体的な四角形がくるくる回る画像ギャラリーを作成します。JavaScriptは不要です。スマホ表示時は、画像の表示サイズを小さく変更して表示します。

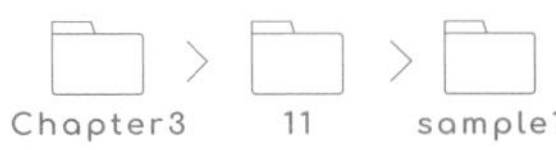

執筆者 錦織幸知（OSALE）

HTML index.html

```
<!doctype html>
<html lang="ja">
<head>
<meta charset="utf-8">
<title>回転ギャラリー(ステップ1)</title>
<meta name="viewport" content="width=device-width,initial-scale=1">
<link rel="stylesheet" href="style.css">
</head>

<body>

    <div class="gallery">
      <div class="gallery-item">
        <img class="number1 front" src="img/photo001.jpg"><!-- 正面
-->
        <img class="number2 right" src="img/photo002.jpg"><!-- 右面
-->
        <img class="number3 back" src="img/photo003.jpg"><!-- 裏面
-->
        <img class="number4 left" src="img/photo004.jpg"><!-- 左面
(最後)-->
      </div>
    </div>

</body>
</html>
```

レスポンシブ対応とCSSのリンク

4つの画像にそれぞれ個別のclassをつける

CSS style.css

```
@charset "UTF-8";

body {
  margin: 100px auto;
}


.gallery {
  width: 500px;
  height: 400px;
  margin: 0 auto;
  perspective: 1000px;
}
.gallery-item {
  width: 500px;
  height: 400px;
  transform-style: preserve-
3d;
  transition: transform 5.0s
ease-in-out;
}
.gallery-item:hover {
  transform: rotateY(270deg);
  cursor: pointer;
}
.gallery-item img {
  position: absolute;
  display: block;
  max-width: 100%;
  width: 100%;
  height: 100%;
}
.number1 {
```

画像サイズに合わせてwidth(幅)とheight(高さ)を設定

```
  transform: translateZ(250px);
}
.number2 {
  transform-origin: center
left;
  transform: translateZ(
-250px) rotateY(270deg);
}
.number3 {
  transform: translateZ(
-250px);
}
.number4 {
  transform-origin: bottom
right;
  transform: rotateY(270deg)
translateX(250px);
}
```

画像サイズの幅の半分の値を入力（サンプルでは画像幅が500pxなので250pxと入力）

```
/* スマホ時、画像サイズを調整 */
@media screen and (max-width:
768px) {
  .gallery {
    width: 250px;
    height: 200px;
  }
  .gallery-item {
    width: 250px;
    height: 200px;
  }
```

【SP1】スマホ表示時の画像サイズを設定。画像の幅を300px以下程度に

```
  .number1 {
    transform:
translateZ(125px);
  }
  .number2 {
    transform: translateZ(
-125px) rotateY(270deg);
  }
  .number3 {
    transform: translateZ(
-125px);
  }
  .number4 {
    transform: rotateY(270deg)
translateX(125px);
  }
}
```

【SP2】スマホ表示時の画像サイズの幅の半分の値を入力（サンプルではスマホ時、幅250pxなので125pxと入力）

Point CSSを読み込み、画像それぞれにclassをつける

CSSを読み込み、class「gallery-item」のdiv要素内に、4つの画像を挿入します。
4つの画像には、「index.html」に沿って、それぞれ個別のclassをつけてください。
CSS側では、画像のサイズに合わせて数値を設定します。
まず、class「gallery」「gallery-item」に画像の幅、高さを設定します。
次に、いま設定した画像の幅の半分の値を、class「number1～4」のtransformプロパティに設定していきます。

※例えば、画像の幅が200pxでclass「gallery」「gallery-item」のwidthに200pxと入力した場合は、class「number1～4」の部分に100pxと入力します。

▶対応する画像の位置

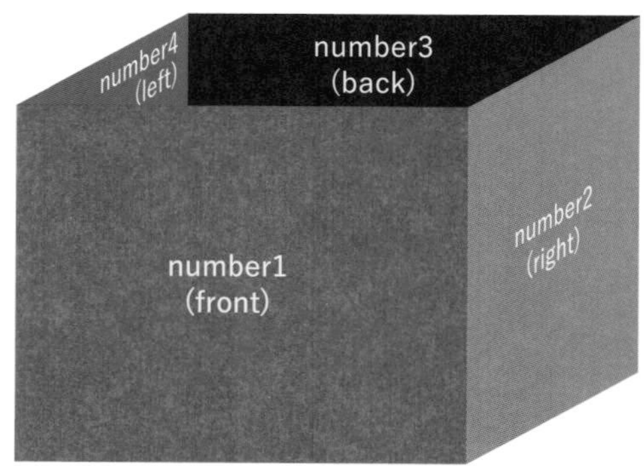

Point スマホ表示時に画像サイズを変更する

スマホ閲覧時に画像がはみ出てしまう場合は、スマホ時の表示サイズを設定します。
style.cssの【SP1】の部分で、スマホ時の画像サイズ（幅、高さ）を入力します。
ここまでの手順と同様に、その画像サイズの幅の半分の値を【SP2】の部分にも設定します。

Custom

ギャラリーの最後の面をリンクにする

Chapter3 > 11 > sample2

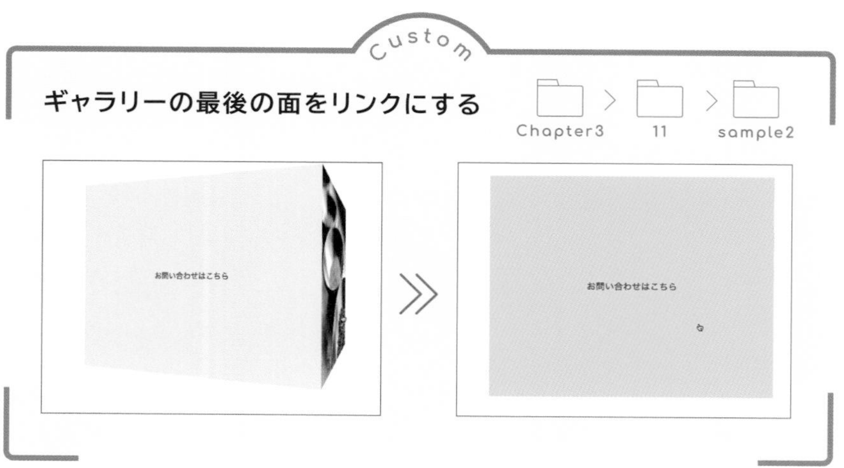

回転が終わる最後の面にリンクテキストを配置して、ギャラリーを閲覧したユーザーにそのままリンククリックのアクションをとってもらえるようにします。
下記のindex.htmlのように、最後の画像部分をdiv要素に変更します。
最後に、スタイルを追記します。最後の面の背景色はお好みで設定してください。

HTML index.html

```
    <div class="gallery">
      <div class="gallery-item">
        <img class="number1 front" src="img/photo001.jpg"><!-- 正面
-->
        <img class="number2 right" src="img/photo002.jpg"><!-- 右面
-->
        <img class="number3 back " src="img/photo003.jpg"><!-- 裏面
-->
        <div class="number4 left "><!-- 左面(最後)-->
          <a href="#">お問い合わせはこちら</a>
        </div>
      </div>
    </div>
```

最後のブロック（number4）を画像からdiv要素に変更する

CSS style.css

```
@charset "UTF-8";

body {
  margin: 100px auto;
}

.gallery {
  width: 500px;
  height: 400px;
  margin: 0 auto;
  perspective: 1000px;
}
.gallery-item {
  width: 500px;
  height: 400px;
  transform-style: preserve-
3d;
  transition: transform 5.0s
ease-in-out;
}
.gallery-item:hover {
  transform: rotateY(270deg);
  cursor: pointer;
}
```

```
.gallery-item img {
  position: absolute;
  display: block;
  max-width: 100%;
  width: 100%;
  height: 100%;
}
.number1 {
  transform: translateZ(250px);
}
.number2 {
  transform-origin: center
left;
  transform: translateZ(-
250px) rotateY(270deg);
}
.number3 {
  transform: translateZ(-
250px);
}
.number4 {
  transform-origin: bottom
right;
  transform: rotateY(270deg)
```

```
translateX(250px);
}

/* スマホ時、画像サイズを調整 */
@media screen and (max-width:
768px) {
  .gallery {
    width: 250px;
    height: 200px;
  }
  .gallery-item {
    width: 250px;
    height: 200px;
  }
  .number1 {
    transform:
translateZ(125px);
  }
  .number2 {
    transform: translateZ(-
125px) rotateY(270deg);
  }
  .number3 {
    transform: translateZ(-
125px);
  }
  .number4 {
    transform: rotateY(270deg)
translateX(125px);
  }
}

/* 最後の面 */
.number4 {
  position: absolute;
  display: block;
  max-width: 100%;
  width: 100%;
  height: 100%;
  background: #eee;
  transform: rotateY(270deg)
translateX(250px);
}
.number4 a {
  height: 100%;
  display: flex;
  align-items:  center;
  justify-content: center;
  text-decoration: none;
  transform: scale(-1, 1);
}
.number4 a:hover {
  background-color: #ffdcb5;
}
```

追加するスタイル

最後の面の背景色を設定

最後の面をマウスオーバーしたときの背景色を設定

Point IE11では「transform-style」非対応

IE11の場合は、「transform-style: preserve-3d;」をサポートしていないため、サンプルでは画像が縦に並ぶように調整しています。
マウスオーバーすると同様に回転しますが、回転をOFFにしたい場合は次のようにスタイルを1行削除してください。

CSS style.css

```
.gallery-item:hover {
  transform: rotateY(270deg);
  cursor: pointer;
}
```

削除する

Chapter

4

背景／コンテンツ

01 ページ全体をふんわりと表示させる
02 パララックス効果で奥行き感を演出
03 背景色が時間とともに変化する
04 コンテンツが左右からフェードインで表れる
05 コンテンツが上下からフェードインで表れる
06 タブの色がクリックでパッと切り替わる
07 ふわふわ動くカラフルなウェーブ
08 ポップアップするモーダルウィンドウ
09 コンテンツの一部を隠す「続きを読む」ボタン
10 要素の中で雪が降る
11 ゆっくりボケる背景画像

01 ページ全体をふんわりと表示させる

ページ全体をフェードさせながら表示させます。この方法を習得すると、見出しや画像など、いろいろな場面に応用できます。

Chapter4 > 01 > sample1

執筆者 桟敷友香子

Sample

HTML index.html

```
<!DOCTYPE html>
<html lang="ja">
<head>
<meta charset="UTF-8">
<title>ページ表示</title>
<meta name="viewport" content="width=device-width,initial-scale=1">
<link rel="stylesheet" href="style.css">
</head>
<body class="fadeIn">

  <header id="header">
    <h1>TITLE</h1>
  </header>

  <main id="main">
    <p>メインコンテンツ</p>
    <p>・</p>
    <p>・</p>
    <p>・</p>
  </main>

  <footer id="footer">
    <p>&copy; デザインのネタ帳　コピペで使えるWebデザインパーツ</p>
  </footer>

</body>
</html>
```

ページ全体をフェードイン指定

CSS style.css

```
@charset "UTF-8";
body {
  background: #efefef;
  margin: 0;
   padding: 0;
  text-align: center;
}

/* ヘッダー */
#header {
  background: #c56fa6;
  color: #fff;
}
#header h1 {
  margin: 0;
  padding: 1em;
  letter-spacing: 0.1em;
}


/* メインコンテンツ */
#main {
  background: #fff;
  width: 85%;
  height: 100vh;
  margin: 2em auto;
  padding: 2em;
}

/* フッター*/
#footer {
  background: #000;
  color: #fff;
  font-size: 0.7em;
```

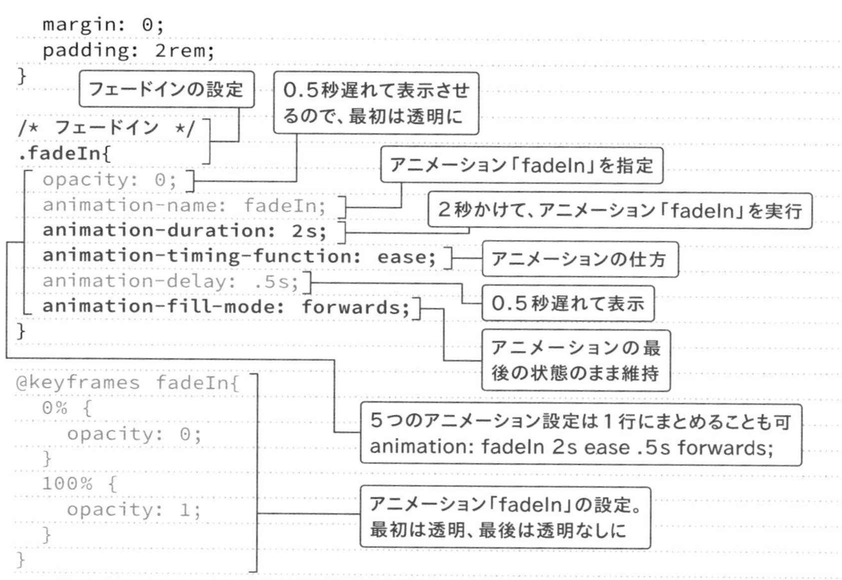
フェードインの設定
0.5秒遅れて表示させるので、最初は透明に
アニメーション「fadeIn」を指定
2秒かけて、アニメーション「fadeIn」を実行
アニメーションの仕方
0.5秒遅れて表示
アニメーションの最後の状態のまま維持
5つのアニメーション設定は1行にまとめることも可
animation: fadeIn 2s ease .5s forwards;
アニメーション「fadeIn」の設定。最初は透明、最後は透明なしに

```
  margin: 0;
  padding: 2rem;
}

/* フェードイン */
.fadeIn{
  opacity: 0;
  animation-name: fadeIn;
  animation-duration: 2s;
  animation-timing-function: ease;
  animation-delay: .5s;
  animation-fill-mode: forwards;
}

@keyframes fadeIn{
  0% {
    opacity: 0;
  }
  100% {
    opacity: 1;
  }
}
```

Point 用途に合わせて活用する

このアニメーションはCSSのみのシンプルなアニメーションなので、いろいろな場面に活用できます。今回はページ全体をふんわりフェードさせながら表示させましたが、見出しや画像、セクションに指定することもできます。

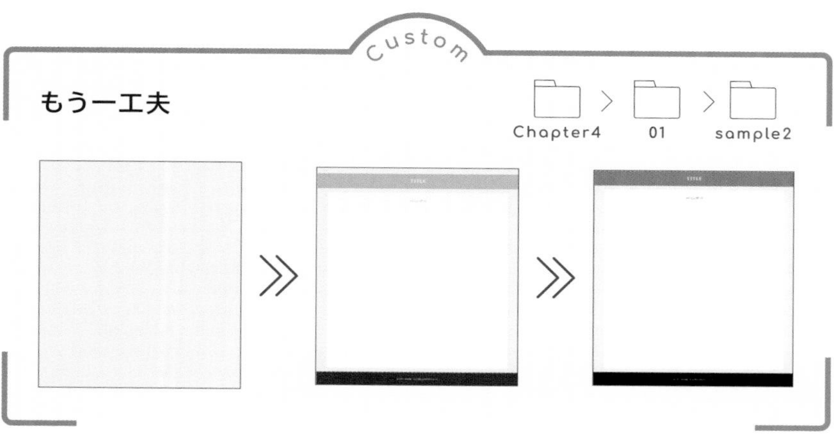
Custom
もう一工夫
Chapter4
01
sample2

transitionプロパティを設定することで、簡単なアニメーションも追加できます。サンプルでは、ページ全体をふんわりフェードさせながら、さらに下から上へ表示させています。

HTML index.html

```
<!DOCTYPE html>
<html lang="ja">
<head>
<meta charset="UTF-8">
<title>ページ表示</title>
<meta name="viewport" content="width=device-width,initial-scale=1">
<link rel="stylesheet" href="style.css">
</head>
<body class="fadeUp">

  <header id="header">
    <h1>TITLE</h1>
  </header>

  <main id="main">
    <p>メインコンテンツ</p>
    <p>・</p>
    <p>・</p>
    <p>・</p>
  </main>

  <footer id="footer">
    <p>&copy; デザインのネタ帳　コピペで使えるWebデザインパーツ</p>
  </footer>

</body>
</html>
```

ページ全体を下から上に、フェードさせながら表示

CSS style.css

```
@charset "UTF-8";
body {
  background: #efefef;
  margin: 0;
   padding: 0;
  text-align: center;
}

/* ヘッダー */
#header {
  background: #c56fa6;
  color: #fff;
}
#header h1 {
  margin: 0;
  padding: 1em;
  letter-spacing: 0.1em;
}


/* メインコンテンツ */
#main {
  background: #fff;
  width: 85%;
  height: 100vh;
  margin: 2em auto;
  padding: 2em;
}

/* フッター*/
#footer {
  background: #000;
  color: #fff;
  font-size: 0.7em;
```

```
  margin: 0;
  padding: 2rem;
}

/* フェードアップ */
.fadeUp{
  opacity: 0;
  animation-name: fadeUp;
  animation-duration: 1s;
  animation-timing-function: 
ease;
  animation-delay: .25s;
  animation-fill-mode: 
forwards;
}

@keyframes fadeUp{
  0% {
    opacity: 0;
    transform: 
translateY(200px);
  }
  100% {
    opacity: 1;
    transform: translateY(0);
  }
}
```

フェードインの設定

アニメーション「fadeUp」を指定

アニメーションの仕方や秒数、表示のタイミングなどを調整できる

Y軸を基準に、下から上へ200pxスライド
右から左へスライドさせる場合は、
translateYをtranslateXにするだけでよい

02 パララックス効果で奥行き感を演出

ここでは背景に遠近感を出す「パララックス」を紹介します。スクロールするとコンテンツと背景画像が流れるタイミングにずれが生じるように設定したので、デザインに奥行きが見られます。

Chapter4 > 02 > sample1

執筆者 伊藤麻奈美

Sample

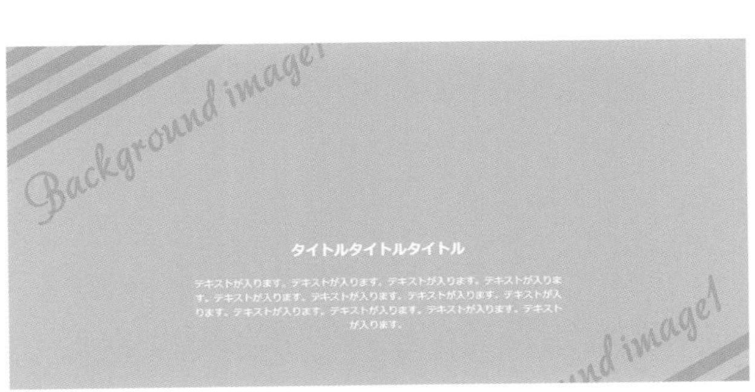

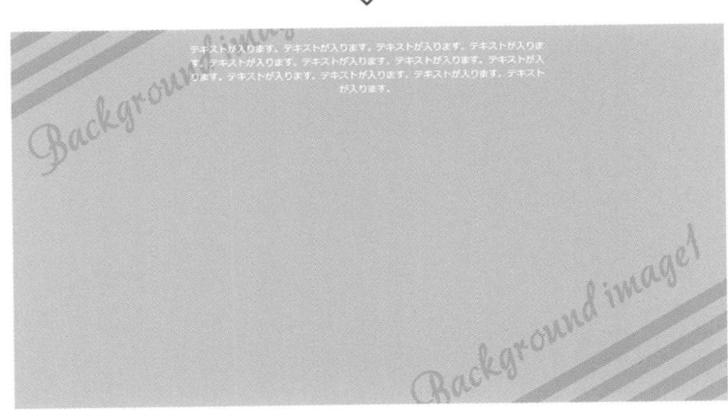

プラグイン

jQuery v3.6.0 https://jquery.com/

Rellax https://github.com/dixonandmoe/rellax

HTML index.html

```
<!DOCTYPE html>
<html lang="ja">
<head>
<meta charset="UTF-8">
<title>背景が固定されてスクロールして奥行を出す(ステップ1)</title>
<meta name="viewport" content="width=device-width,initial-scale=1">
<link rel="stylesheet" href="style.css">
<script src="js/jquery-3.6.0.min.js"></script>
<script src="js/rellax.min.js"></script>
</head>
<body>
<div id="content1">
  <div class="background01 parallax" data-rellax-speed="-10">
    <div class="parallax txt_box01" data-rellax-speed="10">
      <h3>タイトルタイトルタイトル</h3>
      <p>テキストが入ります。テキストが入ります。テキストが入ります。テキストが入ります。
テキストが入ります。テキストが入ります。テキストが入ります。テキストが入ります。テキストが
入ります。テキストが入ります。テキストが入ります。テキストが入ります。</p>
    </div>
  </div>
</div>
<script>
  var rellax = new Rellax('.parallax');
</script>
</body>
</html>
```

プラグイン「Rellax」を読み込ませる設定

パララックスする画像のClass指定

rellax要素のスピードを指定
範囲は-10〜10　デフォルトは-2

パララックスの設定

Point } プラグイン読み込み後パララックスにしたい要素を設定

パララックスプラグイン「Rellax」(https://github.com/dixonandmoe/rellax)でプラグインを入手しHTMLに読み込ませます。パララックスさせたい要素にClassを指定、表示設定をします。ここでは背景とコンテンツにそれぞれ設定します。

CSS style.css

```
@charset "UTF-8";

#content1 {
  margin: 6em auto;
}
.background01 {
  background: url(img/img1.
png) no-repeat;
  background-size: cover;
  height: 1000px;
  position: relative;
  overflow: hidden;
}
.txt_box01 {
  color: #fff;
  font-size: 1.2em;
  position: absolute;
```

背景画像をコンテンツ内に覆う設定

背景画像がはみ出た部分はトリミング

```
  top: 380px;
  right: 0;
  left: 0;
  text-align: center;
  width: 50%;
  margin: auto;
}
h3 {
  font-size: 1.5em;
  margin-bottom: 1em;
}
```

Custom

スクロールに合わせてパララックスが変化

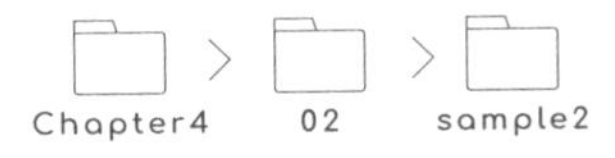

スクロールの動きに合わせて背景画像を拡大させたり位置を移動させていくことが可能です。スクロール位置を取得し、その位置を起点に上下左右スムーズに移動していきます。前回よりもややコーディングが複雑となりますが、パララックスにさらに奥行きが出てダイナミックな印象となります。

HTML index.html

```
<!DOCTYPE html>
<html lang="ja">
<head>
<meta charset="UTF-8">
<title>背景拡大や左右の動きなどカスタマイズ(ステップ2)</title>
<meta name="viewport" content="width=device-width,initial-scale=1">
<link rel="stylesheet" href="style.css">
<script src="js/jquery-3.6.0.min.js"></script>
<script src="js/rellax.min.js"></script>
</head>
<body>
<div id="content1">
  <div class="background parallax" data-rellax-speed="-10">
    <div class="bg_img01"></div>
    <div class="parallax txt_box01" data-rellax-speed="10">
      <h3>タイトルタイトルタイトル</h3>
      <p>テキストが入ります。テキストが入ります。テキストが入ります。テキストが入ります。
```

パララックスする要素のClass指定

```
テキストが入ります。テキストが入ります。テキストが入ります。テキストが入ります。テキストが入り
ます。テキストが入ります。テキストが入ります。テキストが入ります。</p>
      </div>
    </div>
</div>
<script>
  var rellax = new Rellax('.parallax');
  $(window).scroll(function() {
        var scroll = $(window).scrollTop();//スクロール位置を取得
  $('.bg_img01').css({
      transform: 'scale('+(100 + scroll/20)/100+')',//背景の拡大
      top: (scroll/100)  + "%",//スクロール位置を起点にtopの位置を移動
      left: -(scroll/100)  + "%",//スクロール位置を起点にleftの位置を移動
        });
    });
</script>
</body>
</html>
```

スクロール位置を取得、
スクロール位置に合わせて
背景画像を拡大、移動設定

CSS style.css

```
@charset "UTF-8";

#content1 {
  margin: 6em auto;
}

.background {
  width: 100%;
  height: 100vh;
  overflow: hidden;
  position: relative;
}

.bg_img01 {
  background: url(img/img1.
png) no-repeat;
  background-size: cover;
  background-position: center;
  width: 100%;
  height: 100vh;
  position: fixed;
  top: 0;
}
.txt_box01 {
  color: #fff;
  font-size: 1.2em;
  position: absolute;
  top: 380px;
  right: 0;
  left: 0;
  text-align: center;
  width: 50%;
  margin: auto;
}
h3 {
  font-size: 1.5em;
  margin-bottom: 1em;
}
```

背景画像のはみ出た
部分をトリミング

背景画像がコンテンツを覆う設定

背景画像の位置を
親要素を起点に固定

背景／コンテンツ

03 背景色が時間とともに変化する

ページの背景を時間とともに切り替えます。背景色と、背景画像の2パターンを、CSSだけで実装します。

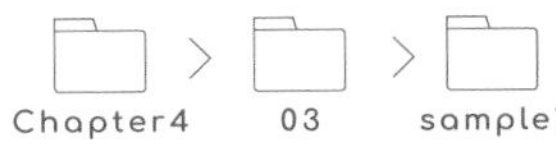

執筆者 桟敷友香子

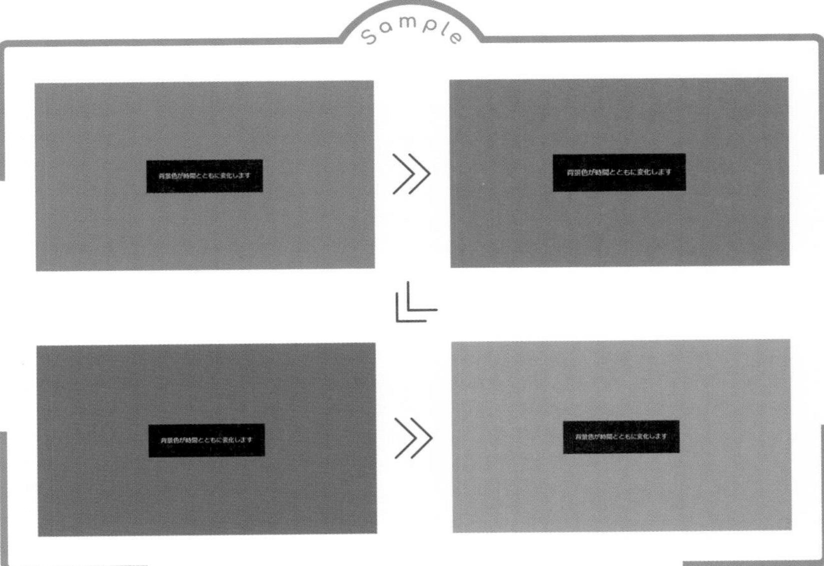

HTML index.html

```
<!DOCTYPE html>
<html lang="ja">
<head>
<meta charset="UTF-8">
<title>背景アニメーション</title>
<meta name="viewport" content="width=device-width,initial-scale=1">
<link rel="stylesheet" href="style.css">
</head>
<body>
```

bodyの背景色を指定

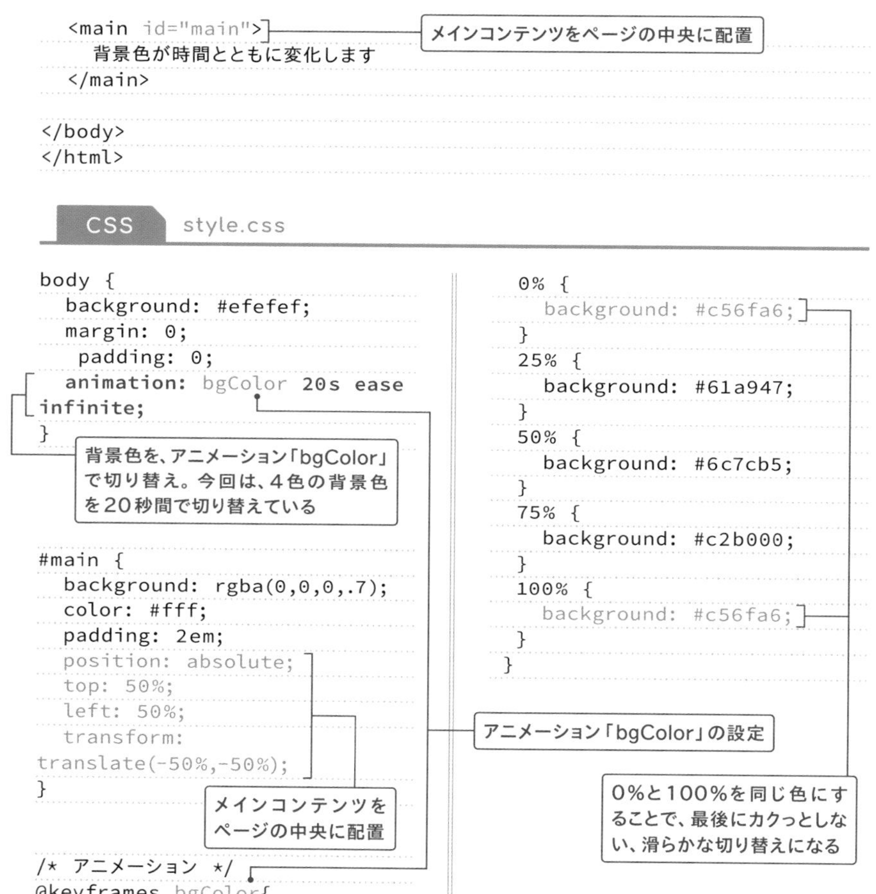

```
  <main id="main">
    背景色が時間とともに変化します
  </main>

</body>
</html>
```

メインコンテンツをページの中央に配置

CSS style.css

```
body {
  background: #efefef;
  margin: 0;
   padding: 0;
  animation: bgColor 20s ease
infinite;
}

#main {
  background: rgba(0,0,0,.7);
  color: #fff;
  padding: 2em;
  position: absolute;
  top: 50%;
  left: 50%;
  transform:
translate(-50%,-50%);
}

/* アニメーション */
@keyframes bgColor{
  0% {
    background: #c56fa6;
  }
  25% {
    background: #61a947;
  }
  50% {
    background: #6c7cb5;
  }
  75% {
    background: #c2b000;
  }
  100% {
    background: #c56fa6;
  }
}
```

背景色を、アニメーション「bgColor」で切り替え。今回は、4色の背景色を20秒間で切り替えている
メインコンテンツをページの中央に配置
アニメーション「bgColor」の設定
0%と100%を同じ色にすることで、最後にカクっとしない、滑らかな切り替えになる

Point 背景色を滑らかに切り替える

アニメーションで最初（0%）と最後（100%）を同色にすることで、境目のない滑らかな切り替えになります。同色にしない場合は、100%から0%に戻るときに、カクっと切り替わってしまいますのでご留意ください。

枚数が増減してもOK

Chapter4 > 03 > sample2

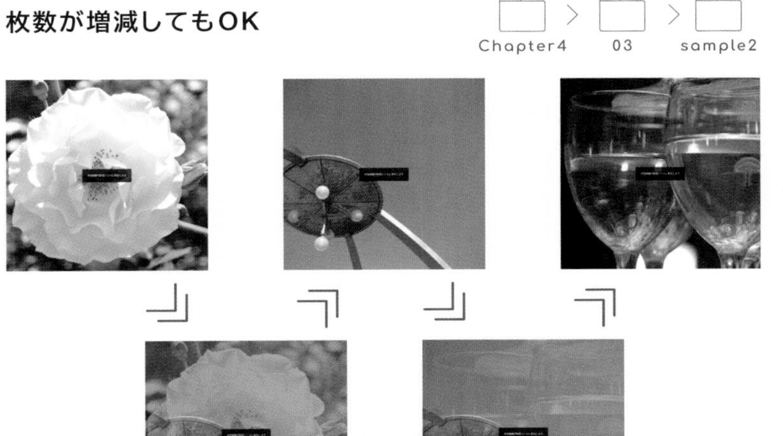

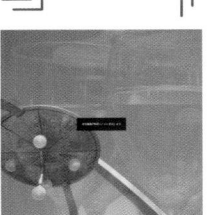

背景画像の枚数が増減しても、CSSだけで実装するので、簡単にカスタマイズできます。1枚を何秒見せるかにより、CSSの数値が変わります。サンプルでは、「１枚5秒ずつ3枚の切り替え」で、全部のアニメーション秒数を15秒に設定しています。

HTML index.html

```
<!DOCTYPE html>
<html lang="ja">
<head>
<meta charset="UTF-8">
<title>背景アニメーション</title>
<meta name="viewport"
content="width=device-
width,initial-scale=1">
<link rel="stylesheet"
href="style.css">
</head>
<body>

  <main class="bgFadeIn">
    <div class="bgImg"></div>
    <div class="bgImg"></div>
    <div class="bgImg"></div>
    <div class="contents">背景
画像が時間とともに変化します</div>
  </main>

</body>
</html>
```

フェードインさせる背景画像

メインコンテンツをページの中央に配置

CSS style.css

```
@charset "UTF-8";
body {
  background: #efefef;
  margin: 0;
   padding: 0;
}

/* 背景画像をフェードイン */
.bgFadeIn {
  position: relative;
  width: 100%;
  height: 100vh;
  margin: auto;
  overflow: hidden;
}

.bgFadeIn .bgImg {
  position: absolute;
  top: 0;
  left: 0;
  bottom: 0;
  right: 0;
  opacity: 0;
  background-repeat: no-
repeat;
  background-position: center
center;
  background-size: cover;
  animation: bgAnime 15s
infinite;
}

.bgFadeIn .bgImg {
  background-image:
url("images/photo01.jpg");
}
.bgFadeIn .bgImg:nth-of-type(2)
{
  background-image:
url("images/photo02.jpg");
  animation-delay: 5s;
}
.bgFadeIn .bgImg:nth-of-type(3)
{
  background-image:
url("images/photo03.jpg");
  animation-delay: 10s;
}

.bgFadeIn .contents{
  background: rgba(0,0,0,.7);
  color: #fff;
  padding: 2em;
  position: absolute;
  top: 50%;
  left: 50%;
  transform:
translate(-50%,-50%);
  display: inline-block;
  z-index: 10;
}

/* アニメーション */
@keyframes bgAnime {
  0% {
    opacity: 0;
  }
  30% {
    opacity: 1;
  }
  35% {
    opacity: 1;
  }
  50% {
    opacity: 0;
  }
  100% {
    opacity: 0;
  }
}
```

背景画像の基準を設定

背景画像をフルスクリーンにする

背景画像をフルスクリーンにする

アニメーション「bgAnime」を指定。今回は、1枚5秒ずつ3枚の切り替えで、15秒に設定

擬似クラスで、それぞれ背景画像を指定。また、表示させるタイミングをそれぞれずらす。今回は1枚5秒ずつに設定

メインコンテンツをページの中央に配置

メインコンテンツが前面になるように設定。設定した背景画像の枚数以上の数値にする

アニメーション「bgAnime」の設定

04 コンテンツが左右からフェードインで表れる

ページの読み込み時やスクロール時にコンテンツが左右から表示されます。簡単な設定ではCSSのみでも可能ですがjQueryのイベントを組み込むなど複雑な設定の場合はプラグインが便利です。

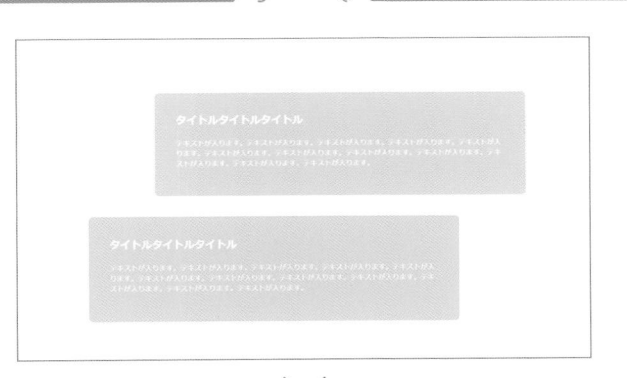

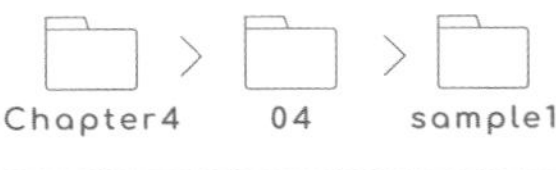

執筆者 伊藤麻奈美

Sample

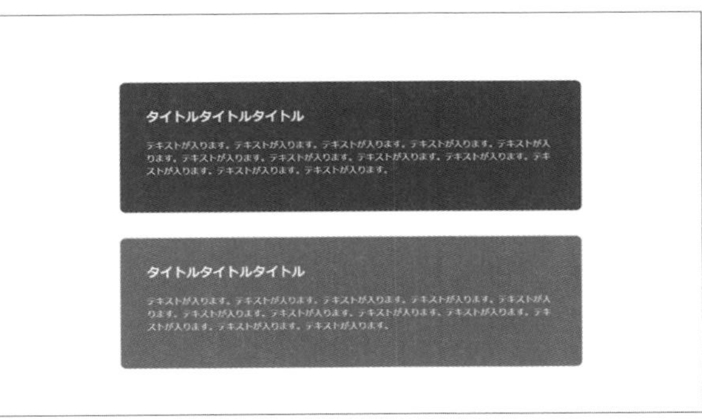

HTML index.html

```
<!DOCTYPE html>
<html lang="ja">
<head>
<meta charset="UTF-8">
<title>コンテンツが左右から表示(ステップ1)</title>
<meta name="viewport" content="width=device-width,initial-scale=1">
<link rel="stylesheet" href="style.css">
</head>
<body>
<div id="content1">
  <div class="txt_box01 fadeinR">
    <h3>タイトルタイトルタイトル</h3>
    <p>テキストが入ります。テキストが入ります。テキストが入ります。テキストが入ります。テキストが入ります。テキストが入ります。テキストが入ります。テキストが入ります。テキストが入ります。テキストが入ります。テキストが入ります。テキストが入ります。</p>
  </div>
  <div class="txt_box02 fadeinL">
    <h3>タイトルタイトルタイトル</h3>
    <p>テキストが入ります。テキストが入ります。テキストが入ります。テキストが入ります。テキストが入ります。テキストが入ります。テキストが入ります。テキストが入ります。テキストが入ります。テキストが入ります。テキストが入ります。テキストが入ります。</p>
  </div>
</div>
</body>
</html>
```

右から左へ移動するClass指定

左から右へ移動するClass指定

Point Classでアニメーションを設定

適応させたい要素にあらかじめClassを指定し「@keyframes」で右から左へ、左から右へのフェードインとX軸方向の移動位置を設定します。動きを出したい要素にアニメーションのパターンごとのClassを指定し移動位置や遅延などアニメーションの細かな設定をすることができます。

CSS style.css

```
@charset "UTF-8";

#content1 {
  margin: 6em auto;
}
.txt_box01, .txt_box02 {
  border-radius: 10px;
  color: #fff;
  padding: 3em;
  width: 50%;
}
.txt_box01 {
  background: #03509c;
  margin: 0 auto 3em auto;
}
.txt_box02 {
  background: #d70266;
  margin: 0 auto;
}
h3 {
```

```
  font-size: 1.5em;
  margin-top: 0;
  margin-bottom: 1em;
}
.fadeinR {
  animation: fadeinR 1.5s;
}
@keyframes fadeinR {
  0% {
    opacity: 0;
    transform:
translateX(100px);
  }
  100% {
    opacity: 1;
    transform: translateX(0);
  }
}
.fadeinL {
  animation: fadeinL 1.5s;
}
@keyframes fadeinL {
  0% {
    opacity: 0;
    transform: translateX(-
100px);
  }
  100% {
    opacity: 1;
    transform: translateX(0);
  }
}
```

アニメーション「fadeinR」を1.5秒で完了する設定

「fadeinR」を右（透明）から左（不透明）へ移動する設定

アニメーション「fadeinL」を1.5秒で完了する設定

「fadeinL」を左（透明）から右（不透明）へ移動する設定

Custom

スクロールに合わせてコンテンツが左右から表示

Chapter4 > 04 > sample2

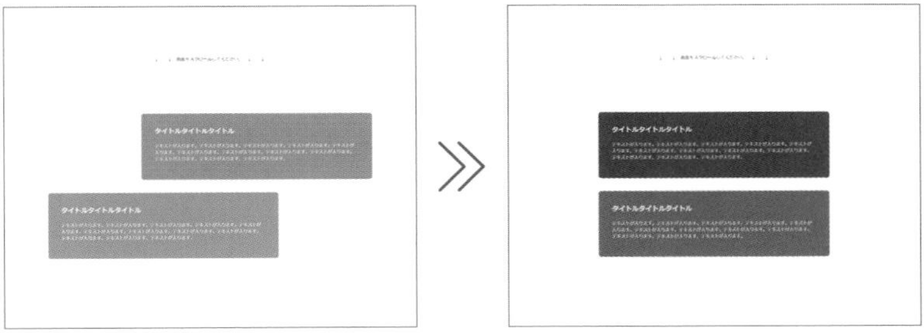

プラグイン

jquery.inview　https://github.com/protonet/jquery.inview

スクロールの動きに合わせてコンテンツが左右から表示されます。不透明度を「opacity」、アニメーション速度を「transition」、左右の横の動きを「transform: translate(X地点, 0);」で設定していきます。スクロールはプラグイン「inview」を使用します。

HTML index.html

```
<!DOCTYPE html>
<html lang="ja">
<head>
<meta charset="UTF-8">
<title>スクロールにて表示設定変更(ステップ2)</title>
<meta name="viewport" content="width=device-width,initial-scale=1">
<link rel="stylesheet" href="style.css">
<script src="js/jquery-3.6.0.min.js"></script>
<script type="text/javascript" src="js/jquery.inview.min.js"></
script>
</head>
<body>
<div id="content1">
  <p class="notice">↓　↓　画面をスクロールしてください。　↓　↓</p>
  <div class="txt_box01 fadein fadeinR">
    <h3>タイトルタイトルタイトル</h3>
    <p>テキストが入ります。テキストが入ります。テキストが入ります。テキストが入ります。テキストが入ります。テキストが入ります。テキストが入ります。テキストが入ります。テキストが入ります。テキストが入ります。テキストが入ります。テキストが入ります。</p>
  </div>
  <div class="txt_box02 fadein fadeinL">
    <h3>タイトルタイトルタイトル</h3>
    <p>テキストが入ります。テキストが入ります。テキストが入ります。テキストが入ります。テキストが入ります。テキストが入ります。テキストが入ります。テキストが入ります。テキストが入ります。テキストが入ります。テキストが入ります。テキストが入ります。</p>
  </div>
</div>
<script>
$(function(){
  $(".fadein").on("inview", function (event, isInView) {
    if (isInView) {
      $(this).stop().addClass("on");
    } else {
      $(this).stop().removeClass("on");
    }
  });
});
</script>
</body>
</html>
```

プラグイン「inview」を読み込む設定

動作させる要素をClass「fadein」に指定

右（透明）から左（不透明）へ1.5秒間に移動する設定

動作させる要素をClass「fadein」に指定

左（透明）から右（不透明）へ1.5秒間に移動する設定

Class「fadein」をフェードインさせる指定

背景／コンテンツ

CSS style.css

```
@charset "UTF-8";

#content1 {
  margin: 60em auto 6em auto;
  overflow: hidden;
  position: relative;
}
.notice {
  position: fixed;
  top: 0;
  left: 0;
  right: 0;
  text-align: center;
}
.txt_box01, .txt_box02 {
  border-radius: 10px;
  color: #fff;
  padding: 3em;
  width: 50%;
}
.txt_box01 {
  background: #03509c;
  margin: 0 auto 3em auto;
}
.txt_box02 {
  background: #d70266;
  margin: 0 auto;
}
h3 {
  font-size: 1.5em;
  margin-top: 0;
  margin-bottom: 1em;
}
.fadeinL {
  opacity: 0;
  transform: translate(-50%,
0);
  transition: 1.5s;
}
.fadeinR {
  opacity: 0;
  transform: translate(50%,
0);
  transition: 1.5s;
}
.fadeinL.on, .fadeinR.on {
  transform: translate(0, 0);
  opacity: 1;
}
```

左から右（不透明）へ1.5秒間に移動する設定

右から左（不透明）へ1.5秒間に移動する設定

フェードインするときに要素が不透明になる設定

05 コンテンツが上下からフェードインで表れる

前半はCSSのみで「animation」プロパティと「@keyframes」アニメーションの開始から終了までの設定を、後半はプラグインを使用し上下左右からコンテンツが表示される設定を紹介します。

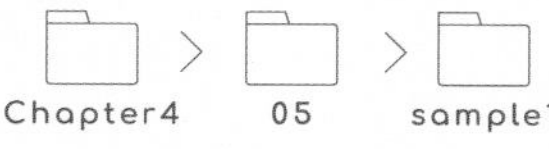

執筆者 伊藤麻奈美

Sample

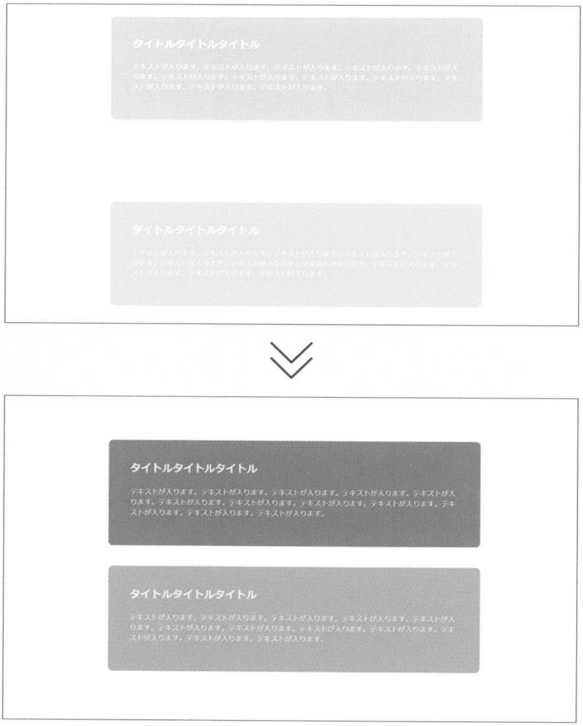

タイトルタイトルタイトル

タイトルタイトルタイトル

タイトルタイトルタイトル

テキストが入ります。テキストが入ります。テキストが入ります。テキストが入ります。テキストが入ります。テキストが入ります。テキストが入ります。テキストが入ります。テキストが入ります。テキストが入ります。テキストが入ります。テキストが入ります。テキストが入ります。

タイトルタイトルタイトル

テキストが入ります。テキストが入ります。テキストが入ります。テキストが入ります。テキストが入ります。テキストが入ります。テキストが入ります。テキストが入ります。テキストが入ります。テキストが入ります。テキストが入ります。テキストが入ります。テキストが入ります。

HTML index.html

```
<!DOCTYPE html>
<html lang="ja">
<head>
<meta charset="UTF-8">
<title>コンテンツが上下から表示(ステップ1)</title>
<meta name="viewport" content="width=device-width,initial-scale=1">
<link rel="stylesheet" href="style.css">
</head>
<body>
<div id="content1">
  <div class="txt_box03 fadeinT">
    <h3>タイトルタイトルタイトル</h3>
    <p>テキストが入ります。テキストが入ります。テキストが入ります。テキストが入ります。テキストが入ります。テキストが入ります。テキストが入ります。テキストが入ります。テキストが入ります。テキストが入ります。テキストが入ります。テキストが入ります。</p>
  </div>
  <div class="txt_box04 fadeinB">
    <h3>タイトルタイトルタイトル</h3>
    <p>テキストが入ります。テキストが入ります。テキストが入ります。テキストが入ります。テキストが入ります。テキストが入ります。テキストが入ります。テキストが入ります。テキストが入ります。テキストが入ります。テキストが入ります。テキストが入ります。</p>
  </div>
</div>
</body>
</html>
```

上から下へ移動するClass指定

下から上へ移動するClass指定

Point Classで縦方向のアニメーションを設定

適応させたい要素に任意で「fadeinT」「fadeinB」とClassを指定しアニメーションの完了時間を定義します。「@keyframes」では要素が上から下へ、下から上へのY軸方向の移動位置と透明度を設定します。動きを出したい要素にはアニメーション完了時間や移動位置をそれぞれ細かく設定することができるので、各要素が様々な動きをさせることが可能です。

CSS style.css

```
@charset "UTF-8";

#content1 {
  margin: 6em auto;
}
.txt_box03, .txt_box04 {
  border-radius: 10px;
  color: #fff;
  padding: 3em;
  width: 50%;
}
.txt_box03 {
  background: #58b043;
  margin: 0 auto 3em auto;
}
.txt_box04 {
  background: #fa9d43;
  margin: 0 auto;
```

```
}
h3 {
  font-size: 1.5em;
  margin-top: 0;
  margin-bottom: 1em;
}
.fadeinT {
  animation: fadeinT 1.5s;
}
```

アニメーション「fadeinT」を1.5秒で完了する設定

```
@keyframes fadeinT {
  0% {
    opacity: 0;
    transform: translateY(-
100px);
  }
  100% {
    opacity: 1;
    transform: translateY(0);
  }
}
```

「fadeinT」を上（透明）から下（不透明）へ移動する設定

```
.fadeinB {
  animation: fadeinB 1.5s;
}
```

アニメーション「fadeinB」を1.5秒で完了する設定

```
@keyframes fadeinB {
  0% {
    opacity: 0;
    transform:
translateY(100px);
  }
  100% {
    opacity: 1;
    transform: translateY(0);
  }
}
```

「fadeinB」を下（透明）から上（不透明）へ移動する設定

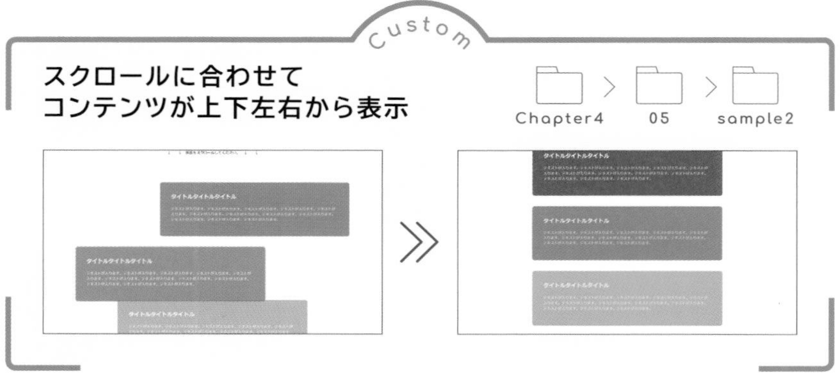

プラグイン

jquery.inview　https://github.com/protonet/jquery.inview

スクロールに合わせて要素が表示されます。透明度「opacity」位置「transform: translate(X地点, Y地点)」アニメーション速度「transition」を調整して上下左右から表示されるアニメーションを設定できます。

HTML index.html

```
<!DOCTYPE html>
<html lang="ja">
<head>
<meta charset="UTF-8">
<title>色々なコンテンツが上下左右から複雑な表示(ステップ2)</title>
<meta name="viewport" content="width=device-width,initial-scale=1">
<link rel="stylesheet" href="style.css">
<script src="js/jquery-3.6.0.min.js"></script>
<script type="text/javascript" src="js/jquery.inview.min.js"></
script>
</head>
<body>
<div id="content1">
  <p class="notice">↓  ↓ 画面をスクロールしてください。 ↓  ↓</p>
  <div class="txt_box01 fadein fadeinR">
    <h3>タイトルタイトルタイトル</h3>
    <p>テキストが入ります。テキストが入ります。テキストが入ります。テキストが入ります。テキストが入ります。テキストが入ります。テキストが入ります。テキストが入ります。テキストが入ります。テキストが入ります。テキストが入ります。テキストが入ります。</p>
  </div>
  <div class="txt_box02 fadein fadeinL">
    <h3>タイトルタイトルタイトル</h3>
    <p>テキストが入ります。テキストが入ります。テキストが入ります。テキストが入ります。テキストが入ります。テキストが入ります。テキストが入ります。テキストが入ります。テキストが入ります。テキストが入ります。テキストが入ります。テキストが入ります。</p>
  </div>
  <div class="txt_box03 fadein fadeinT">
    <h3>タイトルタイトルタイトル</h3>
    <p>テキストが入ります。テキストが入ります。テキストが入ります。テキストが入ります。テキストが入ります。テキストが入ります。テキストが入ります。テキストが入ります。テキストが入ります。テキストが入ります。テキストが入ります。テキストが入ります。</p>
  </div>
  <div class="txt_box04 fadein fadeinB">
    <h3>タイトルタイトルタイトル</h3>
    <p>テキストが入ります。テキストが入ります。テキストが入ります。テキストが入ります。テキストが入ります。テキストが入ります。テキストが入ります。テキストが入ります。テキストが入ります。テキストが入ります。テキストが入ります。テキストが入ります。</p>
  </div>
</div>
<script>
$(function(){
  $(".fadein").on("inview", function (event, isInView) {
    if (isInView) {
      $(this).stop().addClass("on");
    } else {
      $(this).stop().removeClass("on");
    }
  });
```

プラグイン「inview」を読み込む設定

動作させる要素をClass「fadein」に指定

右（透明）から左（不透明）へ1.5秒間に移動する設定

左（透明）から右（不透明）へ1.5秒間に移動する設定

上（透明）から下（不透明）へ1.5秒間に移動する設定

下（透明）から上（不透明）へ1.5秒間に移動する設定

Class「fadein」をフェードインさせる指定

```
});
</script>
</body>
</html>
```

Class「fadein」をフェードインさせる指定

CSS style.css

```
@charset "UTF-8";

#content1 {
  margin: 60em auto 6em auto;
  overflow: hidden;
  position: relative;
}
.notice {
  position: fixed;
  top: 0;
  left: 0;
  right: 0;
  text-align: center;
}
.txt_box01, .txt_box02, .txt_
box03, .txt_box04 {
  border-radius: 10px;
  color: #fff;
  padding: 3em;
  width: 50%;
}
.txt_box01 {
  background: #03509c;
  margin: 0 auto 3em auto;
}
.txt_box02 {
  background: #d70266;
  margin: 0 auto 3em auto;
}
.txt_box03 {
  background: #58b043;
  margin: 0 auto 3em auto;
}
.txt_box04 {
  background: #fa9d43;
  margin: 0 auto;
}
h3 {
  font-size: 1.5em;
  margin-top: 0;
  margin-bottom: 1em;
}
.fadeinL {
  opacity: 0;
  transform: translate(-50%,
0);
  transition: 1.5s;
}
```

右から左（不透明）へ
1.5秒間に移動する設定

```
.fadeinR {
  opacity: 0;
  transform: translate(0,
50%);
  transition: 1.5s;
}
```

左から右（不透明）へ
1.5秒間に移動する設定

```
.fadeinT {
  opacity: 0;
  transform: translate(0,
-50%);
  transition: 1.5s;
}
```

上から下（不透明）へ
1.5秒間に移動する設定

```
.fadeinB {
  opacity: 0;
  transform: translate(0,
50%);
  transition: 1.5s;
}
```

下から上（不透明）へ
1.5秒間に移動する設定

```
.fadeinL.on, .fadeinR.on,
.fadeinT.on, .fadeinB.on {
  transform: translate(0, 0);
  opacity: 1;
}
```

フェードインするときに
要素が不透明になる設定

06 タブの色がクリックでパッと切り替わる

タブのクリック時にClass「active」を付与する設定をjQueryで、Class「active」の表示速度や透明度などはCSSで設定します。雰囲気のある表示にさせることができます。

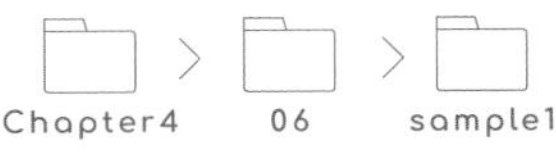

執筆者 伊藤麻奈美

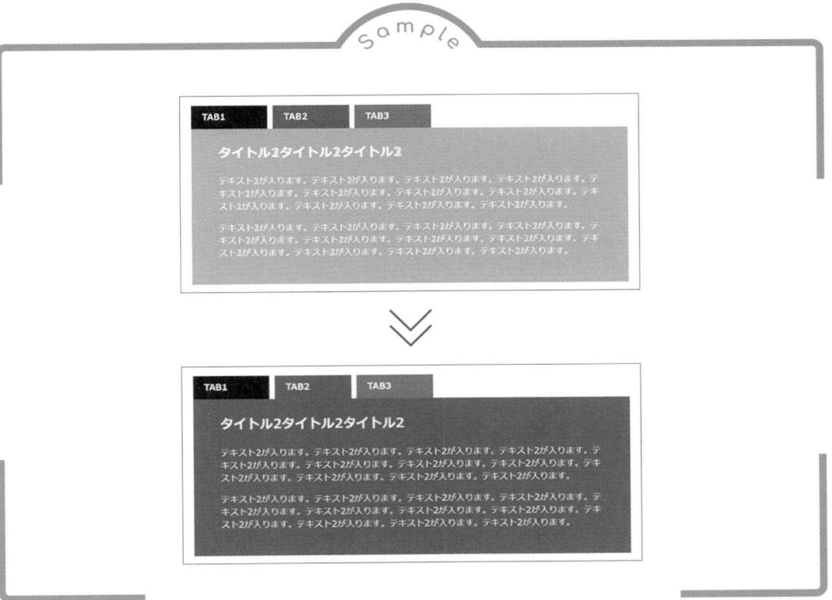

プラグイン

jQuery v3.6.0　https://jquery.com/

HTML　index.html

```
<!DOCTYPE html>
<html lang="ja">
<head>
<meta charset="UTF-8">
<title>タブを切り替えるとふんわりと表示される(ステップ1)</title>
<meta name="viewport" content="width=device-width,initial-scale=1">
```

```
<link rel="stylesheet" href="style.css">
<script src="js/jquery-3.6.0.min.js"></script>
</head>
<body>
<div id="content1">
  <div class="tab_box">
    <div class="btn_box">
      <p id="tab_btn1" class="tab_btn active">TAB1</p>
      <p id="tab_btn2"class="tab_btn">TAB2</p>
      <p id="tab_btn3" class="tab_btn">TAB3</p>
    </div>
    <div class="panel_box">
      <div id="tab_panel1" class="tab_panel active">
        <h3>タイトル1タイトル1タイトル1</h3>
        <p>テキスト1が入ります。テキスト1が入ります。テキスト1が入ります。テキスト1が
入ります。テキスト1が入ります。テキスト1が入ります。テキスト1が入ります。テキスト1が入ります。
テキスト1が入ります。テキスト1が入ります。テキスト1が入ります。テキスト1が入ります。</p>
        <p>テキスト1が入ります。テキスト1が入ります。テキスト1が入ります。テキスト1が
入ります。テキスト1が入ります。テキスト1が入ります。テキスト1が入ります。テキスト1が入ります。
テキスト1が入ります。テキスト1が入ります。テキスト1が入ります。テキスト1が入ります。</p>
      </div>
      <div id="tab_panel2" class="tab_panel">
        <h3>タイトル2タイトル2タイトル2</h3>
        <p>(省略)</p>
      </div>
      <div id="tab_panel3" class="tab_panel">
        <h3>タイトル3タイトル3タイトル3</h3>
        <p>(省略)</p>
      </div>
    </div>
  </div>
</div>
<script type="text/javascript">
  $('.tab_btn').click(function() {
  var active = $('.tab_btn').index(this);
  $('.tab_btn, .tab_panel').removeClass('active');
  $(this).addClass('active');
  $('.tab_panel').eq(active).addClass('active');
});
</script>
</body>
</html>
```

jQueryの読み込み

タブとパネルがオンのときのClass「active」設定

タブをクリックされたときにタブとパネルにClass「active」を付与する動作

Point } パネルが表示されるときのアニメーションを設定

前回同様クリックされたタブが何番目かを「 $('.tab_btn').index(this); 」で取得、同じ順のパネルとタブにClass「 active 」を設定します。またClass「 active 」が付与されるときの透明度「 opacity 」アニメーション速度「 transition 」を設定します。

CSS style.css

```
@charset "UTF-8";

#content1 {
  margin: 6em auto;
}
h3 {
  font-size: 1.5em;
  margin-top: 0;
  margin-bottom: 1em;
}
.tab_box {
  color: #fff;
  margin: auto;
  position: relative;
  width: 800px;
}
.btn_box {
  display: flex;
}
.panel_box {
  position: relative;
}
.tab_btn {
  background: #1a2969;
  cursor: pointer;
  font-weight: bold;
  margin: 0 10px 0 0;
  padding: 10px 20px;
  width: 100px;
}
.tab_panel {
  background: #1a2969;
  color: #fff;
  padding: 30px 50px;
  position: absolute;
  opacity: .2;
}
.tab_btn.active {
  background: #3961da;
  transition: 2s;
}

.tab_panel.active {
  background: #3961da;
  display: block;
  opacity: 1;
  transition: 2s;
  z-index: 1;
}
#tab_btn1, #tab_panel1 {
  background: #1a2969;
}
#tab_btn2, #tab_panel2 {
  background: #3961da;
}
#tab_btn3, #tab_panel3 {
  background: #8b69da;
}
```

透明度「opacity」20%に設定

アニメーション速度「transition」2秒に設定

重なり順を一番上に設定

Custom

コンテンツがスライドして表示される

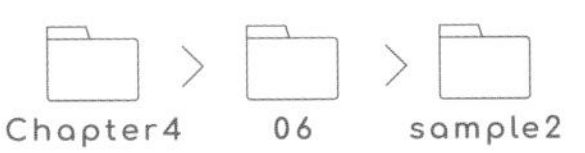

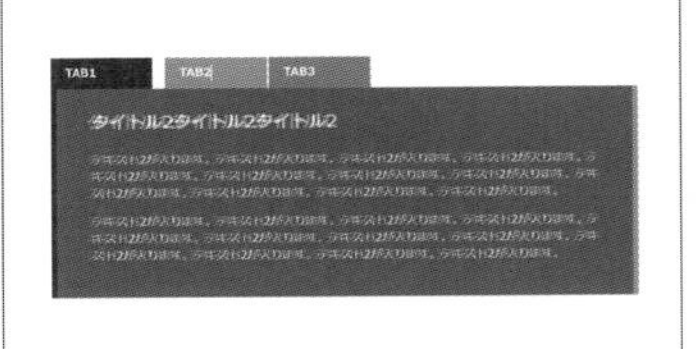

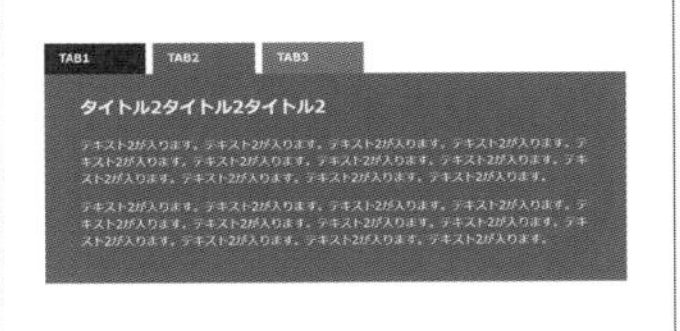

@keyframesでアニメーションの秒数の経過とともに透明度「opacity」とX軸の位置「transform」を変化させるアニメーションを設定します。ここではふんわりとした表示を表現するためにある程度秒数をかけて要素の透明度と位置の変化を調整しています。

CSS style.css

```
@charset "UTF-8";

#content1 {
  margin: 6em auto;
}
h3 {
  font-size: 1.5em;
  margin-top: 0;
  margin-bottom: 1em;
}
.tab_box {
  color: #fff;
  margin: auto;
  position: relative;
  width: 800px;
}
.btn_box {
  display: flex;
}
.panel_box {
  position: relative;
}
.tab_btn {
  background: #1a2969;
  cursor: pointer;
  font-weight: bold;
  margin: 0 10px 0 0;
  padding: 10px 20px;
  width: 100px;
}
.tab_panel {
  background: #1a2969;
  color: #fff;
  padding: 30px 50px;
  position: absolute;
  opacity: 1;
}
.tab_btn.active {
  background: #3961da;
}
.tab_panel.active {
  background: #3961da;
  display: block;
  z-index: 10;
}
#tab_btn1, #tab_panel1 {
  background: #1a2969;
  z-index: 1;
}
#tab_btn2, #tab_panel2 {
  background: #3961da;
}
#tab_btn3, #tab_panel3 {
  background: #8b69da;
}
.active {
  animation: active 2s;
}
```

アニメーション速度を２秒に設定

透明度とX軸位置の移動のアニメーションを設定

```
@keyframes active {
  0% {
    opacity: .6;
    transform:
translateX(10px);
  }
  100% {
    opacity: 1;
    transform: translateX(0);
  }
}
```

背景／コンテンツ

07 ふわふわ動く カラフルなウェーブ

要素を3つ重ね、それぞれ時間差でアニメーションを指定することで、カラフルなウェーブを実現します。アニメーションを表示する範囲の指定が必要なため、メインビジュアルにおすすめです。

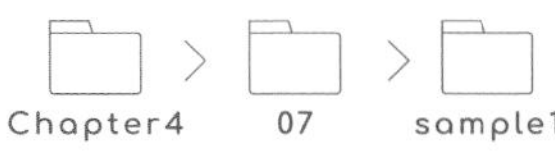

執筆者 五十嵐小由利
（株式会社マジカルリミックス）

Sample

Colorful
Wave

Colorful
Wave

Colorful
Wave

HTML index.html

```
<!DOCTYPE html>
<html lang="ja">
<head>
<meta charset="UTF-8">
<title>カラフルなウェーブ(ステップ1)</title>
<meta name="viewport" content="width=device-width,initial-scale=1">
<link rel="stylesheet" href="style.css">
</head>
<body>
  <div class="box">
      <div class='wave'></div>
      <div class='wave two'></div>
      <div class='wave three'></div>
      <h1 class='title'>Colorful<br>Wave</h1>
  </div>
</body>
</html>
```

CSS style.css

```
@charset "UTF-8";

.box {
  position: relative;
  width: 300px;
  height: 200px;
  margin: 0 auto;
  overflow: hidden;
  border-radius: 10px;
}

.wave {
  position: absolute;
  top: 3%;
  left: 50%;
  width: 400px;
  height: 400px;
  margin: -250px 0 0 -200px;
  background: #9df;
  border-radius: 40%;
  opacity: 0.4;
  animation: drift 3s infinite
linear;
}


.wave.two {
  background: #914;
  opacity: 0.1;
  animation: drift 7s infinite
linear;
}
.wave.three {
  animation: drift 5s infinite
linear;
}
.title {
  position: relative;
  z-index: 1;
  width: 100%;
  color: #fff;
  text-align: center;
  text-shadow: 0 1px 0 rgba(0,
0, 0, 0.1);
  letter-spacing: 0.1em;
}
@keyframes drift {
  0% {
    transform: rotate(0deg);
  }
  100% {
    transform: rotate(360deg);
  }
}
```

範囲指定が必要

@keyframesでtransformを使うためmarginで位置指定

@keyframes適用

円形ではなく角丸長方形にする(50%を指定して円形にしてしまうとウェーブにならない)

それぞれのレイヤーで動きに時間差をつける

一回転する@keyframes

背景/コンテンツ

Point 複数の角丸長方形を時間差で回す

角丸長方形の要素waveを作成し、3つ重ねます。このとき、transformは@keyframesで使用するので、marginで位置指定をしましょう。中心ではなく、少し上側を基準とするのがおすすめです。次に、animationでウェーブを作ります。一回転する@keyframesを作成してwaveに適用し、それぞれ回転に要する時間を変えましょう。円形ではなく角丸長方形としたことと、3つの要素が一回転する時間をずらしたことできれいなウェーブエフェクトとなります。

Custom 穏やかなウェーブに

Chapter4 > 07 > sample2

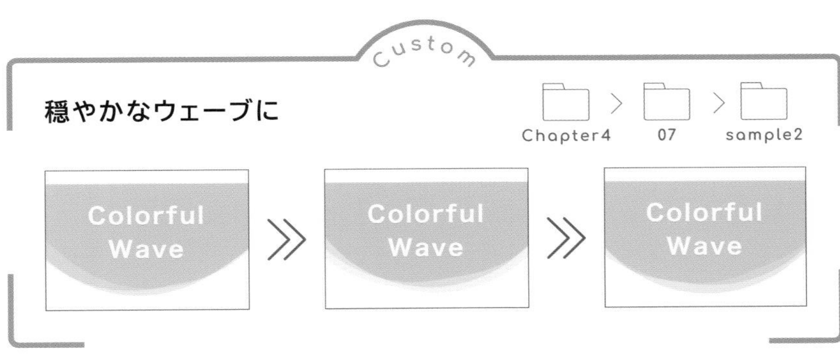

CSS style.css

```
@charset "UTF-8";

.box {
  position: relative;
  width: 300px;
  height: 200px;
  margin: 0 auto;
  overflow: hidden;
  border-radius: 10px;
}
.wave {
  position: absolute;
  top: 3%;
  left: 50%;
  width: 400px;
  height: 400px;
  margin: -250px 0 0 -200px;
  background: #ad1;
  border-radius: 45%;
  opacity: 0.4;
  animation: drift 10s
infinite linear;
}
.wave.two {
  background: #90f;
  opacity: 0.1;
  animation: drift 9s
infinite linear;
}
.wave.three {
  background: #4a1;
  opacity: 0.2;
  animation: drift 7s
infinite linear;
}

.title {
  position: relative;
  z-index: 1;
```

任意の色と透明度に変更可能

より円に近づけることで波が弱くなり、回転に要する時間を長くすることで穏やかなウェーブに

任意の色と透明度に変更可能

より円に近づけることで波が弱くなり、回転に要する時間を長くすることで穏やかなウェーブに

```
  width: 100%;
  color: #fff;
  text-align: center;
  text-shadow: 0 1px 0 rgba(0,
0, 0, 0.1);
  letter-spacing: 0.1em;
}
@keyframes drift {
  0% {
    transform: rotate(0deg);
  }
  100% {
    transform: rotate(360deg);
  }
}
```

waveをより円に近づけることで波が弱くなり、回転に要する時間を長くすることで穏やかなウェーブになります。それぞれのレイヤーごとに任意の背景色や不透明度に変更が可能なので、自由にカスタマイズしてください。

08 ポップアップする モーダルウィンドウ

モーダルとは、元の画面上に別枠で表示されるウィンドウのことです。ファイル容量が軽く、レスポンシブ対応のjQueryプラグイン「Remodal」を使ってモーダルポップアップを実装します。

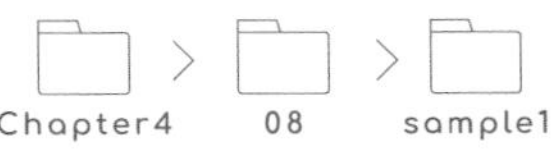

執筆者 五十嵐小由利
（株式会社マジカルリミックス）

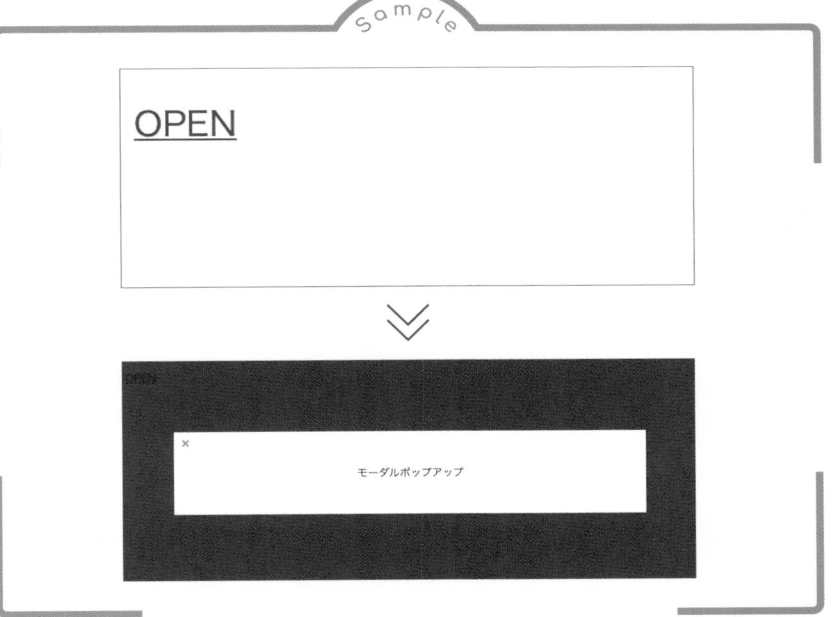

プラグイン

jQuery v2.1.4　https://jquery.com/
Remodal　http://vodkabears.github.io/remodal/

HTML index.html

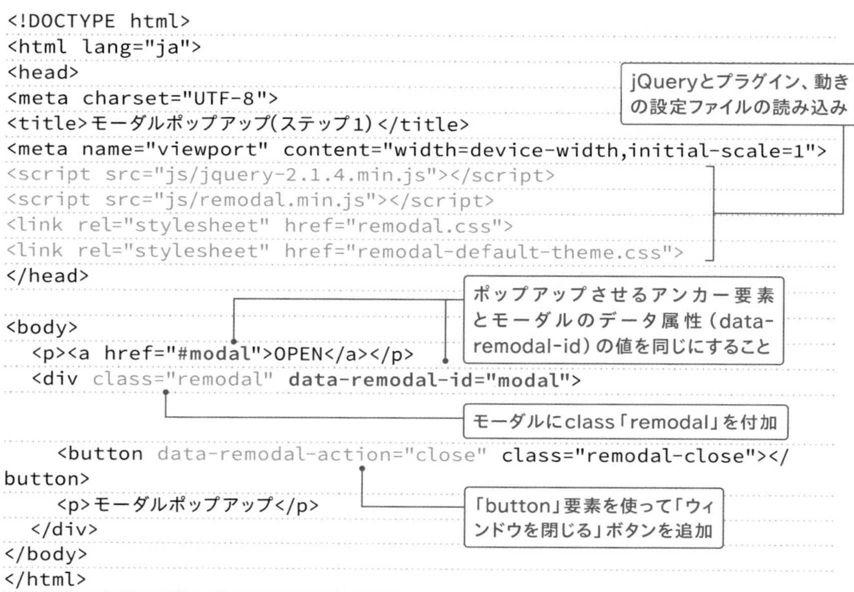

```
<!DOCTYPE html>
<html lang="ja">
<head>
<meta charset="UTF-8">
<title>モーダルポップアップ(ステップ1)</title>
<meta name="viewport" content="width=device-width,initial-scale=1">
<script src="js/jquery-2.1.4.min.js"></script>
<script src="js/remodal.min.js"></script>
<link rel="stylesheet" href="remodal.css">
<link rel="stylesheet" href="remodal-default-theme.css">
</head>

<body>
  <p><a href="#modal">OPEN</a></p>
  <div class="remodal" data-remodal-id="modal">

    <button data-remodal-action="close" class="remodal-close"></
button>
    <p>モーダルポップアップ</p>
  </div>
</body>
</html>
```

jQueryとプラグイン、動きの設定ファイルの読み込み
ポップアップさせるアンカー要素とモーダルのデータ属性(data-remodal-id)の値を同じにすること
モーダルにclass「remodal」を付加
「button」要素を使って「ウィンドウを閉じる」ボタンを追加

Point IDやデータ属性の値に注意する

モーダルをポップアップさせるトリガーとして<a>要素でIDを指定します。このとき、モーダルのデータ属性（ data-remodal-id ）の値と同じ文字列にしましょう。読み込んだCSSの「 remodel.css 」と「 remodel-default-theme.css 」にポップアップ時のオーバーレイやアニメーションの処理が記載されているため、特別何かを追記する必要もなくモーダルポップアップが可能です。モーダルの中身では「 button 」要素を使って「確認」「キャンセル」「閉じる」を追加できます。「閉じる」ボタンの場合はデータ属性「 data-remodal-action 」の値を「 close 」にしましょう。

Custom

ボタンの装飾とYouTubeのモーダル

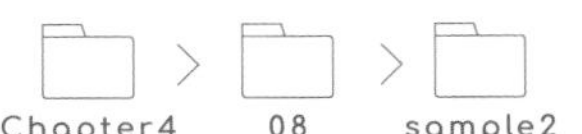

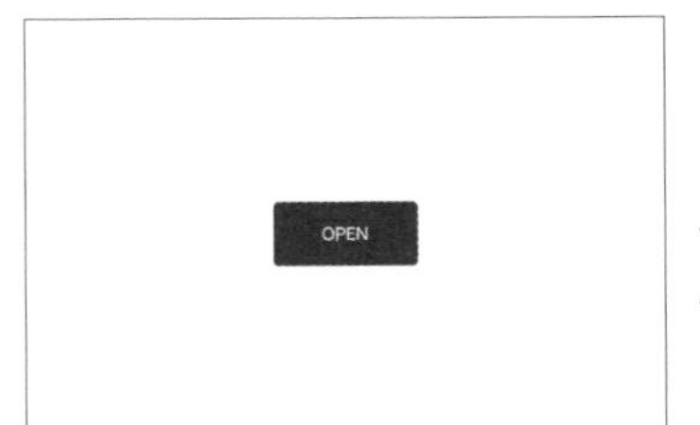

HTML index.html

```
<!DOCTYPE html>
<html lang="ja">
<head>
<meta charset="UTF-8">
<title>モーダルポップアップ(ステップ2)</title>
<meta name="viewport" content="width=device-width,initial-scale=1">
<script src="js/jquery-2.1.4.min.js"></script>
<script src="js/remodal.min.js"></script>
<link rel="stylesheet" href="remodal.css">
<link rel="stylesheet" href="remodal-default-theme.css">
<link rel="stylesheet" href="style.css">
</head>

<body>
  <p><a href="#modal" class="btn">OPEN</a></p>
  <div class="remodal" data-remodal-id="modal">

    <div class="embed-container">
      <iframe width="560" height="315" src="https://www.youtube.com/embed/3M7sBBoopug" title="YouTube video player" frameborder="0" allow="accelerometer; autoplay; clipboard-write; encrypted-media; gyroscope; picture-in-picture" allowfullscreen></iframe>
    </div>

    <button data-remodal-action="cancel" class="remodal-cancel">閉じる</button>
  </div>
</body>
</html>
```

jQueryとプラグイン、動きの設定ファイルの読み込み

ポップアップさせるアンカー要素とモーダルのデータ属性(data-remodal-id)の値を同じにする

モーダルにclass「remodal」を付加

iframeでYouTubeを読み込み

「button」要素を使って「ウィンドウを閉じる」ボタンを追加

CSS style.css

```
@charset "UTF-8";

.btn {
  display: block;
  width: 100px;
  padding: 20px;
  margin: 0 auto;
  color: #fff;
  text-align: center;
  text-decoration: none;
  background: #138;
  border-radius: 5px;
}
.btn:hover {
  opacity: 0.8;
}
.remodal {
  padding: 0;
  background: #000;
}
.remodal-cancel {
  width: 100%;
  color: #fff;
  background: #000;
}
.remodal-cancel:hover {
  background: #222;
}
.embed-container {
  position: relative;
  max-width: 100%;
  height: 0;
  padding-bottom: 56.25%;
  overflow: hidden;
}
.embed-container iframe,
.embed-container object,
.embed-container embed {
  position: absolute;
  top: 0;
  left: 0;
  width: 100%;
  height: 100%;
}
```

YouTubeのレスポンシブ化

そのままでも十分使える「Remodal」ですが、ボタンの装飾をしたい場合やその他の調整をしたい場合は追加でCSSを指定するとよいでしょう。モーダルの中身にYouTubeを入れたい場合はiframe形式で埋め込み、その親要素でレスポンシブ対応を行いましょう。

09 コンテンツの一部を隠す「続きを読む」ボタン

スマホの普及や回線スピードの向上により、1ページでたくさんの情報をスクロール表示させるデザインが増えました。コンテンツが多い場合、一部を隠すことで、ファーストビューのボリュームを抑えられます。

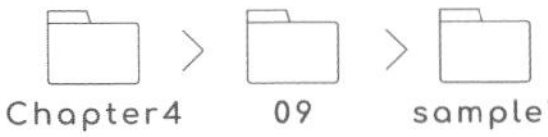

執筆者 桟敷友香子

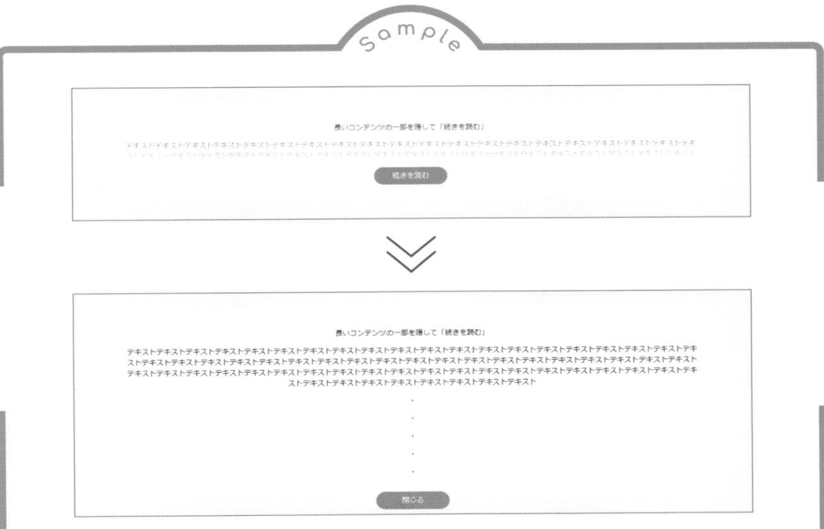

HTML index.html

```
<!DOCTYPE html>
<html lang="ja">
<head>
<meta charset="UTF-8">
<title>長いコンテンツの一部を隠して「続きを読む」</title>
<meta name="viewport" content="width=device-width,initial-scale=1">
<link rel="stylesheet" href="style.css">
</head>
<body>
```

「続きを読む」の全体囲み

チェックボタン。このチェックボタンのオン・オフで展開させる

「続きを読む」ボタン

チェックボタンがオンのときに表示させるテキストエリア

```
<div class="moreWrap">
  <input type="checkbox" id="read" class="moreTrigger">
  <label class="moreBtn" for="read"></label>
  <div class="more">
    <p>長いコンテンツの一部を隠して「続きを読む」</p>
    <p>テキストテキストテキストテキストテキストテキストテキストテキストテキストテキスト
テキストテキストテキストテキストテキストテキストテキストテキストテキストテキストテキ
ストテキストテキストテキストテキストテキストテキストテキストテキストテキストテキスト
テキストテキストテキストテキストテキストテキストテキストテキストテキストテキストテキ
ストテキストテキストテキストテキストテキストテキストテキストテキストテキストテキスト
テキストテキストテキストテキストテキストテキストテキストテキストテキストテキスト</p>
    <p>·</p>
    <p>·</p>
    <p>·</p>
    <p>·</p>
    <p>·</p>
  </div>
</div>

</body>
</html>
```


CSS style.css

```
@charset "UTF-8";
body {
  background: #efefef;
  margin: 0;
   padding: 0;
  text-align: center;
}
.moreWrap {
  position: relative;
  background: #fff;
  width: 85%;
  margin: 2em auto;
  padding: 2em;
}
.moreBtn {
  background: #c56fa6;
  color: #fff;
  width: 10em;
  margin: auto;
  padding: .5em 0;
  z-index: 2;
  position: absolute;
  right: 0;
  bottom: 2em;
  left: 0;
  border-radius: 10em;
  cursor: pointer;
}
.moreBtn::after {
  content: "続きを読む"
}
.moreBtn:hover {
  opacity: .6;
}
.more {
  position: relative;
  overflow: hidden;
  height: 10em;
}
```

「続きを読む」ボタンの基準

「続きを読む」ボタンの装飾

ボタンが前面になるように設定

「transition: .2s ease」を追加すると、簡単なアニメーションも

ボタンの表示名も変更できる

チェックボタンがオフ時のテキストエリアの見栄え

ファーストビューでもう少し見せたい場合、高さを調整

```
.more::before {
  background-image: linear-gradient(rgba(255, 255, 255, 0)0%, rgba(255, 255, 255, 1) 80%);
  width: 100%;
  height: 10em;
  display: block;
  position: absolute;
  bottom: 0;
  left: 0;
  content: "";
}
.moreTrigger {
  display: none;
}
```

- テキストエリアを透明から白になるグラデーションで隠す。なくてもよい
- グラデーションで隠す範囲
- input要素（チェックボックス）自体は非表示に

```
.moreTrigger:checked ~ .moreBtn
{
  bottom: -1.5em;
}
.moreTrigger:checked ~
.moreBtn::after {
  content: "閉じる"
}
.moreTrigger:checked ~ .more {
  height: auto;
}
.moreTrigger:checked ~
.more::before {
  display: none;
}
```

- チェックボックスがオンのときの「続きを読む」ボタンの位置
- ボタンの表示名も変更できる。「続きを読む」のままでよければ、カットしてよい
- テキストエリアの高さ
- テキストエリアを透明から白になるグラデーションをカット。グラデーションを使わない場合はカットしてよい

Point チェックボックスを使って

input要素のチェックボックスを使って、オン・オフ時の見せ方を変えます。CSSのみで実装するので、カラーや大きさなど、簡単にカスタマイズできます。

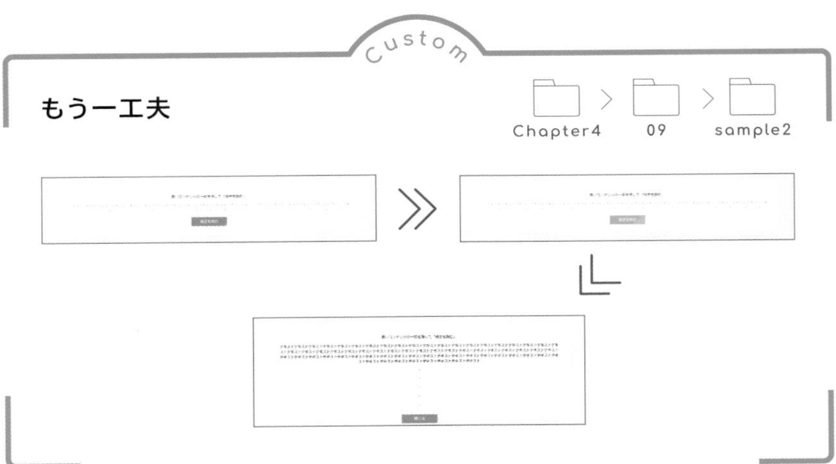

HTML index.html

```
<!DOCTYPE html>
<html lang="ja">
<head>
<meta charset="UTF-8">
<title>長いコンテンツの一部を隠して「続きを読む」</title>
<meta name="viewport" content="width=device-width,initial-scale=1">
<link rel="stylesheet" href="style.css">
</head>
<body>

  <div class="moreWrap">
    <input type="checkbox" id="read" class="moreTrigger">
    <label class="moreBtn" for="read"></label>
    <div class="more">
      <p>長いコンテンツの一部を隠して「続きを読む」</p>
      <p>テキストテキストテキストテキストテキストテキストテキストテキストテキストテキストテキストテキストテキストテキストテキストテキストテキストテキストテキストテキストテキストテキストテキストテキストテキストテキストテキストテキストテキストテキストテキストテキストテキストテキストテキストテキストテキストテキストテキストテキストテキストテキストテキストテキストテキストテキストテキストテキストテキストテキストテキストテキストテキストテキストテキストテキストテキストテキストテキストテキストテキストテキストテキスト</p>
      <p>・</p>
      <p>・</p>
      <p>・</p>
      <p>・</p>
      <p>・</p>
    </div>
  </div>

</body>
</html>
```

「続きを読む」の全体囲み

チェックボタン。このチェックボタンのオン・オフで展開させる

「続きを読む」ボタン

チェックボタンがオンのときに表示させるテキストエリア

CSS style.css

```
@charset "UTF-8";
body {
  background: #efefef;
  margin: 0;
   padding: 0;
  text-align: center;
}

.moreWrap {
  position: relative;
  background: #fff;
  width: 85%;
  margin: 2em auto;
  padding: 2em;
}
.moreBtn {
  background: #c56fa6;
  color: #fff;
  width: 10em;
  margin: auto;
  padding: .5em 0;
  z-index: 2;
```

「続きを読む」ボタンの基準

「続きを読む」ボタンの装飾

```
  position: absolute;
  right: 0;
  bottom: 2em;
  left: 0;
  cursor: pointer;
  overflow: hidden;
  transition: .2s ease;
}

.moreBtn::after {
  content: "続きを読む"
}
.moreBtn:hover {
  opacity: .6;
}
.moreBtn::before {
  position: absolute;
  top: 0;
  right: -135%;
  content: '';
  width: 130%;
  height: 100%;
  background: #c2b000;
  z-index: -1;
  transform: skewX(-45deg);
}
.moreBtn:hover::before {
  animation: skew .5s
forwards;
}

/* アニメーション */
@keyframes skew {
  100% {
    right: -10%;
  }
}
```

設定時にコメントアウトすると調整しやすい

右下にあえて少し見せることで、デザインのポイントになる。設定時、位置の微調整は、aタグの「overflow: hidden;」をコメントアウトすると調整しやすい

アニメーション「skew」の設定。right-135%を、最後-10%で止まるように設定

```
.more {
  position: relative;
  overflow: hidden;
  height: 10em;
}
.more::before {
  background-image: linear-
gradient(rgba(255, 255, 255,
0)0%, rgba(255, 255, 255, 1)
80%);
  width: 100%;
  height: 10em;
  display: block;
  position: absolute;
  bottom: 0;
  left: 0;
  content: "";
}
.moreTrigger {
  display: none;
}
.moreTrigger:checked ~ .moreBtn
{
  bottom: -1.5em;
}
.moreTrigger:checked ~
.moreBtn::after {
  content: "閉じる"
}
.moreTrigger:checked ~ .more {
  height: auto;
}
.moreTrigger:checked ~
.more::before {
  display: none;
}
```

10 要素の中で雪が降る

JavaScript不要のCSSアニメーションのみで、任意のdiv要素の中に雪を降らせます。雪の数・速度も、CSSの複製や値の変更をするだけで、自由にカスタマイズが可能です。

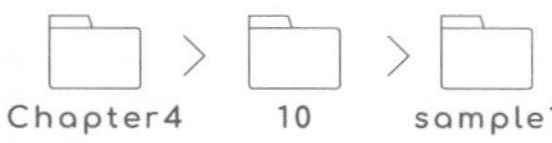

執筆者 錦織幸知（OSALE）

Sample

要素の中で雪が降る

ここに本文やコンテンツがはいります。ここに本文やコンテンツがはいります。ここに本文やコンテンツがはいります。ここに本文やコンテンツがはいります。ここに本文やコンテンツがはいります。
ここに本文やコンテンツがはいります。ここに本文やコンテンツがはいります。

HTML index.html

```
<!doctype html>
<html lang="ja">
<head>
<meta charset="utf-8">
<title>要素の中で雪が降る(ステップ1)</title>
<meta name="viewport" content="width=device-width,initial-scale=1">
<link rel="stylesheet" href="style.css">
</head>

<body>

<div class="snow">
    <div class="snow-body">
```

レスポンシブ対応とCSSのリンク

雪を降らせる要素を指定

```
        <h1>要素の中で雪が降る</h1>
        <p>ここに本文やコンテンツがはいります。ここに本文やコンテンツがはいります。ここに本文やコンテンツがはいります。ここに本文やコンテンツがはいります。ここに本文やコンテンツがはいります。<br>
        ここに本文やコンテンツがはいります。ここに本文やコンテンツがはいります。</p>

        <div class="snow-items">
            <div class="snow-item1"></div>
            <div class="snow-item2"></div>
            <div class="snow-item3"></div>
            <div class="snow-item4"></div>
        </div>

    </div>
</div>

</body>
</html>
```

雪を作成するための要素

CSS style.css

```
@charset "UTF-8";
body {
  margin: 0 auto;
  padding: 20px;
  background-color: #999999;
}

.snow-body {
    position: relative;
    overflow: hidden;
}
.snow-items div {
    position: absolute;
    top: 0;
    background-color: #fff;
    width: 6px;
    height: 6px;
    border-radius: 3px;
    opacity: 0;
}
```

```
.snow-item1 {
    left: 10%;
    animation: Snow 2.4s
linear 0.1s infinite forwards;
}
.snow-item2 {
    left: 20%;
    animation: Snow 1.9s
linear 0.3s infinite forwards;
}
.snow-item3 {
    left: 30%;
    animation: Snow 2.3s
linear 0.6s infinite forwards;
}
.snow-item4 {
    left: 40%;
    animation: Snow 2.8s
linear 0.2s infinite forwards;
}
```

それぞれの雪の出現場所

それぞれの雪が出現するまでの時間

それぞれの雪のアニメーションの速度

```
/* アニメーション */
@keyframes Snow {
     0% {
          transform:
translate(0,0);
          opacity: 0;
     }
     50% {
          transform:
translate(5px,120px);
          opacity: 1;
     }
     100% {
          transform:
translate(0,240px);
          opacity: 0;
     }
}
```

Point CSSを読み込み、要素指定と雪のHTMLを記述

CSSを読み込み、雪を降らすdiv要素にclass「snow-body」と付けます。雪の横の出現位置と、落ちるまでの速度、出現するまでの時間は、CSSでそれぞれの雪ごとに個別に設定しています。各数値を変更し、好みの雪の降らせ方にしてみましょう。

Custom 雪の数を増やして落ちる距離を変更する

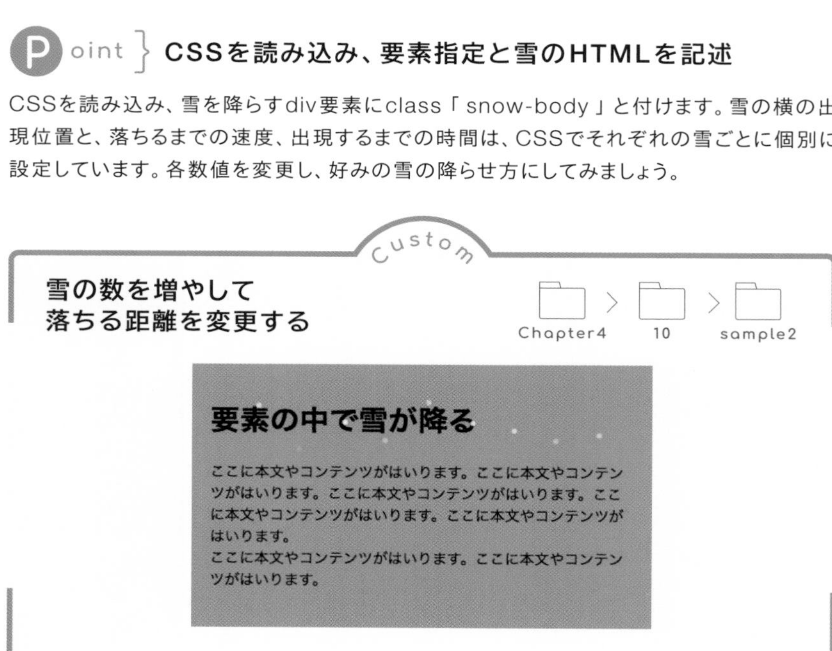

雪の数を4から10に増やしてみましょう。次のように、6行分複製します。それぞれclass名は別の名前になるようにしてください。

CSSでも同様に、追記した雪の分のスタイルを新たに記述します。それぞれ雪の数・速度・出現までの時間を、適当なばらばらの数値に変更しましょう。

また、先ほどは本文部分に落ちてきた雪が被ってしまっていたため、雪の落ちる距離を短くし、本文にはかぶらないように調整してみましょう。

HTML index.html

```
<div class="snow-items">
    <div class="snow-item1"></div>
    <div class="snow-item2"></div>
    <div class="snow-item3"></div>
    <div class="snow-item4"></div>
    <div class="snow-item5"></div>
    <div class="snow-item6"></div>
    <div class="snow-item7"></div>
    <div class="snow-item8"></div>
    <div class="snow-item9"></div>
    <div class="snow-item10"></div>
</div>
```

雪を6個増やして、合計10個にする

CSS style.css

```
.snow-item1 {
    left: 10%;
    animation: Snow 2.4s
linear 0.1s infinite forwards;
}
.snow-item2 {
    left: 20%;
    animation: Snow 1.9s
linear 0.3s infinite forwards;
}
.snow-item3 {
    left: 30%;
    animation: Snow 2.3s
linear 0.6s infinite forwards;
}
.snow-item4 {
    left: 40%;
    animation: Snow 2.8s
linear 0.2s infinite forwards;
}
.snow-item5 {
    left: 50%;
    animation: Snow 2.1s
linear 1.2s infinite forwards;
}
.snow-item6 {
    left: 60%;
    animation: Snow 2.8s
linear 0.9s infinite forwards;
}
.snow-item7 {
    left: 70%;
    animation: Snow 2.2s
linear 1.4s infinite forwards;
}
.snow-item8 {
    left: 80%;
    animation: Snow 2.8s
linear 0.2s infinite forwards;
}
.snow-item9 {
    left: 90%;
    animation: Snow 3.1s
linear 0.9s infinite forwards;
}

/* アニメーション */
@keyframes Snow {
    0% {
        transform:
translate(0,0);
        opacity: 0;
    }
    50% {
        transform:
translate(5px,40px);
        opacity: 1;
    }
    100% {
        transform:
translate(0,80px);
        opacity: 0;
    }
}
```

新しく追加した雪のスタイルを記述

新しく追加した雪のスタイルを記述

雪の落ちる距離を短くするように、数値を変更

11 ゆっくりボケる背景画像

時間経過とともに背景に設定した画像がボケていく見出しを作成します。見出しのほか、サイト全体の背景として設定することも可能です。

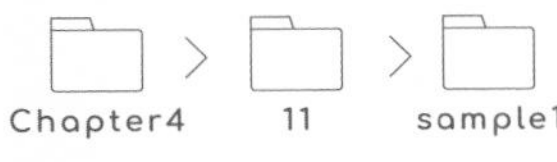

執筆者 錦織幸知（OSALE）

Sample

プラグイン

background-blur.js(IE対応の場合のみ) https://github.com/msurguy/background-blur

HTML index.html

```
<!doctype html>
<html lang="ja">
<head>
<meta charset="utf-8">
<title>ゆっくりボケる背景画像(ステップ1)</title>
<meta name="viewport" content="width=device-width,initial-scale=1">
<link rel="stylesheet" href="style.css">
</head>

<body>

  <div class="bokeh">
    <div class="bokeh-box">見出しテキスト</div>
  </div>

</body>
</html>
```

レスポンシブ対応とCSSのリンク

classをつける

CSS style.css

```
@charset "UTF-8";

body {
  height: 100vh;
}

.bokeh {
  overflow: hidden;
  position: relative;
  z-index: 1;
  border-radius: 10px;
}
.bokeh::after {
  content: "";
  display: block;
  background-image: url("img/
photo001.jpg");
  background-repeat: no-
repeat;
  background-position: center
center;
  background-size: cover;
  position: absolute;
  top: 0;
  right: 0;
  bottom: 0;
  left: 0;
  z-index: -9999;
  animation: bokeh 6.0s
infinite;
}
.bokeh-box {
  padding: 3em 1em;
  font-size: 2.0rem;
  text-align: center;
}

/* アニメーション  */
@keyframes bokeh {
  50% {
    filter: blur(0.5rem);
  }
  100% {
    filter: blur(0);
  }
}
```

背景画像を設定

背景画像がボケる時間を設定

Point CSSを読み込み、classをつける

CSSを読み込み、class「bokeh」「bokeh-box」をそれぞれのdiv要素につけます。CSSでは、背景画像に使用する画像設定と、その背景画像がどのくらいの時間でボケるのかを設定します。ブラウザで確認して、画像がボケる→戻るを繰り返していたら成功です。

見出しではなく、サイト全体の背景画像として設定してみましょう。class「bokeh」をdiv要素から外し、body要素に付け替えます。次のように、スタイルを追加・削除します。お好みに合わせて、背景画像がボケる時間も調整してみてください。

HTML index.html

```
<!doctype html>
<html lang="ja">
<head>
<meta charset="utf-8">
<title>ゆっくりボケる背景画像(ステップ2)</title>
<meta name="viewport" content="width=device-width,initial-scale=1">
<link rel="stylesheet" href="style.css">
</head>

<body class="bokeh">

  <div>
    <div class="bokeh-box">見出しテキスト</div>
  </div>

</body>
</html>
```

body要素にclassをつける

classを外す

CSS style.css

```
@charset "UTF-8";

body {
  height: 100vh;
  margin: 0;
  padding: 0;
}

.bokeh {
  overflow: hidden;
  position: relative;
  z-index: 1;
  /* border-radius: 10px;  */
}
.bokeh::after {
  content: "";
  display: block;
  background-image: url("img/
photo001.jpg");
  background-repeat: no-
repeat;
  background-position: center
center;
  background-size: cover;
  position: absolute;
  top: 0;
  right: 0;
  bottom: 0;
  left: 0;
  z-index: -9999;
  animation: bokeh 10.0s
infinite;
}
.bokeh-box {
  padding: 3em 1em;
  font-size: 2.0rem;
  text-align: center;
}

/* アニメーション  */
@keyframes bokeh {
  50% {
    filter: blur(0.5rem);
  }
  100% {
    filter: blur(0);
  }
}
```

body要素のmarginとpaddingを0にする（既に設定済の場合は不要）

角丸設定を削除する

背景画像がボケる時間を変更

Attention

IE11の場合は「filter: blur();」をサポートしていません。
IE11でぼかしを使用したい場合はぼかした画像を用意するか、「background-blur.js」などのプラグインを使用します。
filter:blur();とはまた違ったぼかし効果が得られます。ただし、「filter:blur();」とは違い常にボケた状態で画像が表示されます。

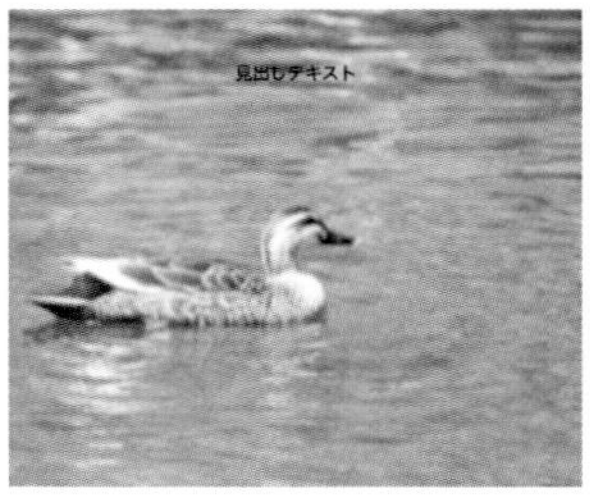

HTML index.html

```
  <!-- IE11 -->
  <div class="bokeh-box_ie"></div>
  <script src="js/jquery-2.1.4.min.js"></script>
  <script src="js/background-blur.min.js"></script>
  <script>
  $(function(){
    $('.bokeh-box_ie').backgroundBlur({
      imageURL: 'img/photo001.jpg',
      blurAmount: 5
    });
  });
  </script>
  <!-- IE11 -->

</body>
```

body閉じタグの直前にスタイルを追加

CSS style.css

```
/* IE11 */
.bokeh-box_ie {
  position: absolute;
  width: 100vw;
  height: 100vh;
  top: 0;
  left: 0;
  z-index: -1;
}
.bokeh-box_ie svg {
  width: 100vw;
  height: 100vh;
}
```

スタイルを追加

Chapter

5

テーブル／フォーム／リスト

01 マウスオーバーで背景色が変わるテーブル

表の項目が多いと閲覧している際に見にくいため、マウスポインターを合わせたときにスポットライトがあたったように表示されるテーブルデザインです。

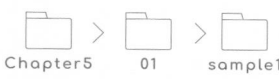

Chapter5 > 01 > sample1

執筆者 矢野みち子
（株式会社KLEE）

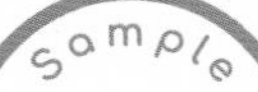

	商品コード	単価	数量	合計金額
マスクA	M-1	80	10	800円
マスクB	M-2	100	10	1000円
マスクC	M-3	120	10	1200円
マスクD	M-4	220	10	2200円

	商品コード	単価	数量	合計金額
マスクA	M-1	80	10	800円
マスクB	M-2	100	10	1000円
マスクC	M-3	120	10	1200円
マスクD	M-4	220	10	2200円

HTML index.html

```
<!DOCTYPE html>
<html lang="ja">
<head>
<meta charset="UTF-8">
<title>マウスオーバーで背景色が変わるテーブル</title>
<meta name="viewport" content="width=device-width,initial-scale=1">
<link rel="stylesheet" href="style.css">
</head>
<body>
  <table>
    <tr>
      <th></th>
      <th>商品コード</th>
      <th>単価</th>
      <th>数量</th>
      <th>合計金額</th>
    </tr>
    <tr>
      <th>マスクA</th>
      <td>M-1</td>
      <td>80</td>
      <td>10</td>
      <td>800円</td>
    </tr>
    <tr>
      <th>マスクB</th>
      <td>M-2</td>
      <td>100</td>
      <td>10</td>
      <td>1000円</td>
    </tr>
    <tr>
      <th>マスクC</th>
      <td>M-3</td>
      <td>120</td>
      <td>10</td>
      <td>1200円</td>
    </tr>
    <tr>
      <th>マスクD</th>
      <td>M-4</td>
      <td>220</td>
      <td>10</td>
      <td>2200円</td>
    </tr>
  </table>
</body>
</html>
```

HTMLでテーブルの記述を行う

Point マウスオーバーの行にスポットライトをあてる

スタイルシートでテーブルのデザインを整えます。カーソルがあたった横の行が分かるように、tr:hover tdのセレクタを使用してスタイルに記述します。

CSS style.css

```
@charset "UTF-8";
body{
  margin-top: 5em;
  text-align: center;
}
table{
  margin: auto;
  color: #666;
  border-spacing: 0;
  border-collapse:  collapse;
  border: solid 1px #666;
}
th,td{
  padding: 1em;
  border: solid 1px #666;
}
th{
  color: #fff;
  background-color: #a5c196;
}
tr:hover td{
  cursor: pointer;
  background-color: #ffe79f;
}
```


Custom

さらに絞り込んだスポットをあてる

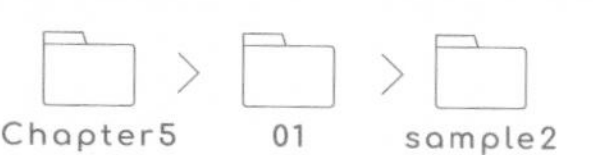

	商品コード	単価	数量	合計金額
マスクA	M-1	80	10	800円
マスクB	M-2	100	10	1000円
マスクC	M-3	120	10	1200円
マスクD	M-4	220	10	2200円

さらにカーソルを合わせたセルにスポットをあてるため、table td:hoverのセレクタに背景色を記述します。

CSS style.css

```
table td:hover {
  background-color: #feffb3;/*重なった色の指定*/
}
```

02 ソート機能がついたテーブル

表にソートをつけて閲覧しやすくします。プラグインを使用するので簡単に実装できます。

執筆者 矢野みち子（株式会社KLEE）

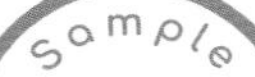

Id	Name	Price
001	American coffee	480
002	Blended coffee	550
003	Cafe au lait	580
004	Cocoa	600

Id	Name	Price
001	American coffee	480
002	Blended coffee	550
003	Cafe au lait	580
004	Cocoa	600

プラグイン

jQuery v3.6.0 https://jquery.com/
tablesorter https://github.com/Mottie/tablesorter

プラグインをダウンロードして準備をします。サンプルで使用するファイルは「jquery.tablesorter.min.js」のみとします。
HTMLの基本設定を行います。jQuery本体とjquery.tablesorter.min.jsを読み込ませます。テーブルにクラス名をつけそのテーブルに反映させるためスクリプトを記述します。

HTML index.html

```
<!DOCTYPE html>
<html lang="ja">
<head>
<meta charset="UTF-8">
<title>ソートつきのテーブル</title>
<meta name="viewport" content="width=device-width,initial-scale=1">
<link rel="stylesheet" href="style.css">
</head>
<body>
  <table class="sorter">
    <thead>
      <tr>
        <th>Id</th>
        <th>Name</th>
        <th>Price</th>
      </tr>
    </thead>
    <tbody>
       <tr>
         <td>001</td>
         <td>American coffee</td>
         <td>480</td>
      </tr>
      <tr>
        <td>002</td>
        <td>Blended coffee</td>
        <td>550</td>
       </tr>
      <tr>
        <td>003</td>
        <td>Cafe au lait</td>
        <td>580</td>
       </tr>
      <tr>
        <td>004</td>
        <td>Cocoa</td>
        <td>600</td>
       </tr>
    </tbody>
     </table>
```

tableにつけた名前を使用する

テーブル/フォーム/リスト

```
<script src="js/jquery-3.6.0.min.js"></script>
<script src="js/jquery.tablesorter.min.js"></script>
<script>
  $(function() {
  $('.sorter').tablesorter();
  });
</script>
</body>
</html>
```

tableにつけた名前を使用する

Point テーブルのカスタマイズ

テーブル自体のデザインをスタイルシートで行います。プラグインの中に入っている矢印の画像を使用して、何もしないときのアイコン、ソート上矢印と下矢印を指定します。
またソートしている列が分かるように背景画像を変更したり、下に明るめのラインを入れます。

CSS style.css

```
@charset "UTF-8";
body{
  margin-top: 5em;
  text-align: center;
  background: #fff8db;
  }
/*テーブルのスタイル*/
.sorter{
  padding: 0;
  margin: auto;
  color: #666;
  border: solid 1px #666;
  border-spacing: 0;
  border-collapse:  collapse;
}
.sorter th,
.sorter td{
  padding: 1em 2em;
  border: solid 1px #666;
}
.sorter th{
  color: #fff;
  background-color: #bda894;
}
.sorter td{
  background: #fff;
}
.sorte th,.sorte td{
  background: #fff;
}
.header,
.tablesorter-header {
  cursor: pointer;
  background: #bda894 url(img/black-unsorted.gif) 95% center no-repeat;
}
.sorter thead .headerSortUp,
.sorter  thead .tablesorter-headerAsc,
.sorte  thead .tablesorter-headerSortUp {
  background: #e0c676 url(img/black-asc.gif) 95% center no-repeat;
  border-bottom: #ffdd1e 2px solid;
}
.sorter thead .headerSortDown,
.sorter  thead .tablesorter-headerDesc,
.sorter  thead .tablesorter-headerSortDown {
  background: #e0c676 url(img/black-desc.gif) 95% center no-repeat;
  border-bottom: #ffdd1e 2px solid;
}
```

プラグインのオプションを使用する

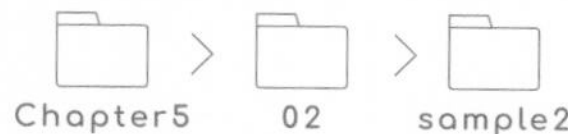

Id	Name	Price
001	American coffee	480
002	Blended coffee	550
003	Cafe au lait	580
004	Cocoa	600

ソートをせず固定の並びでのみ見せたい場合、そのソートを指定するとその箇所を指定してsorter: falseでソートしないようにします。
このとき気を付けたいのは、1番目の列は0になることです。サンプルでは2番目の列のNameをソート除外にしたいため「1」を指定します。

JavaScript extention.js

```
<script>
  $(function() {
    $('.sorter').tablesorter({
    headers: {
      1: { sorter: false },
    }
    });
  });
 </script>
```

03 テーブル表の見出し行を固定表示

見出しの固定にはposition:stickyを使います。残念ながらIEには対応していません。IEでは見出し行が固定表示されませんが、表組みのレイアウトが崩れることはないため、可読性は担保されます。

Chapter5 > 03 > sample1

執筆者 五十嵐小由利
（株式会社マジカルリミックス）

見出し	見出し	見出し
テキスト	テキスト	テキスト
テキスト	テキスト	テキスト

見出し	見出し	見出し
テキスト	テキスト	テキスト
テキスト	テキスト	テキスト

HTML index.html

```
<!DOCTYPE html>
<html lang="ja">
<head>
<meta charset="UTF-8">
<title>テーブル表の見出し行を固定してスクロール(IE非対応)</title>
<meta name="viewport" content="width=device-width,initial-scale=1">
<link rel="stylesheet" href="style.css">
</head>
<body>
  <table>
    <thead class="sticky">
      <tr>
        <th>見出し</th>
        <th>見出し</th>
        <th>見出し</th>
      </tr>
    </thead>
    <tbody>
      <tr>
        <td>テキスト</td>
        <td>テキスト</td>
        <td>テキスト</td>
      </tr>
      <tr>
        <td>テキスト</td>
        <td>テキスト</td>
        <td>テキスト</td>
      </tr>
      <tr>
        <td>テキスト</td>
        <td>テキスト</td>
        <td>テキスト</td>
      </tr>
      <tr>
        <td>テキスト</td>
        <td>テキスト</td>
        <td>テキスト</td>
      </tr>
      <tr>
        <td>テキスト</td>
        <td>テキスト</td>
        <td>テキスト</td>
      </tr>
    </tbody>
  </table>
</body>
</html>
```

見出しにclass指定

CSS style.css

```
@charset "UTF-8";
table {
  width: 100%;
  border-spacing: 0;
  border-collapse: collapse;
}
th, td {
  padding: 20px;
  text-align: center;
  vertical-align: middle;
  border: 1px solid #ccc;
}
th {
  color: #fff;
  background: #333;
}
td {
  height: 150px;
}
.sticky th {
  position: sticky;
  top: 0;
}
.sticky th::before {
  position: absolute;
  top: -1px;
  left: -1px;
  width: 100%;
  height: 100%;
  content: "";
  border: 1px solid #ccc;
}
```

sticky指定と固定したい位置の指定

Point 「sticky」指定と位置の指定

position:stickyは指定した要素をスクロールに応じて指定された場所で固定表示にすることができます。画面上部で固定したいので「top: 0;」で場所を指定します。そのままでは枠線がスクロールされてしまうため、スクロールされている要素が後ろから見えてしまいます。そのため、擬似要素beforeで固定している要素に枠線を設定しましょう。
また、古いバージョンのSafariの場合stickyを指定した要素がインライン要素の場合、うまく効かないようです。その場合は要素をブロック要素にするかposition:stickyにprefix「-webkit-」をつけましょう。

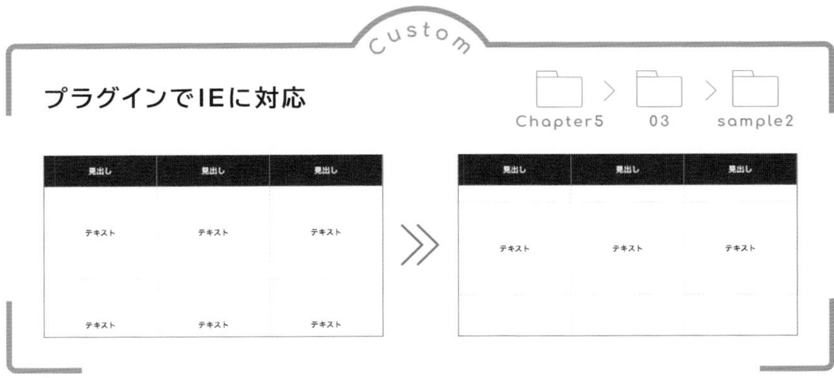

プラグイン
tbodyScroll jQuery plugin https://github.com/powerman/jquery-tbodyscroll

HTML index.html

```
<!DOCTYPE html>
<html lang="ja">
<head>
<meta charset="UTF-8">
<title>テーブル表の見出し行を固定してスクロール(IE対応)</title>
<meta name="viewport" content="width=device-width,initial-scale=1">
<script src="js/jquery-2.1.4.min.js"></script>
<script src="js/jquery.tbodyscroll.js"></script>
<script src="js/extention.js"></script>
<link rel="stylesheet" href="style.css">
</head>
<body>
  <table>
    (省略)
  </table>
</body>
</html>
```

jQueryとプラグイン、動きの設定ファイルの読み込み

CSS style.css

```
@charset "UTF-8";

table {
  border-spacing: 0;
  border-collapse: collapse;
}
th, td {
  width: 400px;
  padding: 20px;
  text-align: center;
  vertical-align: middle;
  border: 1px solid #ccc;
}
th {
  color: #fff;
  background: #333;
}
td {
  height: 150px;
}
```

必ず横幅を指定する

JavaScript extention.js

```
$(function() {

  $('table').tbodyScroll({
    thead_height: '60px', /* theadの高さを指定 */
    tbody_height: '300px' /* tbodyの高さを指定 */
  });
});
```

固定したい見出しを持つテーブル表の要素名、もしくは要素のID、classを指定

jQueryプラグイン「tbodyScroll jQuery plugin」を使ってIEに対応します。ただし、theadとtbodyに高さを指定する必要があります。また、このプラグインを使う際は、thとtdに横幅を指定しないとレイアウトが崩れてしまいますのでご注意ください。どうしてもIEで見出し行を固定したい場合はこちらをうまくご活用ください。

04 アニメーションを使ったチェックボックス

デフォルトだと味気のないデザインのチェックボックス。見た目をおしゃれにしてアニメーションもつけ、一味違ったフォームなどを作ります。

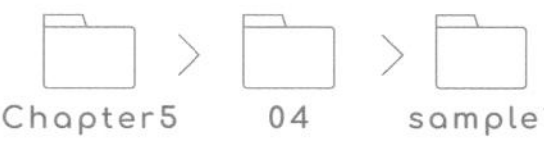

執筆者 矢野みち子
（株式会社KLEE）

Sample

当てはまる項目全てにチェックしてください

- Checkbox design01
- Checkbox design02
- Checkbox design03

当てはまる項目全てにチェックしてください

- Checkbox design01
- Checkbox design02
- Checkbox design03

HTML index.html

```
<p class="txt">当てはまる項目全てにチェックしてください</p>
<form action="#">
  <p>
  <input type="checkbox" id="checkbox01">
  <label for="checkbox01">Checkbox design01</label>
  </p>
  <p>
  <input type="checkbox" id="checkbox02">
  <label for="checkbox02">Checkbox design02</label>
  </p>
  <p>
  <input type="checkbox" id="checkbox03">
```

```
    <label for="checkbox03">Checkbox design03</label>
    </p>
  </form>
</body>
</html>
```

HTMLの基本設定を行います。inputタグにid、labelを記述します。labelを使用して擬似要素にスタイルを設定するため必ず記述してください。
チェックボックスのデザインは文字記号で表示します（サンプルでは●）。各ブラウザごとデフォルトフォントが違うため、共通の表示にするためにサンプルではGooglefontを使用します。
サンプルでは日本語フォントを使用しました。
https://fonts.google.com/noto/specimen/Noto+Sans+JP

HTML index.html

```
<!DOCTYPE html>
<html lang="ja">
<head>
<meta charset="UTF-8">
<title>チェックボックスの簡単なアニメーションデザイン</title>
<meta name="viewport" content="width=device-width,initial-scale=1">
<link rel="stylesheet" href="style.css">
<link rel="preconnect" href="https://fonts.googleapis.com">
<link rel="preconnect" href="https://fonts.gstatic.com" crossorigin>
<link href="https://fonts.googleapis.com/css2?family=Noto+Sans+JP:wght@700&display=swap" rel="stylesheet">
</head>
<body>
```

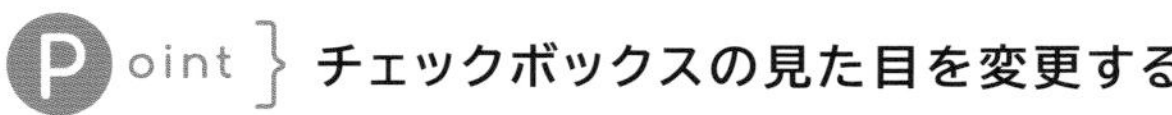

Point チェックボックスの見た目を変更する

スタイルシートでチェックボックスのデザインを作ります。

CSS style.css

```
@charset "UTF-8";
body{
  margin-top: 5em;
  text-align: center;
}
form{
  width: 50%;
  margin: auto;
  text-align: left;
}
/*ここからチェックボックスのスタイル*/
.txt{
  display: inline-block;
  width: 50%;
  padding: 1em 2em;
  color: #fff;
  background-color: #034d5f;
}
input[type="checkbox"]{
  position: absolute;
  left: 0;
  opacity: 0;
  font-weight: bold;
}
input[type="checkbox"]:not(:c
hecked) + label,
input[type="checkbox"]:checked
+ label {
  position: relative;
  padding-left: 2em;
  font-size: 1em;
  line-height: 1;
  cursor: pointer;
}
input[type="checkbox"]:not(:c
hecked) + label:before,
input[type="checkbox"]:checked
+ label:before {
  position: absolute;
  top: 0;
  left: 0;
  width: 20px;
  height: 20px;
  content: '';
  background: #eff0c5;
  border: 2px solid #0e7b9c;
  border-radius: 5px;
  transition: all 0.4s;
}
input[type="checkbox"]:not(:c
hecked) + label:after,
input[type="checkbox"]:checked
+ label:after {
    position: absolute;
    top: 6px;
    left: 6px;
    content: '●';
    font-weight: bold;
    font-family: 'Noto Sans
JP', sans-serif;/*Googlefontを指
定*/
    font-size: 12px;
    color: #177380;
    line-height: 1;
    transition: all 0.4s;
}
input[type="checkbox"]:not(:c
hecked) + label:after {
  opacity: 0;
}
```

大枠のデザイン

チェックした際のデザイン

チェック用の文字記号を設定

ふんわりアニメーションさせる

フォーカスの設定と チェック画像を変更する

当てはまる項目全てにチェックしてください

☆ Checkbox design01
☆ Checkbox design02
Checkbox design03

チェック項目が沢山並ぶ場合、どこを今チェックしたのかがわかるようにフォーカスした際にふんわりと光るようにします。●の部分を☆に変更します。こちらの箇所はお好きなように記述できますので色々試してみてください。

CSS style.css

```
input[type="checkbox"]:not(:c
hecked) + label:after,
input[type="checkbox"]:checked
+ label:after {
    position: absolute;
    top: 6px;
    left: 6px;
    content: '☆';
    font-weight: bold;
    font-family: 'Noto Sans
JP', sans-serif;/*Googlefontを指
定*/
    font-size: 12px;
    color: #177380;
    line-height: 1;
    transition: all 0.4s;
}
input[type="checkbox"]:not(:c
hecked) + label:after {
  opacity: 0;
}
/*フォーカスの指定*/
input[type="checkbox"]:checke
d:focus + label:before,
input[type="checkbox"]:not(:c
hecked):focus + label:before {
  box-shadow: 0 0 0 6px
rgba(66, 150, 153, 0.5);
}
```

05 トグル型のチェックボックス

スイッチのようなトグル型のチェックボックス。簡単なYes、Noなどの質問などにオススメのデザインです。

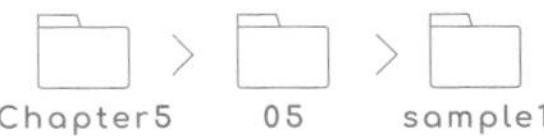

執筆者 矢野みち子
（株式会社KLEE）

Sample

チェックしてください

チェックしてください

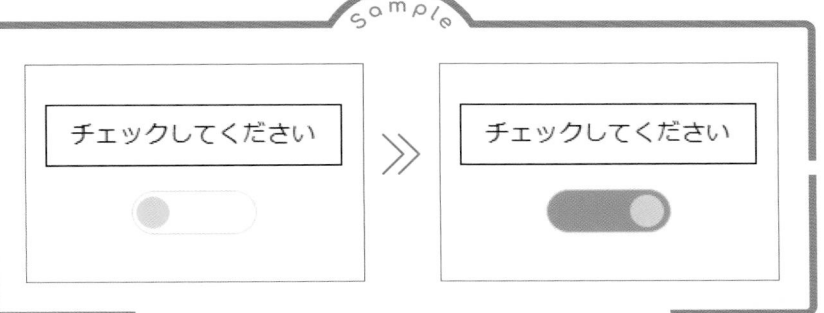

HTML index.html

```
<!DOCTYPE html>
<html lang="ja">
<head>
<meta charset="UTF-8">
<title>トグル型のチェックボックス</title>
<meta name="viewport" content="width=device-width,initial-scale=1">
<link rel="stylesheet" href="style.css">
</head>
<body>
  <p class="txt">チェックしてください</p>
  <form action="#">
    <div>
      <input type="checkbox" id="checkbox01">
      <label class="check" for="checkbox01">
        <div><span>Toggle</span></div>
      </label>
    </div>
  </form>
</body>
</html>
```

HTMLの基本設定を行います。inputタグにid、labelを記述します。labelの子要素も使用するため<div><span>Toggle</span></div>も記述します。

Point チェックボックスの見た目をスイッチのようなデザインに

スタイルシートでチェックボックスのデザインを作ります。

CSS style.css

```
@charset "UTF-8";
body{
  margin-top: 5em;
  text-align: center;
}
.txt{
  display: inline-block;
  padding: 0.5em 1em;
  border: 1px solid #000;
}
/*ここからチェックボックスのスタイル*/
input[type="checkbox"] {
  display: none;
}
input[type="checkbox"] +
label.check {
  position: relative;
  display: inline-block;
  width: 80px;
  height: 28px;
  color: #b4dce9;
  cursor: pointer;
  background-color: #ffffff;
  border: 1px solid #b4dce9;
  border-radius: 100px;
}
input[type="checkbox"]:checked
+ label.check {
  background-color: #4db4e4;
  border: 1px solid #b4dce9;
}
input[type="checkbox"] +
label.check:before {
  position: absolute;
  top: 3px;
  right: 6px;
  left: auto;
}
input[type="checkbox"]:checked
+ label.check:before {
  position: absolute;
  right: auto;
  left: 6px;
  color: #ffffff;
}
input[type="checkbox"] +
label.check div {
  position: absolute;
  top: 3px;
  right: auto;
  left: 2px;
  width: 22px;
  height: 22px;
  background-color: #b4dce9;
  border-radius: 22px;
}
input[type="checkbox"]:checked
+ label.check div {
  right: 0;
  left: 54px;
}
label span{
  opacity: 0;
}
```

大枠のデザイン

チェックした際の背景のデザイン

●のスタイル

チェック後の●のスタイル

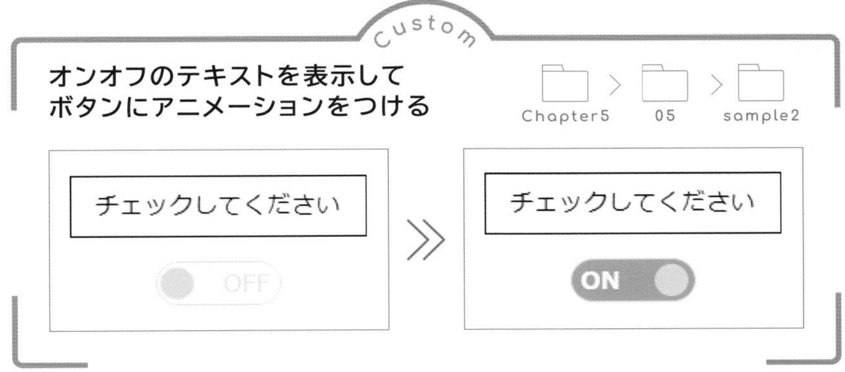

CSS style.css

```
input[type="checkbox"] + label.check:before {
  position: absolute;
  top: 3px;
  right: 6px;
  left: auto;
  content: "OFF";/*スイッチオフの際に表示*/
}
input[type="checkbox"]:checked + label.check:before {
  position: absolute;
  right: auto;
  left: 6px;
  content: "ON";/*スイッチオンの際に表示*/
  font-weight: bold;
  color: #ffffff;
}
input[type="checkbox"] + label.check div {
  position: absolute;
  top: 3px;
  right: auto;
  left: 2px;
  width: 22px;
  height: 22px;
  background-color: #b4dce9;
  border-radius: 22px;
  transition: 0.3s;/*ゆっくり移動する動き*/
}
```

contentで表示させたい文字を記入

●がゆっくり動く

06 画像が切り替わるチェックボックス

チェック項目を大きめにボタンのように見せるチェックボックスデザインです。さらにアニメーションでより目立つようにします。

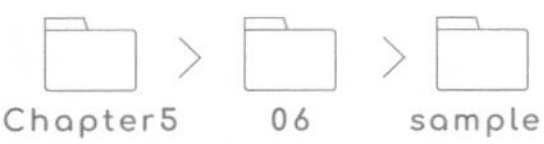

執筆者 矢野みち子
（株式会社KLEE）

Sample

まずはチェックする前と後の2つの画像を準備します。HTMLの基本設定を行い、labelも記述します。

HTML index.html

```
<!DOCTYPE html>
<html lang="ja">
<head>
<meta charset="UTF-8">
<title>画像を使用したチェックボックス</title>
<meta name="viewport" content="width=device-width,initial-scale=1">
<link rel="stylesheet" href="style.css">
</head>
<body>
  <p class="txt">注意事項をお読みください。<br>
    <span>お読みいただきましたら下記ボタンをクリックして送信してください。</span>
  </p>
  <form action="#">
    <input type="checkbox" id="checkbox01">
    <label class="check" for="checkbox01"></label>
  </form>
</body>
</html>
```

Point チェック項目に画像を使う

スタイルシートでチェックボックスのデザインを作ります。
input[type="checkbox"] + label:afterにチェックアウトの画像input[type="checkbox"]:checked + label:afterにチェックしたときに表示される画像を背景に設定します。それぞれマウスオーバーの際に背景が変わるように設定します。

CSS style.css

```
@charset "UTF-8";
body{
  margin-top: 5em;
  text-align: center;
  background: #c0b697;
}
.txt{
  display: inline-block;
  padding: 0.5em 1em;
  font-size: 1.2em;
  color: #fff;
  border: 1px solid #fff;
}
.txt span{
  font-size: 0.8em;
}
/*ここからチェックボックスのスタイル*/
input[type="checkbox"] {
  display: none;
}
input[type="checkbox"] + label
{
  display: flex;
  width: 150px;
  height: 150px;
  z-index: 1;
```

Chapter 5

```
  align-items: center;
  justify-content: center;
  margin: auto;
  cursor: pointer;
  background: #89b8c7;
  border: .1rem solid #89b8c7;
  border-radius: 50%;
}
input[type="checkbox"] +
label:hover{
  background: #a7bed1;
}
input[type="checkbox"] +
label:after {
  display: inline-block;
  width: 80px;
  height: 80px;
  content: "";
  background: url("img/ico01.
svg") no-repeat;
}
input[type="checkbox"]:checked
+ label {
  background: #0074D9;
}
input[type="checkbox"]:checked
+ label:hover {
  background: #a7bed1;
}
input[type="checkbox"]:checked
+ label:after {
  background: url("img/ico02.
svg") no-repeat;
}
```

アイコンを指定

アイコンを指定

Custom

マウスオーバーアニメーションをつける

Chapter5 > 06 > sample2

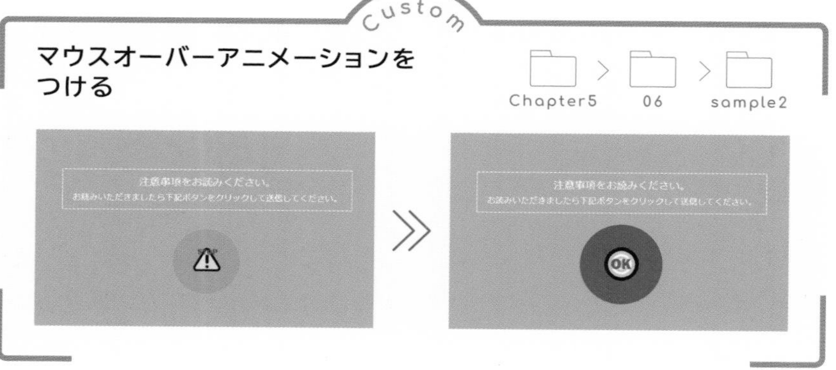

マウスオーバーした際に縮小して離すと大きく表示されるようtransformプロパティにそれぞれscale(0.8)とscale(1)を記述します。
また少しふわふわとしたアニメーションをつけるためtransitionにtransform 1sの値を入れて変化にかかる時間をゆっくりに設定します。

CSS style.css

```
@charset "UTF-8";
body{
  margin-top: 5em;
  text-align: center;
  background: #c0b697;
}
.txt{
  display: inline-block;
  padding: 0.5em 1em;
  font-size: 1.2em;
  color: #fff;
  border: 1px solid #fff;
}
.txt span{
  font-size: 0.8em;
}
/*ここからチェックボックスのスタイル*/
input[type="checkbox"] {
  display: none;
}
input[type="checkbox"] + label
{
  display: flex;
  width: 150px;
  height: 150px;
  z-index: 1;
  align-items: center;
  justify-content: center;
  margin: auto;
  cursor: pointer;
  background: #89b8c7;
  border: .1rem solid #89b8c7;
  border-radius: 50%;
  transform: scale(1);/*等倍に戻す*/
  transition: transform 1s;/*アニメーションの時間*/
}
input[type="checkbox"] +
label:hover{
  transform: scale(0.8);/*縮小*/
  transition: transform 1s;
}
input[type="checkbox"] +
label:after {
  display: inline-block;
  width: 80px;
  height: 80px;
  content: "";
  background: url("img/ico01.svg") no-repeat;
  transform: scale(0.8);/*縮小*/
  transition: transform 1s;/*アニメーションの時間*/
}
input[type="checkbox"]:checked
+ label {
  transform: scale(1);/*等倍に戻す*/
  transition: transform 1s;/*アニメーションの時間*/
}
input[type="checkbox"]:checked
+ label:hover {
  transform: scale(0.8);/*縮小*/
  transition: transform 1s;/*アニメーションの時間*/
}
input[type="checkbox"]:checked
+ label:after {
  background: url("img/ico02.svg") no-repeat;
}
```

07 フォーカスアニメーションのついたフォーム

お問い合わせフォームなどのテキストエリアを選択した際にフォーカスのアニメーションをつけます。

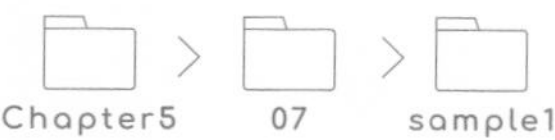

執筆者 矢野みち子
（株式会社KLEE）

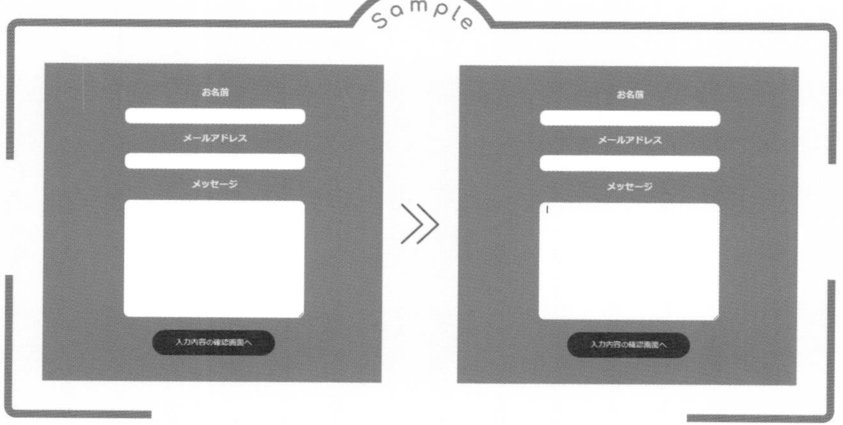

HTMLの基本設定を行います。テキストボックスやテキストエリアを記述します。また送信ボタンも設置します。pタグで囲いクラス名btnをつけて他のinputタグと別のスタイルが指定できるよう準備しておきます。

HTML index.html

```
<!DOCTYPE html>
<html lang="ja">
<head>
<meta charset="UTF-8">
<title>画像を使用したチェックボックス
</title>
<meta name="viewport"
content="width=device-
width,initial-scale=1">
<link rel="stylesheet"
href="style.css">
</head>
<body>
  <form action="#">
    <p>お名前</p>
    <p><input type="text"
name="onamae"></p>
    <p>メールアドレス</p>
    <p><input type="text"
name="email"></p>
    <p>メッセージ</p>
    <p><textarea type="text"
name="messe"></textarea></p>
    <p class="btn"><input
name="submit" type="submit"
value="入力内容の確認画面へ"></p>
  </form>
</body>
</html>
```

送信ボタンにクラス名をつける

Point フォーカスしたときにスタイルを設置する

フォーカスした際に背景の色を変更します。input[type="text"]:focusとtextarea:focusに背景色を記述します。
また送信のボタンもロールオーバーした際に少し透過するように設定します。

CSS style.css

```
@charset "UTF-8";
body{
  margin-top: 5em;
  text-align: center;
  background: #7EA2A2;
  }
p{
  font-weight: bold;
  color: #fffd;
}
/*フォームのスタイル*/
input[type="text"],
textarea {
  width: 20%;
  outline: none;
  padding: 0.5em 1em;
  margin: 0;
  background: #fff;
  border: none;
  border-radius: 10px;
}
textarea{
  height: 200px;
}
input[type="text"]:focus,
textarea:focus {
  background: #f6ffff;
}
/*送信ボタンのスタイル*/
.btn input {
  padding: 1em 3em;
  color: #fff;
  cursor: pointer;
  background: #33675D;
  border-radius: 40px;
  border: none;
}
.btn input:hover{
  opacity: 0.8;/*ボタンのロールオー
バー*/
}
```

フォーカスしたときの背景色

アニメーションをつける

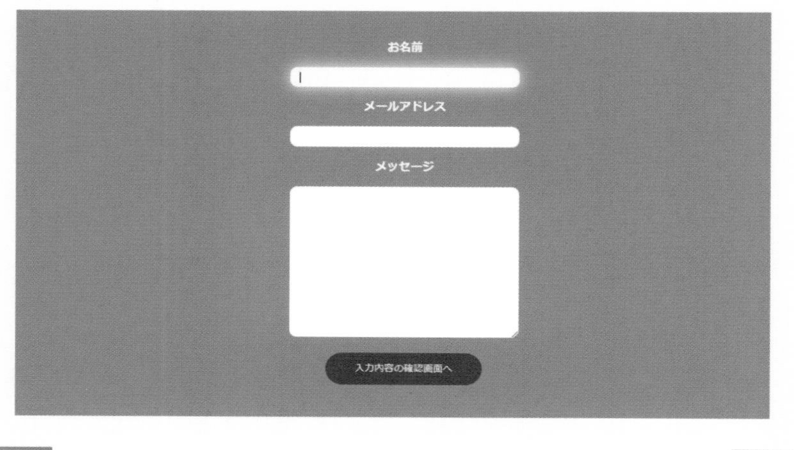

フォーカスした際にフチがほんのりと光るアニメーションをつけます。フォーカスのセレクタにbox-shadowプロパティでシャドウを設置して、さらにその挙動をふんわりと見せるようにアニメーションを設定します。
また送信ボタンの透過も同じようにアニメーションをつけて全体をまとめます。

CSS style.css

```
input[type="text"]:focus,
textarea:focus {
  box-shadow: 0 0 20px #fff;/*周りを光らせる*/
  background: #f6ffff;
  transition: box-shadow 0.5s;/*ふんわり光のアニメーション*/
}
/*送信ボタンのスタイル*/
.btn input {
  padding: 1em 3em;
  color: #fff;
  cursor: pointer;
  background: #33675D;
  border-radius: 40px;
  border: none;
  transition: opacity 0.5s;/*ボタンふんわりのアニメーション*/
}
.btn input:hover{
  opacity: 0.8;
  transition: 0.5s;/*ボタンふんわりのアニメーション*/
}
```

08 クリックで伸び縮みする検索フォーム

検索フォームはテキスト入力エリアの確保が必要となるため、スペースをとりがちです。そこで、入力エリアにフォーカスされない状態では狭く表示しておくことでスペースを節約することができます。

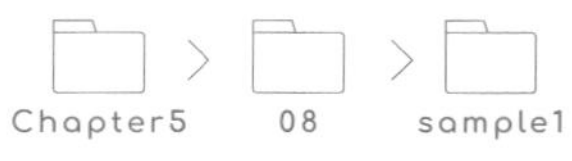

執筆者 五十嵐小由利
（株式会社マジカルリミックス）

Sample

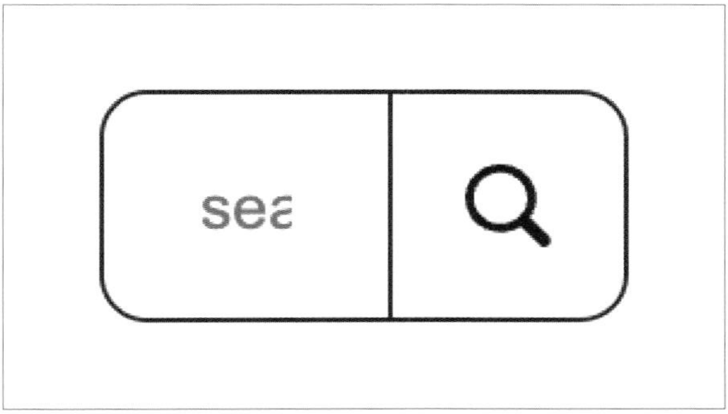

sea

search

HTML index.html

```
<!DOCTYPE html>
<html lang="ja">
<head>
<meta charset="UTF-8">
<title>伸縮する検索フォーム</title>
<meta name="viewport" content="width=device-width,initial-scale=1">
<link rel="stylesheet" href="style.css">
</head>
<body>
  <form>
      <input class="search" type="text" placeholder="search">
      <input class="searchsubmit" type="image" src="img/icon-
search.svg" alt="検索">
  </form>
</body>
</html>
```

CSS style.css

```
@charset "UTF-8";

form {
  display: flex;
  align-items: center;
}
.search {
  box-sizing: border-box;
  width: 60px;
  height: 50px;
  padding: 10px 20px;
  border: 1px solid #333;
  border-right: 0;
  border-top-left-radius:
10px;
  border-bottom-left-radius:
10px;
  transition: all 0.2s;
}
.searchsubmit {
  box-sizing: border-box;
  width: 50px;
  height: 50px;
  padding: 15px;
  cursor: pointer;
  border: 1px solid #333;
  border-top-right-radius:
10px;
  border-bottom-right-radius:
10px;
}
.search:focus {
  width: 300px;
  outline: 0;
}
```

フォーカスされたら横幅を変更（width: 60px;）

動きをなめらかに（transition: all 0.2s;）

フォーカスされたら横幅を変更（.search:focus { width: 300px; }）

Point } focus擬似クラスでサイズ変更

focus擬似クラスは要素にフォーカスがあるときに適用されます。そのため、デフォルトの入力エリアサイズを小さく指定しておくことで、入力のためにフォーカスした瞬間にサイズを大きくすることができます。さらに、transitionを指定することでその動きをなめらかにしています。

09 クリックで全画面表示する検索フォーム

検索ボタンをクリックすると隠れていた検索エリアが表示されます。検索エリアは全画面表示となるため、テキスト入力エリアの確保が不要となりスペースを節約することができます。

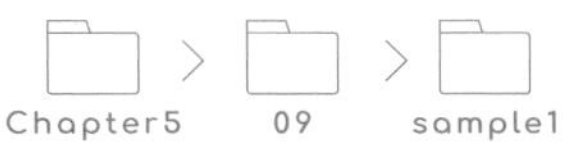

執筆者 五十嵐小由利
（株式会社マジカルリミックス）

Sample

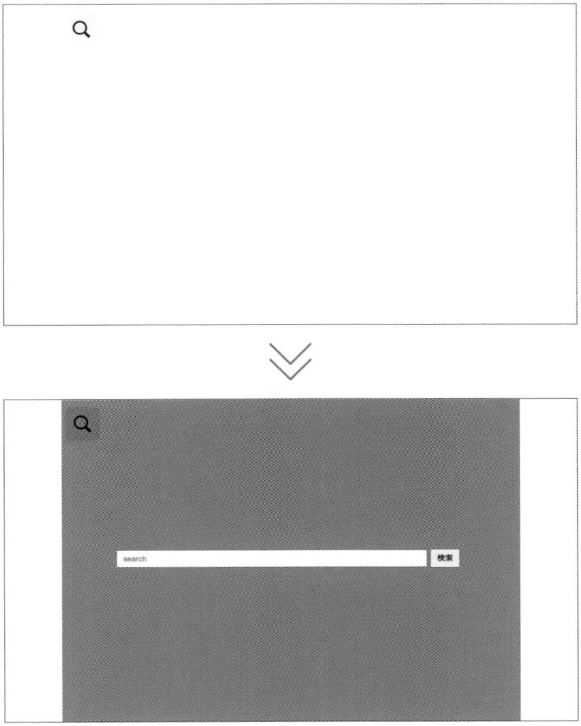

search
検索

HTML index.html

```
<!DOCTYPE html>
<html lang="ja">
<head>
<meta charset="UTF-8">
<title>全画面表示で検索フォーム(ステップ1)</title>
<meta name="viewport" content="width=device-width,initial-scale=1">
<script src="js/jquery-2.1.4.min.js"></script>
<script src="js/extention.js"></script>
<link rel="stylesheet" href="style.css">
</head>
<body>
  <p class="search-btn"><img src="img/icon-search.svg" alt="検索"></p>
  <div id="search-area">
    <form>
      <input class="search" type="text" placeholder="search">
      <input type="submit" class="searchbtn" name="search" value="検索">
    </form>
  </div>
</body>
</html>
```

検索ボタン

検索ボタンクリックで表示される検索エリア

CSS style.css

```
@charset "UTF-8";

.search-btn {
  display: flex;
  align-items: center;
  justify-content: center;
  width: 60px;
  height: 60px;
  cursor: pointer;
  background: #eee;
  border-radius: 10px;
}
.search-btn img {
  width: 30px;
  height: auto;
}
.search-btn:hover {
  background: #ddd;
}
/* 通常非表示の検索エリア */
#search-area {
  position: fixed;
  z-index: 2;  /* オーバーレイより上のレイヤーにする */
  display: none;
  width: 50%;
  height: 50px;
}
/* 通常非表示のオーバーレイ*/
#modal-bg {
  position: fixed;
  top: 0;
  left: 0;
  z-index: 1;  /* 検索エリアより下のレイヤーにする */
  display: none;
  width: 100%;
  height: 100%;
  background: rgba(0, 0, 0, 0.5);
}
#search-area form {
  text-align: center;
}
#search-area .search {
  width: 75%;
  padding: 6px 10px;
  outline: none;
}
#search-area .searchbtn {
  padding: 4px 10px;
}
@media screen and (max-width: 768px) {
```

テーブル／フォーム／リスト

```
  #search-area {
    width: 100%;      ← レスポンシブ時に変化する箇所
  }
}
```

JavaScript extention.js

```
$(function() {
  // class「search-btn」を持つ要素をクリックした場合
  $('.search-btn').on('click', function() {

    // 「body」の最後にdiv#modal-bg追加
    $('body').append('<div id="modal-bg"></div>');

    // modalResize発動
    modalResize();

    // div#modal-bgとdiv#search-area フェードイン
    $('#modal-bg,#search-area').fadeIn(600);

    // id「modal-bg」を持つ要素をクリックした場合
    $('#modal-bg').on('click', function() {

      // div#modal-bgとdiv#search-area フェードアウト
      $('#modal-bg,#search-area').fadeOut(600, function(){

        // div#modal-bg削除
        $('#modal-bg').remove();
      });
    });

    // ウインドウサイズが変わったらmodalResize発動
    $(window).resize(modalResize);

    // modalResizeの設定
    function modalResize(){

      // ウインドウ横幅を取得してwに代入
      var w = $(window).width();

      // ウインドウ縦幅を取得してhに代入
      var h = $(window).height();

      // div#search-areaの外部横幅(border、paddingを含む)を取得してcwに代入
      var cw = $('#search-area').outerWidth();

      // div#search-areaの外部縦幅(border、paddingを含む)を取得してchに代入
      var ch = $('#search-area').outerHeight();

      // div#search-areaにCSSプロパティを追加
      $('#search-area').css({

        // leftにwからcwを引いた数値を2で割った数値を指定
        'left': ((w - cw)/2) + 'px',

        // topにhからchを引いた数値を2で割った数値を指定
        'top': ((h - ch)/2) + 'px'
      });
    }
  });
});
```

Point jQueryで検索フォームを中央に配置する

オーバーレイと検索エリアは通常非表示にしておき、検索ボタンをクリックしたら表示されるようにします。このとき、検索エリアのほうがオーバーレイよりも上のレイヤーになるよう、z-indexで指定しておきましょう。
検索エリアの表示位置はjQueryで指定しているため、どんなウインドウサイズでも上下左右中央に表示できます。また、閉じるボタンがない代わりに、検索エリア以外のどこをクリックしてもオーバーレイと検索エリアを閉じることができるようになっています。

Custom

色と速度を変える

Chapter5 > 09 > sample2

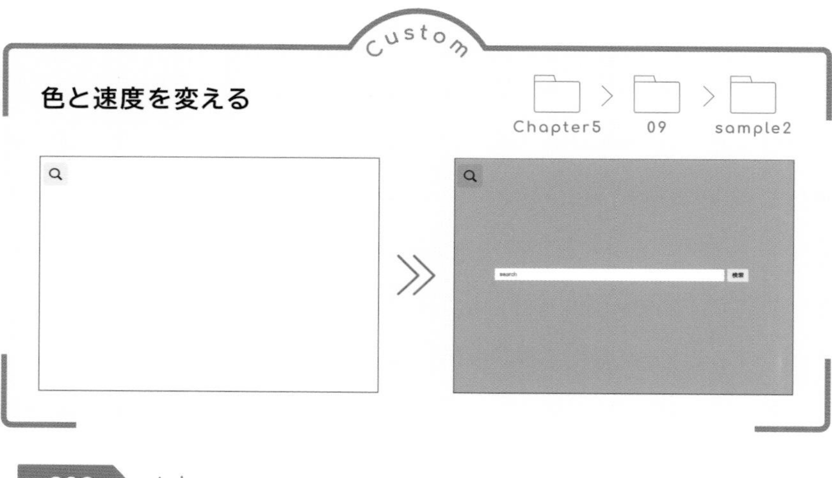

CSS style.css

```
@charset "UTF-8";

.search-btn {
  display: flex;
  align-items: center;
  justify-content: center;
  width: 60px;
  height: 60px;
  cursor: pointer;
  background: #eee;
  border-radius: 10px;
}
.search-btn img {
  width: 30px;
  height: auto;
}
.search-btn:hover {
  background: #ddd;
}
#search-area {
  position: fixed;
  z-index: 2;
  display: none;
  width: 50%;
  height: 50px;
}
#modal-bg {
  position: fixed;
  top: 0;
  left: 0;
  z-index: 1;
  display: none;
  width: 100%;
  height: 100%;
  background: rgba(0, 0, 255, 0.3);
```

オーバーレイの色と不透明度を変更

```
}
#search-area form {
  text-align: center;
}
#search-area .search {
  width: 75%;
  padding: 6px 10px;
  outline: none;
}
#search-area .searchbtn {
  padding: 4px 10px;
}
@media screen and (max-width:
768px) {
  #search-area {
    width: 100%;
  }
}
```

JavaScript extention.js

```
$(function() {
  $('.search-btn').on('click', function() {
    $('body').append('<div id="modal-bg"></div>');
    modalResize();
    $('#modal-bg,#search-area').fadeIn(200);
    $('#modal-bg').on('click', function() {
      $('#modal-bg,#search-area').fadeOut(200, function(){
        $('#modal-bg').remove() ;
      });
    });
    $(window).resize(modalResize);
    function modalResize(){
      var w = $(window).width();
      var h = $(window).height();
      var cw = $('#search-area').outerWidth();
      var ch = $('#search-area').outerHeight();
      $('#search-area').css({
        'left': ((w - cw)/2) + 'px',
        'top': ((h - ch)/2) + 'px'
      });
    }
  });
});
```

検索エリアのフェードイン・フェードアウトの速度を変える

オーバーレイの背景色と不透明度はお好みで変更してください。ただし、あまりに不透明度が低すぎるとオーバーレイ感がなくなってしまうのでご注意ください。
また、JavaScript側では検索エリアのフェードイン・フェードアウトの速度を変更可能です。併せて自由にカスタマイズしてください。

10 ラベルが移動する入力フォーム

プレースホルダーに見せかけたlabelを、フォーカス時に上部に移動するアニメーションをCSSのみで行います。

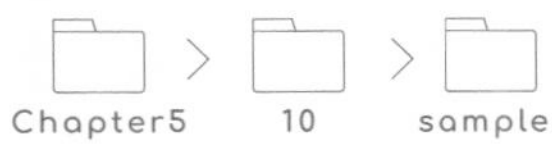

執筆者 五十嵐小由利
（株式会社マジカルリミックス）

Sample

ユーザー名

パスワード

ユーザー名

パスワード

ユーザー名

パスワード

HTML index.html

```
<!DOCTYPE html>
<html lang="ja">
<head>
<meta charset="UTF-8">
<title>フォーカス時にラベルが移動するアニメーション(ステップ1)</title>
<meta name="viewport" content="width=device-width,initial-scale=1">
<link rel="stylesheet" href="style.css">
</head>
<body>
  <form>
    <p><input id="user" type="text"><label for="user">ユーザー名</
label></p>
    <p><input id="pass" type="password"><label for="pass">パスワード
</label></p>
  </form>
</body>
</html>
```

CSS style.css

```
@charset "UTF-8";

p {
  position: relative;
  margin: 30px 0 0;
}
input {
  box-sizing: border-box;
  width: 300px;
  padding: 10px;
  font-size: 15px;
  color: #333;
  background: #fff;
  border: 1px solid #aaa;
  border-radius: 0;
  appearance: none;
}
label {
  position: absolute;
  top: 10px;
  left: 10px;
  font-size: 15px;
  line-height: 1;
  color: #aaa;
  cursor: text; /* ラベルにカーソルが乗ったとき用 */
  transition: all 0.2s; /* 動きをなめらかに */
}
input:focus {
  outline: none;
}

input:focus + label {
  top: -1.5em;
}
```

プレースホルダーのように見えるようにinput要素の上に配置

フォーカスされたら上に移動

Point } プレースホルダーをlabelで表現

プレースホルダーをplaceholder属性ではなく、label要素で表現します。positionでプレースホルダーのように見えるようにinput要素の上に配置しましょう。ラベルにカーソルが乗ったとき用にcursor:textを指定しておくと、よりプレースホルダーらしく見えます。

要素移動にはfocus擬似クラスを用います。focusは隣接している要素に対しても有効なため、フォーカスされたinputのlabelが上に移動します。

Custom

移動するラベルを装飾

Chapter5 > 10 > sample2

ユーザー名

パスワード

ユーザー名

パスワード

ユーザー名

パスワード

CSS style.css

```
@charset "UTF-8";

p {
  position: relative;
  margin: 30px 0 0;
}
input {
  box-sizing: border-box;
  width: 300px;
  padding: 10px;
  font-size: 15px;
  color: #333;
  background: #fff;
  border: 1px solid #aaa;
  border-radius: 0;
  transition: all 0.2s;
  appearance: none;
}
label {
  position: absolute;
  top: 10px;
  left: 10px;
  font-size: 15px;
  line-height: 1;
  color: #aaa;
  cursor: text;
  transition: all 0.2s;
}
input:focus {
  outline: none;
}
input:focus + label {
  top: -2em;
  left: 0;
  padding: 10px;
  font-size: 14px;
  color: #fff;
  background: #138;
  border-radius: 3px;
}
input:focus + label::after {
  position: absolute;
  bottom: -10px;
  left: 50%;
  content: '';
  border: 5px solid
transparent;
  border-top-color: #138;
  transform: translate(-50%,
0);
}
```

ラベルをツールチップのように装飾

フォーカス時に上部に移動するアニメーションするlabelを、さらに装飾することでツールチップの見た目に変更しました。フォームが簡素になりすぎたときにおすすめの装飾です。

11 入力フォームのツールチップ表示

要素にフォーカスがあるときに適用されるfocus擬似クラスを使い、フォーム入力項目に関する補足情報をツールチップで表示します。情報過多で煩雑になってしまいがちなフォーム周りをすっきりさせることができます。

Chapter5 > 11 > sample1

執筆者 五十嵐小由利
（株式会社マジカルリミックス）

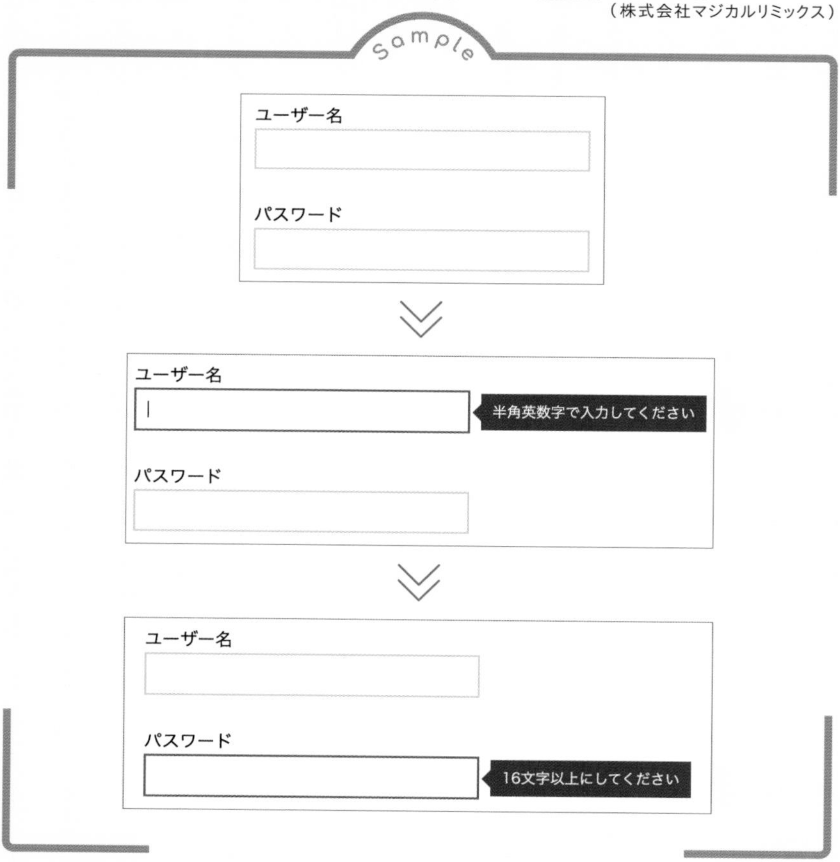

Sample

ユーザー名

パスワード

ユーザー名

半角英数字で入力してください

パスワード

ユーザー名

パスワード

16文字以上にしてください

HTML index.html

```
<!DOCTYPE html>
<html lang="ja">
<head>
<meta charset="UTF-8">
<title>ツールチップ表示(ステップ1)</title>
<meta name="viewport" content="width=device-width,initial-scale=1">
<link rel="stylesheet" href="style.css">
</head>
<body>
  <form>
    <dl>
      <dt><label for="user">ユーザー名</label></dt>
      <dd><input id="user" type="text"><span class="tooltip">半角英数字で入力してください</span></dd>
      <dt><label for="pass">パスワード</label></dt>
      <dd><input id="pass" type="password"><span class="tooltip">16文字以上にしてください</span></dd>
    </dl>
  </form>
</body>
</html>
```

focus擬似クラスは隣接している要素に対しても有効なため、inputにspanを隣接させる

CSS style.css

```
@charset "UTF-8";

input {
  box-sizing: border-box;
  display: inline-block;
  width: 300px;
  padding: 10px;
  border: 2px solid #ccc;
}
dd {
  margin: 0 0 30px;
}
.tooltip {
  position: relative;
  padding: 10px;
  margin-left: 10px;
  font-size: small;
  color: #fff;
  visibility: hidden;
  background: #911;
  opacity: 0;
  transition: all 0.5s; /* 動きをなめらかに */
}
.tooltip::before {
  position: absolute;
  top: 50%;
  right: 100%;
  width: 0;
  height: 0;
  content: "";
  border: 8px solid transparent;
  border-right-color: #911;
  transform: translate(0, -50%);
}
input:focus {
  border: 2px solid #666;
  outline: none;
}

input:focus + .tooltip {
  visibility: visible;
  opacity: 1;
}
```

通常時は非表示

隣接するinputがフォーカスされたら表示

```
@media screen and (max-width: 
768px) {
  input {
    width: 100%;
  }
  .tooltip {
    top: 5px;
    margin: 0;
  }
  .tooltip::before {
    top: -15px;
    right: auto;
    left: 10px;
    transform: rotate(90deg);
  }
}
```

Point } focus擬似クラスは隣接している要素に対しても有効

focus擬似クラスは隣接している要素に対しても有効です。inputとツールチップ用のspanを隣接させることで、相対するツールチップのみを表示することができます。また、ツールチップをフェードインさせるために、displayではなくvisibilityとopacityを使っています。レスポンシブ対応として、スマホ表示の際はツールチップの位置をinput左から下に移動しています。

Custom

ツールチップの表示位置変更

Chapter5 > 11 > sample2

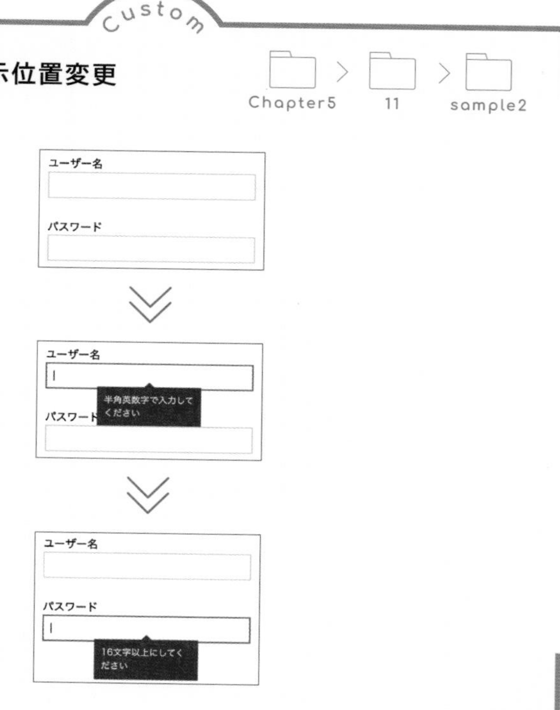

CSS style.css

```
@charset "UTF-8";

input {
  box-sizing: border-box;
  display: inline-block;
  width: 300px;
  padding: 10px;
  border: 2px solid #ccc;
}

dd {
  position: relative;
  display: inline-block;
  margin: 0 0 30px;
}

.tooltip {
  position: absolute;
  top: 35px;
  left: 50%;
  padding: 10px;
  font-size: small;
  color: #fff;
  visibility: hidden;
  background: #911;
  opacity: 0;
  transition: all 0.2s;
  transform: translate(-50%,
0);
}
```

ツールチップの表示位置決定のため指定

ツールチップの表示位置を指定

```
.tooltip::before {
  position: absolute;
  top: -15px;
  left: 50%;
  width: 0;
  height: 0;
  content: "";
  border: 8px solid
transparent;
  border-right-color: #911;
  transform: translate(-50%, 0)
rotate(90deg);
}
input:focus {
  border: 2px solid #666;
  outline: none;
}
input:focus + .tooltip {
  visibility: visible;
  opacity: 1;
}
@media screen and (max-width:
768px) {
  input {
    width: 100%;
  }
  dd {
    display: block;
  }
}
```

スマホ時にブロック要素に戻す

ツールチップの表示位置を変更する場合、ツールチップ用のspanの親要素であるddを基準点とします。そのため、position:relativeを指定します。display:inline-blockを指定する理由は、ddはブロック要素のため、無指定の場合横幅100%となってしまい、ツールチップの表示位置がズレてしまうためです。

あとはお好みの位置にツールチップを指定すれば完成です。スマホ時にinputを横幅いっぱいにしたいのならば、ddにdisplay:blockを指定してブロック要素に戻すことを忘れないようにしましょう。

12 フェードインしながら表示するリスト

簡単なjQueryの記述で、要素をフェードインしながら表示できます。さらにカスタマイズでは、リストの項目を上から順番にフェードインするようにします。

執筆者 錦織幸知（OSALE）

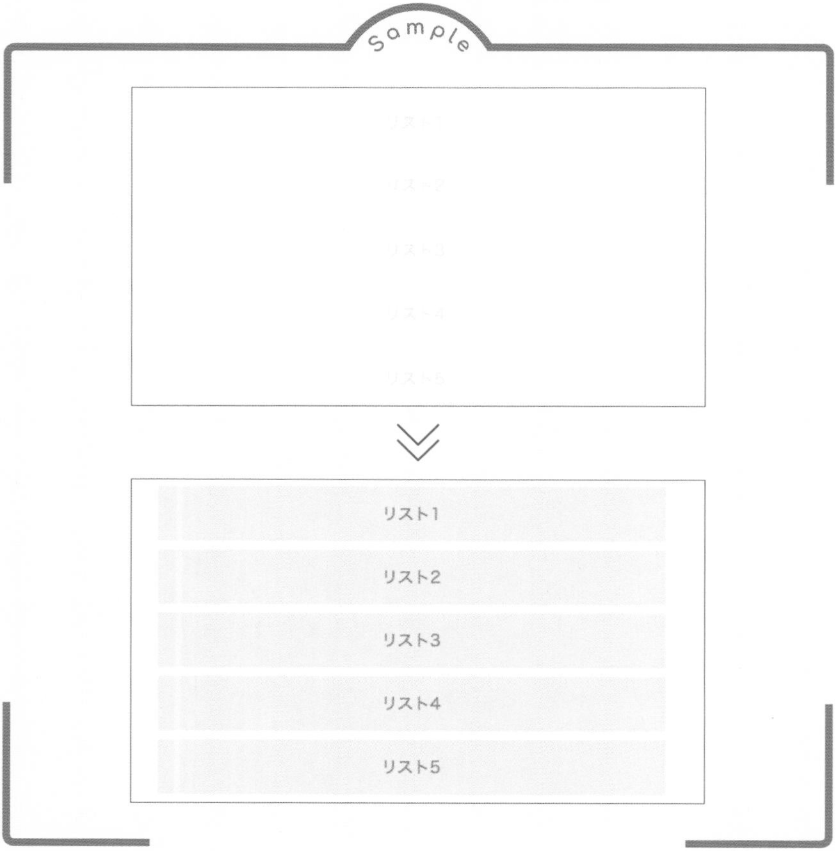

Sample

リスト1

リスト2

リスト3

リスト4

リスト5

リスト1

リスト2

リスト3

リスト4

リスト5

プラグイン

jQuery v2.1.4　https://jquery.com/

HTML index.html

```
<!doctype html>
<html lang="ja">
<head>
<meta charset="utf-8">
<title>フェードインしながら表示するリスト(ステップ1)</title>
<meta name="viewport" content="width=device-width,initial-scale=1">
<link rel="stylesheet" href="style.css">
</head>

<body>

<div>
  <ul class="fade-list">
      <li class="fade-list-item"><a href="#">リスト1</a></li>
      <li class="fade-list-item"><a href="#">リスト2</a></li>
      <li class="fade-list-item"><a href="#">リスト3</a></li>
      <li class="fade-list-item"><a href="#">リスト4</a></li>
      <li class="fade-list-item"><a href="#">リスト5</a></li>
  </ul>
</div>

<script src="js/jquery-2.1.4.min.js"></script>
<script src="js/extention.js"></script>
</body>
</html>
```

レスポンシブ対応とCSSのリンク

フェードインさせるリスト要素

jQuery本体とJavaScriptファイルを読み込む

CSS style.css

```
@charset "UTF-8";
.fade-list {
  text-align: center;
  margin: 0 auto;
  padding: 0;
  max-width: 500px;
}

.fade-list-item {
  opacity: 0;
  list-style: none;
  margin: 0 0 0.5em;
}

.fade-list-item a {
  display: block;
  background: #eee;
  padding: 1.0em;
  text-decoration: none;
  color: #999;
}
```

JavaScript extention.js

```
//li要素を指定
var listName = '.fade-list-item';
//アニメーションのスピード
var listSpeed = 600;
//項目が出るまでの時間
var nextTime = 200;

function listFade(num) {
    setTimeout(function(){
        $(num).animate( {opacity:'1.0'} , listSpeed);
    },nextTime)
}

//繰り返し処理
$(listName).each(function(){
    listFade(this);
})
```

フェードインさせるリスト要素（ulタグやolタグ）のclass名（もしくはid名）を指定

フェードインのスピードを数値で入力

Point CSSとJavaScriptを読み込み、要素を指定するだけ

必要なファイルを読み込んだら、JavaScript2行目で、フェードインさせるリスト要素（ulタグやolタグ）を指定します。これだけで、リスト全体がフェードインしながら表示されます。また、表示するスピードは、JavaScript4行目の数値で変更できます。

Custom

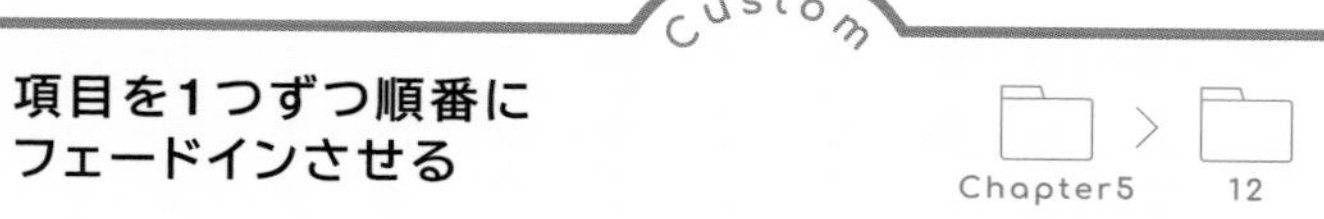

項目を1つずつ順番にフェードインさせる

Chapter5 > 12 > sample2

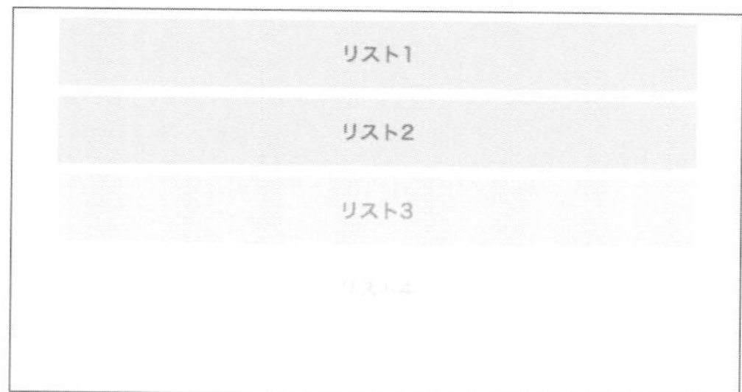

上の項目から順番にフェードインしてくるようにカスタマイズしてみましょう。JavaScript11行目以降を次のように書き換えます。
最後に、JavaScript6行目に、順番にフェードインする場合に、次の項目が出るまでの待ち時間を入力します。お好みの数値で試してみてください。

JavaScript extention.js

```
//li要素を指定
var listName = '.fade-list-item';
//アニメーションのスピード
var listSpeed = 600;
//項目が出るまでの時間
var nextTime = 200;

function listFade(num) {
    setTimeout(function(){
        $(num).animate( {opacity:'1.0'} , listSpeed);
    },
    //各項目の表示時間を設定
    $(num).index() * nextTime)
}

//繰り返し処理
$(listName).each(function(){
    listFade(this);
})
```

次の項目が出るまでの時間を数値で入力

ここの部分を書き換える

Chapter 5

13 ちょっとリッチなラジオボタン

CSSのみで、ブラウザのデフォルトデザインのラジオボタンを少しリッチに仕上げます。CSSを読み込んでしまえば、input要素にclassをつけるだけで簡単に実装できます。

執筆者 錦織幸知（OSALE）

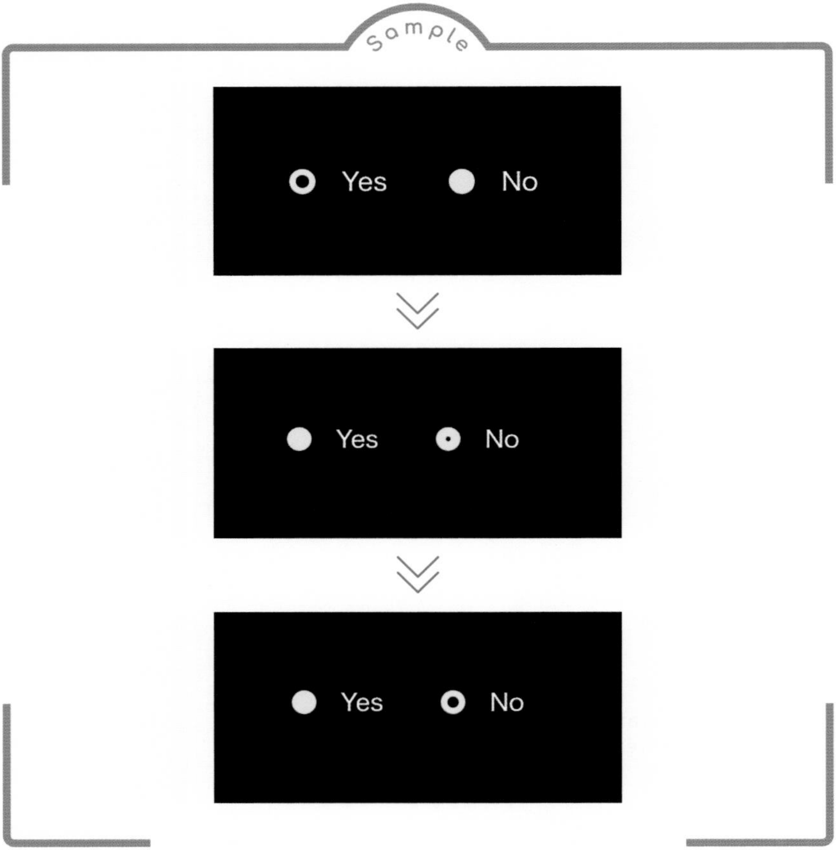

Sample

Yes No

Yes No

Yes No

HTML index.html

```
<!doctype html>
<html lang="ja">
<head>
<meta charset="utf-8">
<title>ラジオボタン(ステップ1)</title>
<meta name="viewport" content="width=device-width,initial-scale=1">
<link rel="stylesheet" href="style.css">
</head>

<body>

    <input type="radio" class="radio-style" id="radio-yes"
name="radio-button" checked>
    <label for="radio-yes">Yes</label>
    <input type="radio" class="radio-style" id="radio-no"
name="radio-button">
    <label for="radio-no">No</label>

</body>
</html>
```

レスポンシブ対応とCSSのリンク

適用したいinput要素のラジオボタンにclassをつける

お好みの項目名をそれぞれ入力

お好みの項目名をそれぞれ入力

CSS style.css

```
@charset "UTF-8";

body {
  background-color: #000;
  color: #fff;
  padding: 3em;
}

.radio-style {
  display: none;
}

.radio-style + label {
  position: relative;
  cursor: pointer;
  padding: 0 2em;
}

.radio-style + label::before,
.radio-style + label::after {
  content: "";
  position: absolute;
  border-radius: 50%;
  transition: all 0.5s ease-
out;
}

.radio-style + label::before {
  top: 0;
  left: 0;
  width: 1em;
  height: 1em;
  background-color: #000000;
  box-shadow: inset 0 0 0 1em
#eee;
}

.radio-style:checked +
label::before {
  box-shadow: inset 0 0 0
0.25em #eee;
}
```

Point } CSSを読み込み、classをつけるだけ

CSSを読み込み、ラジオボタンのinput要素（type="radio"）に、class「radio-style」をつけます。
ラジオボタンのinput要素が複数ある場合は、全てにclassをつけてください。

Custom

ラジオボタン選択時の演出を追加する

Chapter5 > 13 > sample2

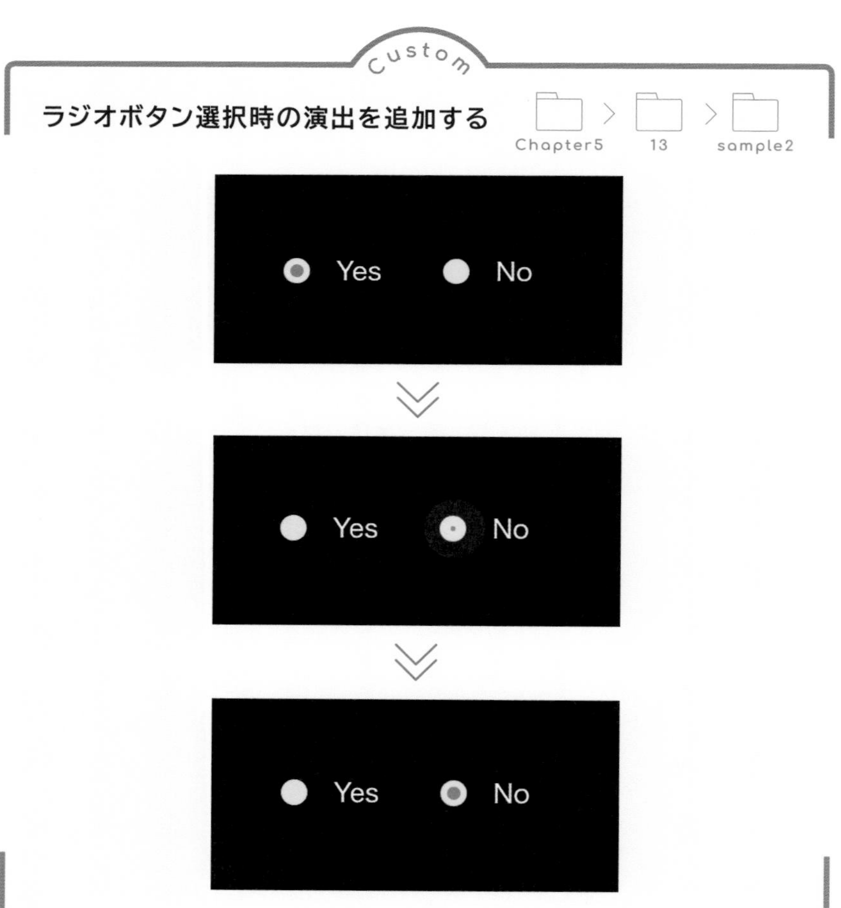

さらにここからスタイルを追加して、ラジオボタン選択時のカラー変更と、選択時にふわっと波紋効果が出現するようにしてみます。HTMLは特に変更する必要はありません。次のようにスタイルを追記し、2箇所の色指定をお好みで変更してください。

CSS style.css

```
@charset "UTF-8";

body {
  background-color: #000;
  color: #fff;
  padding: 3em;
}

.radio-style {
  display: none;
}

.radio-style + label {
  position: relative;
  cursor: pointer;
  padding: 0 2em;
}

.radio-style + label::before,
.radio-style + label::after {
  content: "";
  position: absolute;
  border-radius: 50%;
  transition: all 0.5s ease-
out;
}

.radio-style + label::before {
  top: 0;
  left: 0;
  width: 1em;
  height: 1em;
  background-color: #FF3C41;
  box-shadow: inset 0 0 0 1em
#eee;
}

.radio-style + label::after {
  top: 50%;
  left: 10%;
  width: 50px;
  height: 50px;
  opacity: 0;
  background-color: rgba(255,
255, 255, 0.3);
  transform: translate(-50%,
-50%) scale(0);
}

.radio-style:checked +
label::before {
  box-shadow: inset 0 0 0
0.25em #eee;
}

.radio-style:checked +
label::after {
  transform: translate(-50%,
-50%) scale(1);
  animation: effect 1s;
}

/* アニメーション */
@keyframes effect {
  5% {
    opacity: 1;
  }
  100% {
    opacity: 0;
  }
}
```

ラジオボタン選択時の丸の色を変更

ラジオボタン選択時の波紋効果の色を指定

追加するスタイル

14 ちょっとリッチなセレクトボックス

CSSのみで、ブラウザのデフォルトデザインのセレクトボックスを少しリッチに仕上げます。CSSを読み込んでしまえば、項目名をお好みのものに変更するだけで利用できます。

執筆者 錦織幸知（OSALE）

Sample

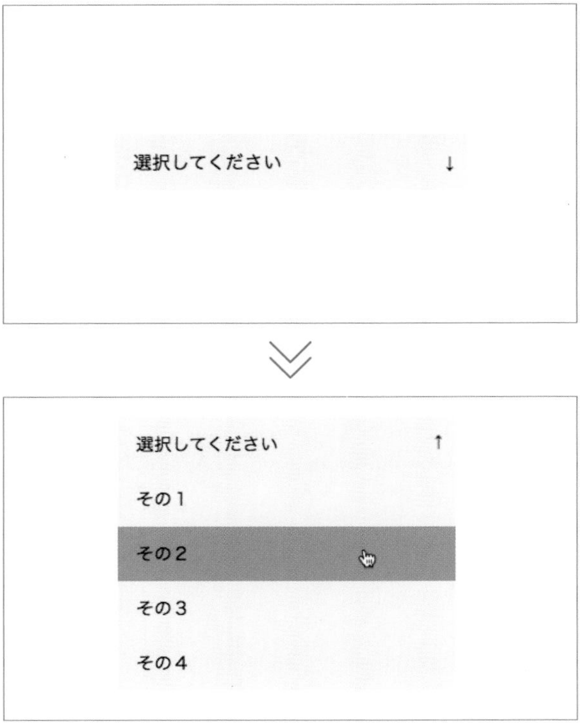

選択してください ↓

選択してください ↑
その1
その2
その3
その4

HTML index.html

```
<!doctype html>
<html lang="ja">
<head>
<meta charset="utf-8">
<title>セレクトボックス(ステップ1)</title>
<meta name="viewport" content="width=device-width,initial-scale=1">
<link rel="stylesheet" href="style.css">
</head>
<body>

<form method="get">

    <div class="select-style">

        <span class="label-text-default">選択してください</span>

        <div class="select-items">

            <input type="radio" name="select-box" class="close-btn" id="close-btn">
            <input type="radio" name="select-box" class="open-btn" id="open-btn">

            <label class="close-btn-label" for="close-btn"></label>
            <ul class="select-items-list">
                <li><input type="radio" name="select-box" id="select1"><label class="label-text" for="select1">その1</label></li>
                <li><input type="radio" name="select-box" id="select2"><label class="label-text" for="select2">その2</label></li>
                <li><input type="radio" name="select-box" id="select3"><label class="label-text" for="select3">その3</label></li>
                <li><input type="radio" name="select-box" id="select4"><label class="label-text" for="select4">その4</label></li>
            </ul>
            <label class="open-btn-label" for="open-btn"></label>

        </div>

    </div><!-- select-style -->

</form>

</body>
</html>
```

レスポンシブ対応とCSSのリンク

任意の項目名をそれぞれ入力

ここからここまでをコピーして使う

CSS style.css

```
@charset "UTF-8";

body {
  margin: 20px;
}

/* サイズ設定 */
.select-style {
  width: 100%;
  max-width: 300px;
  cursor: pointer;
  background-color: #eee;
  position: relative;
}
.select-style input {
  appearance: none;
  margin: 0;
  padding: 0;
}

/* 選択肢 */
.label-text-default {
  padding-left: 1em;
  line-height: 50px;
}
.select-items {
  width: 100%;
  position: absolute;
  top: 0;
}
.select-items-list {
  list-style-type: none;
  position: relative;
  margin: 0;
  padding: 50px 0 0;
}
.select-items-list input {
  display: none;
}
.label-text {
  display: block;
  overflow: hidden;
  cursor: pointer;
  padding-left: 1em;
  background-color: #eee;
  height: 0;
  line-height: 50px;
}

/* OPEN */
.open-btn {
  position: absolute;
  top: 0;
  right: 0;
  height: 50px;
}
.open-btn::after {
  content: "↓";
  position: absolute;
  top: 50%;
  right: 10px;
  z-index: 9999;
  font-size: 20px;
  pointer-events: none;
  transform: translateY(-50%)
scale(0.75);
}
.open-btn:checked::after {
  transform: translateY(-50%)
rotate(180deg) scale(0.75);
}
.open-btn-label {
  display: block;
  position: absolute;
  top: 0;
  left: 0;
  cursor: pointer;
  width: 100%;
  height: 50px;
}

/* CLOSE */
.close-btn {
  display: none;
}
.close-btn-label {
  width: 100vw;
  height: 100vh;
  position: fixed;
  top: 0;
  left: 0;
  display: none;
}

/* OPEN時の動作:クリックエリアの切替
*/
```

項目名が長い場合はここの数値を大きめに設定

フォームの背景色を設定

```
.open-btn:checked + .close-
btn-label { display: block; }
.open-btn:checked + .close-
btn-label + .select-items-list
+ .open-btn-label { display:
none; }
/* OPEN時の動作:選択肢表示 */
.open-btn:checked + .close-
btn-label + .select-items-list
.label-text {
  height: 50px;
}
/* OPEN時の動作:選択肢hover   */
.open-btn:checked + .close-
btn-label + .select-items-list
.label-text:hover {
  background-color: #999999;
}
/* OPEN時の動作:選択項目を残す  */
.select-items-list
input:checked + .label-text {
  margin-top: -50px;
  height: 50px;
}
```

項目をマウスオーバーしたときの背景色を設定

Point CSSを読み込み、各項目名を入力

CSSを読み込み、formタグの中身ごとコピー＆ペーストして使用してください。デフォルトの項目「選択してください」や選択肢の中の項目名は、お好みで変更します。フォームの背景色や、項目をマウスオーバーした時の背景色は、background-colorプロパティで好みの色を設定します。
選択肢の項目名が長い場合は、CSS10行目のmax-widthプロパティの数値を大きめに設定して、文字がはみ出さないようにしてください。

Custom

項目展開時、アニメーションさせる

Chapter5 > 14 > sample2

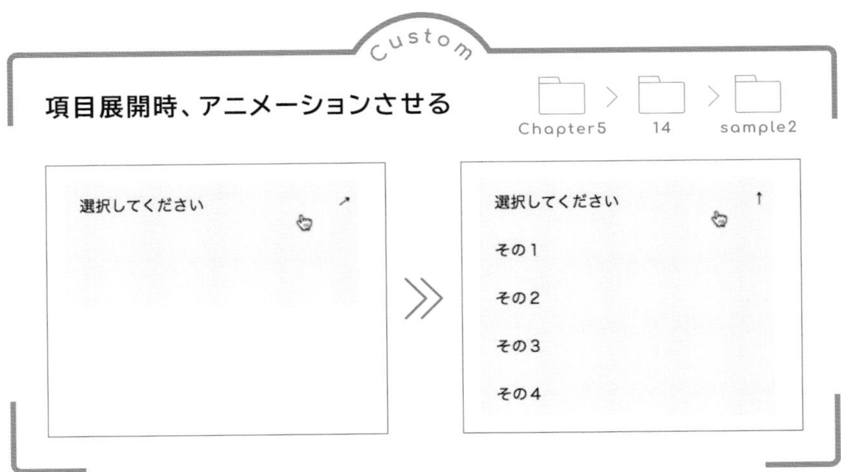

クリックしたときに、項目と右端の矢印がスムースにアニメーションしながら展開するようにします。次のようにスタイルを2箇所追加してください。
設定されている秒数を変更すると、アニメーションのスピードが変わりますので、お試しください。

CSS style.css

```
(省略)
.label-text {
  display: block;
  overflow: hidden;
  cursor: pointer;
  padding-left: 1em;
  background-color: #eee;
  height: 0;
  line-height: 50px;
  transition: all 0.2s linear;
}

/* OPEN */
.open-btn {
  position: absolute;
  top: 0;
  right: 0;
  height: 50px;
}
.open-btn::after {
  content: "↓";
  position: absolute;
  top: 50%;
  right: 10px;
  z-index: 9999;
  font-size: 20px;
  pointer-events: none;
  transform: translateY(-50%) scale(0.75);
  transition: all 0.4s linear;
}
(省略)
```

追加するスタイル

アニメーションの秒数を設定

アニメーションの秒数を設定

Chapter

6

テキスト

01 スライドインで出現するテキストアニメーション

02 フェードインで出現するテキストアニメーション

03 テキストが拡大・縮小するアニメーション

04 テキストがクルッと動くアニメーション

05 見出しテキストのラインアニメーション

06 テキストの背景が動くアニメーション

07 文字がクルクル変わるニュースティッカー

08 文字が左右から集まるアニメーション

09 マスクを使ったテキストアニメーション

10 文字がぴこぴこ動くアニメーション

01 スライドインで出現するテキストアニメーション

右からフェードしながらスライドインするテキスト。
目立たせたいタイトルなどに重宝します。

Chapter6 > 01 > sample1

執筆者 桟敷友香子

Sample

テキストアニメーション（右からスライドイン）

テキストアニメーション（右からスライドイン）

HTML index.html

```
<!DOCTYPE html>
<html lang="ja">
<head>
<meta charset="UTF-8">
<title>テキストアニメーション01</title>
<meta name="viewport" content="width=device-width,initial-scale=1">
<link rel="stylesheet" href="style.css">
</head>
<body>
  <h1 class="slideInRight">テキストアニメーション(右からスライドイン)</h1>
</body>
</html>
```

アニメーション部分

CSS style.css

```
@charset "UTF-8";
body {
  background: #6c7cb5;
  margin: 0 auto;
   padding: 2em;
}
h1 {
  color: #fff;
}

/* 右からスライドイン */
.slideInRight {
  animation-name: slideInRight;
  animation-duration: 1s;
  animation-timing-function:
ease;
  animation-delay: .25s;
  animation-fill-mode:
forwards;
}

@keyframes slideInRight{
  0% {
    transform:
translateX(100px);
  }
  100% {
    transform: translateX(0);
  }
}
```

アニメーション「slideInRight」を実行

アニメーション部分

アニメーション「slideInRight」の設定

左から右へスライドさせたい場合はtransform: translateX(-100px)にする

Point アニメーションでワンランクアップ

目立たせたい見出しなどにアニメーションを付けると、目を引いてUI（ユーザーインターフェース）が向上します。サンプルでは、右から左へアニメーションさせましたが、translateXをtranslateYにすれば、下から上へ表示できます。

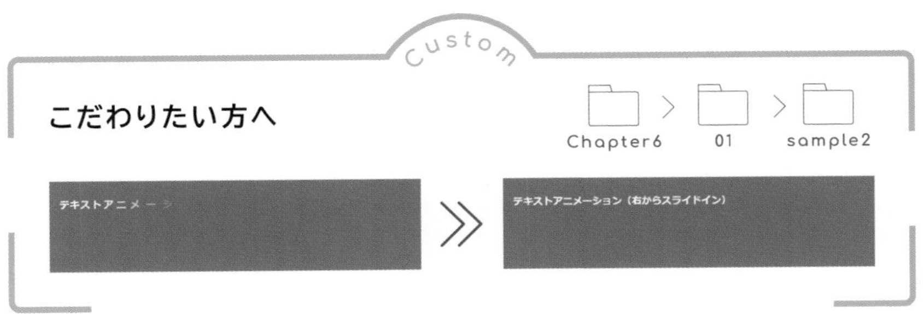

プラグイン
jQuery v3.6.0 https://ajax.googleapis.com/ajax/libs/jquery/3.6.0/jquery.min.js

さらにこだわりたい方は、一文字ずつ表示させることもできます。
今回は、HTMLをシンプルにするために、簡単なjQueryとCSSで構成されているので、装飾やセレクター名のカスタマイズが簡単です。

HTML index.html

```
<!DOCTYPE html>
<html lang="ja">
<head>
<meta charset="UTF-8">
<title>テキストアニメーション01</title>
<meta name="viewport" content="width=device-width,initial-scale=1">
<link rel="stylesheet" href="style.css">
<script src="https://ajax.googleapis.com/ajax/libs/jquery/3.6.0/
jquery.min.js"></script>
<script src="script.js" defer></script>
</head>
<body>
  <h1 class="slideInRightOne">テキストアニメーション(一文字ずつスライドイン)</
h1>
</body>
</html>
```

jQueryの読み込み

スクリプトの読み込み

アニメーション部分。HTMLでは一文字ずつ区切らず、jQueryで調整

CSS style.css

```
@charset "UTF-8";
body {
  background: #6c7cb5;
  margin: 0 auto;
   padding: 2em;
}
h1 {
  color: #fff;
  display: flex;
  overflow: hidden;
}

/* 一文字ずつ右からスライドイン */
.slideInRightOne span {
  opacity: 0;
  animation-name:
slideInRightOne;
  animation-duration: 1s;
  animation-timing-function:
ease;
  animation-fill-mode:
forwards;
}
```

一文字ずつspanタグでくくるので、h1タグをflexに

アニメーション部分

アニメーション「slideInRightOne」を実行

```
.slideInRightOne span:nth-
child(1){  animation-delay:
.1s;}
.slideInRightOne span:nth-
child(2){  animation-delay:
.2s;}
.slideInRightOne span:nth-
child(3){  animation-delay:
.3s;}
.slideInRightOne span:nth-
child(4){  animation-delay:
.4s;}
.slideInRightOne span:nth-
child(5){  animation-delay:
.5s;}
.slideInRightOne span:nth-
child(6){  animation-delay:
.6s;}
.slideInRightOne span:nth-
child(7){  animation-delay:
.7s;}
.slideInRightOne span:nth-
child(8){  animation-delay:
.8s;}
.slideInRightOne span:nth-
```

すべてCSSでバラバラになるので、文字数が多いと手間になるが、それぞれカスタマイズできる利点もある

```
child(9){  animation-delay:
.9s;}
.slideInRightOne span:nth-
child(10){  animation-delay:
1s;}
.slideInRightOne span:nth-
child(11){  animation-delay:
1.1s;}
.slideInRightOne span:nth-
child(12){  animation-delay:
1.2s;}
.slideInRightOne span:nth-
child(13){  animation-delay:
1.3s;}
.slideInRightOne span:nth-
child(14){  animation-delay:
1.4s;}
.slideInRightOne span:nth-
child(15){  animation-delay:
1.5s;}
.slideInRightOne span:nth-
child(16){  animation-delay:
1.6s;}
.slideInRightOne span:nth-
child(17){  animation-delay:
1.7s;}
.slideInRightOne span:nth-
child(18){  animation-delay:
1.8s;}
.slideInRightOne span:nth-
child(19){  animation-delay:
1.9s;}
.slideInRightOne span:nth-
child(20){  animation-delay:
2s;}
.slideInRightOne span:nth-
child(21){  animation-delay:
2.1s;}
.slideInRightOne span:nth-
child(22){  animation-delay:
2.2s;}
.slideInRightOne span:nth-
child(23){  animation-delay:
2.3s;}
.slideInRightOne span:nth-
child(24){  animation-delay:
2.4s;}
```

すべてCSSでバラバラになるので、文字数が多いと手間になるが、それぞれカスタマイズできる利点もある

アニメーション「slideInRightOne」の設定

```
@keyframes slideInRightOne{
  0% {
    opacity: 0;
    transform:
translateX(100px);
  }
  100% {
    opacity: 1;
    transform: translateX(0);
  }
}
```

フェードさせながら表示

JavaScript extention.js

```
$('.slideInRightOne').children().addBack().contents().each(function(){
  if (this.nodeType == 3) {
    var $this = $(this);
    $this.replaceWith($this.text().replace(/(\S)/g, '<span>$&</
span>'));
  }
});
```

アニメーションのクラス。idでも可

02 フェードインで出現するテキストアニメーション

ふんわりフェードインしながら表示されるテキスト。目立たせたいタイトルなどに重宝します。また、ユーザーがスクロールして視認領域に入ったらフェードインして表示されるように設定します。

Chapter6 > 02 > sample1

執筆者 棧敷友香子

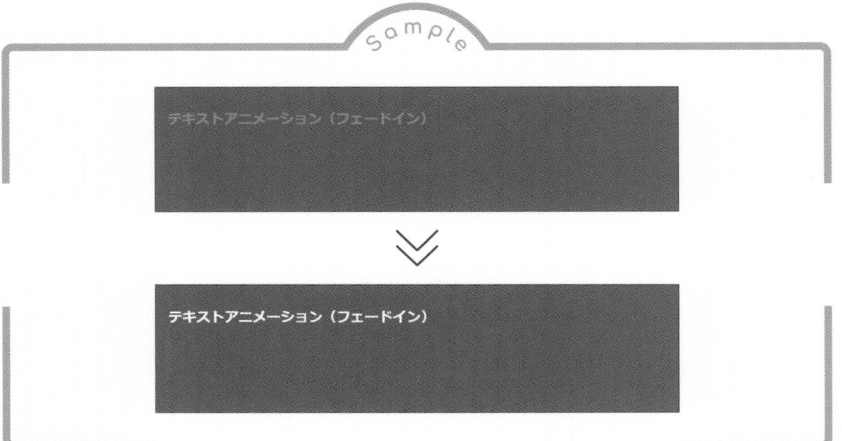

HTML index.html

```
<!DOCTYPE html>
<html lang="ja">
<head>
<meta charset="UTF-8">
<title>テキストアニメーション02</title>
<meta name="viewport" content="width=device-width,initial-scale=1">
<link rel="stylesheet" href="style.css">
</head>
<body>
  <h1 class="fadeIn">テキストアニメーション(フェードイン)</h1>
</body>
</html>
```

アニメーション部分

CSS style.css

```
@charset "UTF-8";
body {
  background: #6c7cb5;
  margin: 0 auto;
   padding: 2em;
}
h1 {
  color: #fff;
}

/* フェードイン */
.fadeIn {
  opacity: 0;
  animation-name: fadeIn;
  animation-duration: 1s;
  animation-timing-function: ease;
  animation-delay: .25s;
  animation-fill-mode: forwards;
}
@keyframes fadeIn{
  0% {
    opacity: 0;
  }
  100% {
    opacity: 1;
  }
}
```

アニメーション部分

アニメーション「fadeIn」を実行

アニメーションさせる時間

アニメーション方法

アニメーションのスタート時間

アニメーション最後の状態を維持

アニメーション「fadeIn」の設定

1つにまとめると、よりシンプルになる（animation: fadeIn 1s ease .25s forwards;）

Point アニメーションでワンランクアップ

目立たせたい見出しなどにアニメーション付けると、目を引いてUI（ユーザーインターフェース）が向上します。サンプルでは、ページにアクセスしてから0.25秒にアニメーションをスタートさせ、1秒かけてふんわりとフェードさせながら表示させています。

プラグイン

jQuery v3.6.0　https://ajax.googleapis.com/ajax/libs/jquery/3.6.0/jquery.min.js

Custom

もう一工夫

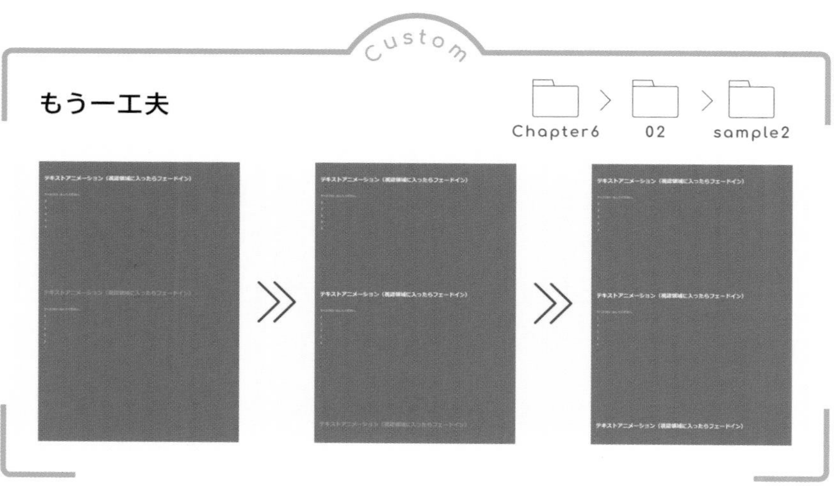
Chapter6 > 02 > sample2
テキストアニメーション（視認領域に入ったらフェードイン）

先ほどの設定では、ページを読み込んだ際、ファーストビューでは見えないページ下の見出しもアニメーションが始まるため、ユーザーのスクロール時すでに表示されている状態になってしまいます。そこで、スクロールした際、視認領域に入ったらフェードインして表示されるよう、簡単なjQueryを使って設定します。

HTML index.html

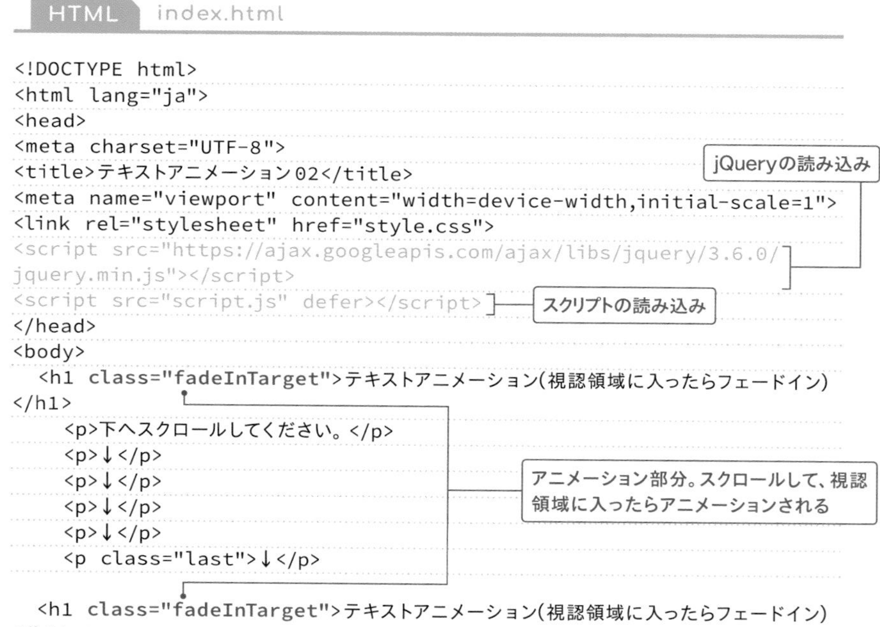
jQueryの読み込み
スクリプトの読み込み
アニメーション部分。スクロールして、視認領域に入ったらアニメーションされる

```
<!DOCTYPE html>
<html lang="ja">
<head>
<meta charset="UTF-8">
<title>テキストアニメーション02</title>
<meta name="viewport" content="width=device-width,initial-scale=1">
<link rel="stylesheet" href="style.css">
<script src="https://ajax.googleapis.com/ajax/libs/jquery/3.6.0/
jquery.min.js"></script>
<script src="script.js" defer></script>
</head>
<body>
  <h1 class="fadeInTarget">テキストアニメーション(視認領域に入ったらフェードイン)
</h1>
    <p>下へスクロールしてください。</p>
    <p>↓</p>
    <p>↓</p>
    <p>↓</p>
    <p>↓</p>
    <p class="last">↓</p>

  <h1 class="fadeInTarget">テキストアニメーション(視認領域に入ったらフェードイン)
</h1>
```

```
    <p>下へスクロールしてください。</p>
    <p>↓</p>
    <p>↓</p>
    <p>↓</p>
    <p>↓</p>
    <p class="last">↓</p>
  <h1 class="fadeInTarget">テキストアニメーション(視認領域に入ったらフェードイン)
</h1>
</body>
</html>
```

アニメーション部分。スクロールして、視認領域に入ったらアニメーションされる

CSS style.css

```
@charset "UTF-8";
body {
  background: #6c7cb5;
  color: #fff;
  margin: 0 auto;
   padding: 5em 2em;
}
h1 {
  margin: 0 0 4rem;
}
.last {
  height: 100vh;
}
/* フェードイン */

.fadeIn {
  opacity: 0;
  animation-name: fadeIn;
  animation-duration: 1s;
  animation-timing-function:
ease;
  animation-delay: 1s;
  animatio
forwards;
}

@keyframes fadeIn{
  0% {
    opacity
  }
  100% {
    opacity: 1;
  }
}
```

アニメーション部分

アニメーション「fadeIn」を実行

効果がわかるよう、サンプルでは少し遅めに表示をスタートさせている

アニメーション「fadeIn」の設定

JavaScript extention.js

```
function fadeInAnimation (){

  $('.fadeInTarget).each(function(){
    var target = $(this).offset().top-100;
    var scroll = $(window).scrollTop();
    var windowHeight = $(window).height();
    if (scroll >= target - windowHeight){
      $(this).addClass('fadeIn');
    }
  });
}

$(window).on('load scroll', function() {
  fadeInAnimation ();
});
```

アニメーションのクラス。idでも可

表示させたいターゲットより100px上までスクロールされたら

HTMLに「.fadeIn」クラスを追記

Chapter 6

03 テキストが拡大・縮小するアニメーション

テキストに拡大縮小の簡単なアニメーション効果をつけます。目立たせたい箇所のアイキャッチなどにオススメです。

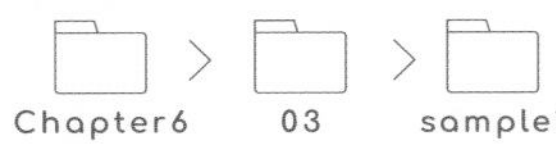

執筆者 矢野みち子
（株式会社KLEE）

Sample

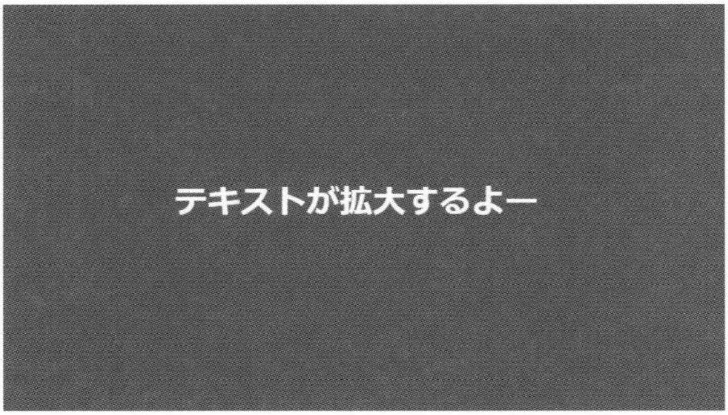

テキストが拡大するよー

テキストが拡大するよー

HTML index.html

```
<!DOCTYPE html>
<html lang="ja">
<head>
<meta charset="UTF-8">
<title>テキスト拡大縮小アニメーション</title>
<meta name="viewport" content="width=device-width,initial-scale=1">
<link rel="stylesheet" href="style.css">
</head>
<body>
  <p class="big">テキストが拡大するよー</p>
</body>
</html>
```

任意のクラス名をつける

HTMLとCSSの基本の設定を行います。テキストを囲むブロックに任意のクラス名をつけます。

Point アニメーションの設定

ブロックのコードの場合（divやpタグ等）、ブロック自体に拡大などのアニメーションがかかってしまうため、inline-blockに指定しておきます。
animationプロパティにアニメーションのキー名とアニメーションの時間を設定します。
キーフレームにtransform: scaleを使用してサイズ非表示から通常のサイズ（1）になるように指定します。
また何度もリピートして見せるようにinfiniteの値をつけます。

CSS style.css

```
@charset "UTF-8";
body{
  margin-top: 5em;
  font-size: 2em;
  color: #ffffff;
  text-align: center;
  background: #a14a4a;
}
.big {
  display: inline-block;/*テキストの大きさピッタリの幅でサイズ変更可*/
  margin: auto;
  font-weight: bold;
  animation:texsize 4s;/*アニメーションの設定*/
}
@keyframes texsize{
  0%{
    transform: scale(0);/*サイズ0(非表示)*/
  }
  100%{
    transform: scale(1);/*サイズ標準に*/
  }
}
```

アニメーションの長さを設定

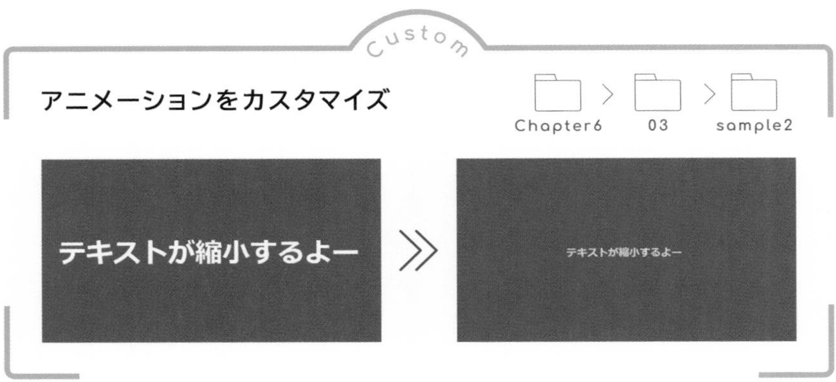

拡大された文字から標準になるように縮小します。1以下の数値を設定してすると標準より小さなテキストに縮小されます。forwardsの値を使い、最終的な状態（100％）を指定します。サンプルでは分かりやすくフォントカラーを変えています。最終的な状態は100％の状態で静止します。
0と100以外にバウンドさせるように細かく%を刻むことも可能です。

CSS style.css

```
.small {
  display: inline-block;
  margin: auto;
  font-weight: bold;
  animation:texsize 3s
forwards;/*キーフレーム100%のスタイルを最後に適用*/
}
```

最後のバウンドのアニメーション設定

```
@keyframes texsize{
  0%{
    transform: scale(3);/*サイズ3倍*/
  }
  80%{
    transform: scale(1);/*サイズ標準*/
  }
  85%{
    transform: scale(0.8);/*サイズ縮小*/
  }
  90%{
    transform: scale(1);/*サイズ標準*/
  }
  95%{
    transform: scale(0.8);/*サイズ縮小*/
  }
  100%{
    transform: scale(1);/*サイズ標準*/
    color: #f3d1d1;
  }
}
```

04 テキストがクルッと動くアニメーション

テキストを回転させるアニメーション効果をつけます。
角度や速さなどのカスタマイズも簡単です。

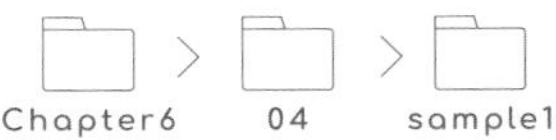

執筆者 矢野みち子
（株式会社KLEE）

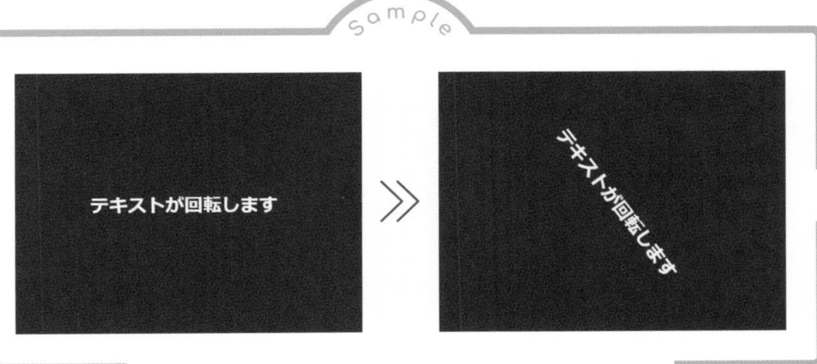

HTML index.html

```
<!DOCTYPE html>
<html lang="ja">
<head>
<meta charset="UTF-8">
<title>テキスト回転アニメーション</title>
<meta name="viewport" content="width=device-width,initial-scale=1">
<link rel="stylesheet" href="style.css">
</head>
<body>
  <p class="rotate">テキストが回転します</p>
</body>
</html>
```

HTMLとCSSで基本の設定を行います。テキストを囲むブロックに任意のクラス名をつけます。

Point 回転アニメーションの設定

ブロックのコードの場合（divやpタグ等）、ブロック自体に拡大などのアニメーションがかかってしまうため、inline-blockに指定しておきます。
animationプロパティにアニメーションのキー名とアニメーションの時間を設定します。
キーフレームにtransform: rotateを使用して360度回転するように指定します。

CSS style.css

```
@charset "UTF-8";
body{
  margin-top: 5em;
  font-size: 2em;
  color: #ffffff;
  text-align: center;
  background: #333e63;
}
.rotate {
  display: inline-block;/*テキストの大きさピッタリの幅でサイズ変更可*/
  margin: auto;
  font-weight: bold;
  animation:textrotate 10s;/*アニメーションの設定*/
}
@keyframes textrotate{
  0%{
    transform: rotate(0);/*正面*/
  }
  100%{
    transform: rotate(360deg);/*角度をつける*/
  }
}
```

Custom

回転場所を各ブロックごとに設定

Chapter6 > 04 > sample2

テキスト が回転します

テキストの任意の箇所を回転させます。HTMLで回転したいテキストをspanタグで囲みます。

HTML index.html

```
<!DOCTYPE html>
<html lang="ja">
<head>
<meta charset="UTF-8">
<title>テキスト回転アニメーション</title>
<meta name="viewport" content="width=device-width,initial-scale=1">
<link rel="stylesheet" href="style.css">
</head>
<body>
  <p class="rotate"><span>テキスト</span>が<span>回</span><span>転</
span>します</p>
</body>
</html>
```

スタイルシートでインライン要素（span）はアニメーションが効かないのでインラインブロック要素に指定します。infiniteでアニメーションを繰り返します。
rotateYにすることで縦座標回転させます（横はrotateXで指定できます）。また角度に-（マイナス）がつくことで逆回転が可能です。

CSS style.css

```
@charset "UTF-8";
body{
  margin-top: 5em;
  font-size: 2em;
  color: #ffffff;
  text-align: center;
  background: #333e63;
}
.rotate {
  margin: auto;
  font-weight: bold;
}
.rotate span{
  display: inline-block;
  animation:textrotate infinite 10s;/*アニメーションの設定*/
}
@keyframes textrotate{
  0%{
    transform: rotateY(0);/*正面*/
  }
  100%{
    transform: rotateY(-360deg);/*マイナスで逆回転*/
  }
}
```

インライン要素をインラインブロック要素に変更

05 見出しテキストのラインアニメーション

CSSとSVGを使って、簡単な記述でできるラインアニメーションを実装します。見出しなどの大きめの文字に使うと、見た目の動きもわかりやすく、効果的です。

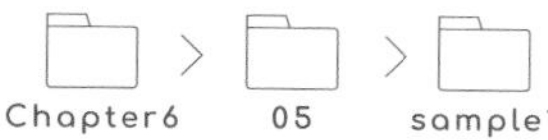

執筆者 錦織幸知（OSALE）

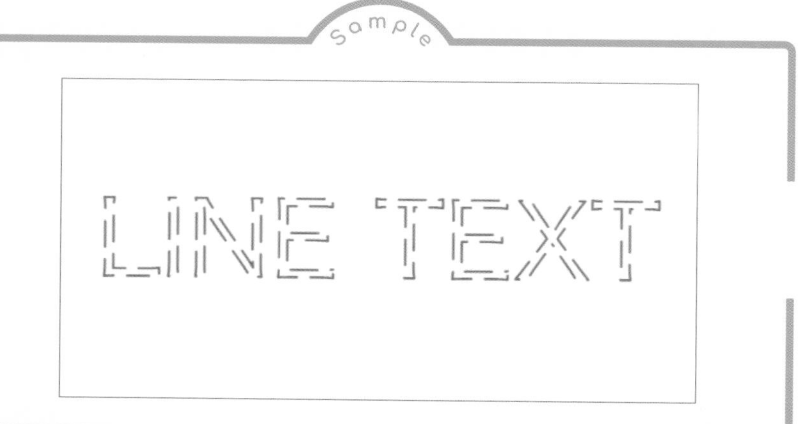

HTML index.html

```
<!doctype html>
<html lang="ja">
<head>
<meta charset="utf-8">
<title>見出しテキストのラインアニメーション(ステップ1)</title>
<meta name="viewport" content="width=device-width,initial-scale=1">
<link rel="stylesheet" href="style.css">
</head>

<body>
```

レスポンシブ対応とCSSのリンク

```
<div class="line-text">
  <svg viewBox="0 0 500 50">
    <symbol id="line-symbol">
      <text x="50%" y="80%" text-anchor="middle">LINE TEXT</text>
    </symbol>
    <use xlink:href="#line-symbol" class="line-use"></use>
  </svg>
</div>

</body>
</html>
```

お好みで文字を入力

svgでテキストを表示するためのタグを挿入

CSS style.css

```
@charset "UTF-8";

body {
  margin: 20px auto;
  padding: 0;
}

.line-text svg {
  font-size: 40px;
  width: 100%;
  display: block;
}

.line-use {
  width: 100%;
  fill: transparent;
  stroke: #ff0000;
  stroke-width: 1px;
  stroke-linecap:round;
  stroke-linejoin: round;
  stroke-dasharray: 10 5; /* 線の間隔 */
  stroke-dashoffset: 0;  /* 線の開始位置 */
  animation: lineText 10s infinite linear;
}

/* アニメーション */
@keyframes lineText {
  100% {
    stroke-dashoffset: 500;
  }
}
```

Point CSSと読み込み、svgのタグを貼り付け

CSSを読み込み、テキストを表示するためのsvgタグを挿入します。これだけで実装は完了です。文字列はお好みの文字を入力して頂いて構いませんが、文字が長い場合は、画面からはみ出してしまいます。その場合は、後述のfont-sizeプロパティの値を小さく調整してみてください。

文字の大きさ、色、線の間隔を調整する

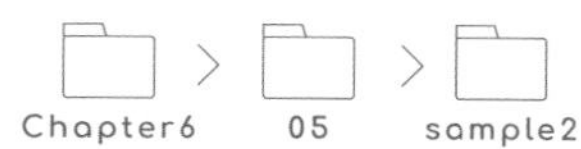

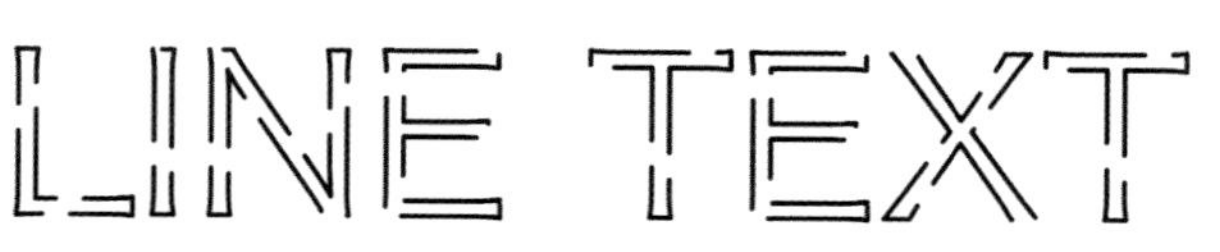

先ほどのままだと文字が小さく、動く線の数が多いと感じるので、CSSの値を調整してみましょう。font-sizeプロパティを40px→80pxに変更します。大きくなった分、svgの表示範囲からはみ出ないように、svgタグのviewBox属性の高さも50→100に変更します。
次に、strokeプロパティから文字の色を黒（#000000）に変更します。
最後に、stroke-dasharrayプロパティから線の間隔を変更し、少し動きを落ち着かせます。この数値を変えるだけでも、アニメーションの見え方が大きく変わるので、ぜひいろいろな数値で試してみてください。

HTML index.html

```
<!doctype html>
<html lang="ja">
<head>
<meta charset="utf-8">
<title>見出しテキストのラインアニメーション(ステップ2)</title>
<meta name="viewport" content="width=device-width,initial-scale=1">
<link rel="stylesheet" href="style.css">
</head>

<body>

<div class="line-text">
  <svg viewBox="0 0 500 100">
    <symbol id="line-symbol">
      <text x="50%" y="80%" text-anchor="middle">LINE TEXT</text>
    </symbol>
    <use xlink:href="#line-symbol" class="line-use"></use>
  </svg>
</div>

</body>
</html>
```

文字を大きくするためviewBoxの高さを増やす

CSS style.css

```
@charset "UTF-8";

body {
  margin: 20px auto;
  padding: 0;
}

.line-text svg {
  font-size: 80px;
  width: 100%;
  display: block;
}

.line-use {
  width: 100%;
  fill: transparent;
  stroke: #000000;
  stroke-width: 2px;
  stroke-linecap:round;
  stroke-linejoin: round;
  stroke-dasharray: 40 10; /* 
線の間隔  */
  stroke-dashoffset: 0;  /* 線
の開始位置  */
  animation: lineText 10s 
infinite linear;
}

/* アニメーション */
@keyframes lineText {
  100% {
    stroke-dashoffset: 500;
  }
}
```

文字のサイズを大きくする

文字の色を変更する

ラインアニメーションの線の間隔を変更する

Attention

IE11の場合は、静止画での見え方となります。

LINE TEXT

Chapter 6

06 テキストの背景が動くアニメーション

アニメのオープニングタイトルのようにテキストの下を画像のみ移動させるアニメーションです。background-clip:textはIEでは効かないため、IEでの既読性を落とさないためにハックを使いましょう。

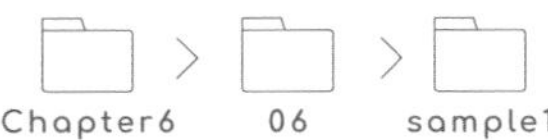

執筆者 五十嵐小由利
（株式会社マジカルリミックス）

HTML index.html

```
<!DOCTYPE html>
<html lang="ja">
<head>
<meta charset="UTF-8">
<title>テキストの下を画像が移動する(ステップ1)</title>
<meta name="viewport" content="width=device-width,initial-scale=1">
<link rel="stylesheet" href="style.css">
</head>
<body>
  <div class="type-mask">
    <p class="text">MASK<br>SAMPLE<br>TEXT</p>
  </div>
</body>
</html>
```

CSS style.css

```
@charset "UTF-8";

.type-mask {
  display: inline-block;
  background: #333;
}
.type-mask .text {
  padding: 50px;
  margin: 0;
  font-size: 80px;
  font-weight: bold;
  line-height: 1;
  color: transparent; /* 文字色指定なし */
  text-align: center;
  background-image: url("img/bg.jpg");
  -webkit-background-clip: text; /* 背景をテキストでマスクする */
  animation: scrollmask 10s ease 1.5s infinite;
}
@keyframes scrollmask {
  0% {
    background-position: 0 0;
  }
  100% {
    background-position: 100% 0;
  }
}
/* background-clip:textはIEに効かないため、IEで可読性を落とさない */
_:-ms-lang(x), .type-mask {
  position: relative;
  background: url("img/bg.jpg");
  animation: scrollmask 10s ease 1.5s infinite;
}
_:-ms-lang(x), .type-mask::before {
  position: absolute;
  top: 0;
  left: 0;
  width: 100%;
  height: 100%;
  content: '';
  background: rgba(0, 0, 0, 0.4);
}
_:-ms-lang(x), .type-mask .text {
  position: relative;
  z-index: 1;
  color: #fff;
  background: none;
}
```

scrollmaskの@keyframesを使用

背景画像の位置を移動

IE向けのハックを行う

Point } IEで可読性を落とさない

background-clipを使って背景画像をテキストの形で切り抜きます。そして、animationで画像を移動させます。
background-positionを0%から右100%に移動する@keyframesを作成します。マスクした要素に適用したら完成です。
ただし、background-clip:textはIEでは効きません。IEでの既読性を落とさないため、ハックを使ったIE向けのCSS指定が必要です。
IEでは、移動する背景画像の上にテキストが載っているような見た目となります。

Custom

グラデーションが動く

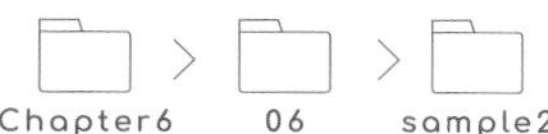

GRAD
SAMPLE
TEXT

HTML index.html

```
<!DOCTYPE html>
<html lang="ja">
<head>
<meta charset="UTF-8">
<title>テキストの下を画像が移動する(ステップ2)</title>
<meta name="viewport" content="width=device-width,initial-scale=1">
<link rel="stylesheet" href="style.css">
</head>
<body>
  <div class="type-gradient">
    <p class="text">GRAD<br>SAMPLE<br>TEXT</p>
  </div>
</body>
</html>
```

CSS style.css

```
@charset "UTF-8";

.type-gradient {
  display: inline-block;
  background: lineargradient(-45deg, #006156, #8ad7ff); /* グラデーション指定 */
  -webkit-background-clip: text; /* 背景をテキストでマスクする */
  background-size: 200% 200%;
  animation: scrollgradient 10s ease 1s infinite;
}
.type-gradient .text {
  padding: 50px;
  margin: 0;
  font-size: 80px;
  font-weight: bold;
  line-height: 1;
  color: transparent; /* 文字色指定なし */
  text-align: center;
}
@keyframes scrollgradient {

  0% {
    background-position: 0 0;
  }
  50% {
    background-position: 100% 100%;
  }
  100% {
    background-position: 0 0;
  }
}
/* background-clip:textはIEに効かないため、IEで可読性を落とさない */
_:-ms-lang(x), .type-gradient {
  position: relative;
}
_:-ms-lang(x), .type-gradient::before {
  position: absolute;
  top: 0;
  left: 0;
  width: 100%;
  height: 100%;
  content: '';
  background: rgba(0, 0, 0, 0.1);
}
_:-ms-lang(x), .type-gradient .text {
  position: relative;
  z-index: 1;
  color: #fff;
  background: none;
}
```

scrollgradientの@keyframesを使用

背景の位置を0%から右100%、上100%に移動し、元の位置に戻す

IE向けのハックを行う

背景画像を切り抜くだけではなく、グラデーションも切り抜くことができます。background-positionを0%から右100%、上100%に移動し、元の位置に戻す@keyframesを作成します。マスクした要素に適用したら完成です。こちらもIEでは効かないため、ハックを使ったIE向けのCSS指定が必要です。既読性保持のために必ず指定しましょう。

IEでは、移動するグラデーション上にテキストが載っているような見た目となります。

07 文字がクルクル変わるニュースティッカー

CSSだけで、文字がクルクル切り替わる簡易的なニュースティッカーを作成します。
Webサイトのお知らせや更新情報を掲載するのに便利です。

Chapter6 > 07 > sample1

執筆者 錦織幸知（OSALE）

お知らせ： サイトリニューアルしました

お知らせ：

お知らせ： 採用情報を更新しました

HTML index.html

```
<!doctype html>
<html lang="ja">
<head>
<meta charset="utf-8">
<title>簡易CSSニュースティッカー(ステップ1)</title>
<meta name="viewport" content="width=device-width,initial-scale=1">
<link rel="stylesheet" href="style.css">
</head>

<body>

  <div class="news-text">お知らせ:</div>
  <div class="news-ticker">
    <ul class="news-ticker-list">
      <li>サイトリニューアルしました</li>
      <li>採用情報を更新しました</li>
      <li>制作実績を2件更新しました</li>
      <li>年末年始休業のおしらせ</li>
    </ul>
  </div>

</body>
</html>
```

レスポンシブ対応とCSSのリンク

掲載したいテキストをli要素で4つ並べる

CSS style.css

```
@charset "UTF-8";

.news-text {
  display: inline-block;
  vertical-align: top;
  line-height: 1.5em;
}
.news-ticker {
  overflow: hidden;
  display: inline-block;
  vertical-align: top;
  height: 1.5em;
}

.news-ticker-list {
  margin: 0;
  padding: 0;
  list-style-type: none;
  animation: animation4 8.0s
infinite;
```

項目が1周回り終わるまでのアニメーションの時間

```
  color: #6989ff;
}
/* アニメーション */
/* 4項目 */
@keyframes animation4 {
  0% {
    transform: translateY(0);
  }
  20% {
    transform: translateY(0);
  }
  25% {
    transform: translateY(-
1.5em);
  }
  45% {
    transform: translateY(-
1.5em);
  }
  50% {
    transform: translateY(-
```

ニュースティッカーの文字の色を設定

```
3em);
  }
  70% {
    transform: translateY(-
3em);
  }
  75% {
    transform: translateY(-
4.5em);
  }
  95% {
    transform: translateY(-
4.5em);
  }
  100% {
    transform: translateY(0);
  }
}
```

Point CSSを読み込み、li要素を4つ並べる

CSSを読み込み、お好みで掲載したい文章をli要素で4つ並べてください。ブラウザで表示確認をし、項目が順番に切り替わることが確認できれば成功です。

項目を増やす

Chapter6 > 07 > sample2

項目を4つから、5つや6つに増やしてみましょう。次のHTMLのようにli要素を1つ追加します。CSSではanimationプロパティの値を変更します。サンプルではアニメーションの指定を「animation5」にしています。項目が6つの場合は「animation6」を指定してください。

HTML index.html

```
<div class="news-text">お知らせ:</div>
<div class="news-ticker">
  <ul class="news-ticker-list">
    <li>サイトリニューアルしました</li>
    <li>採用情報を更新しました</li>
    <li>制作実績を2件更新しました</li>
    <li>年末年始休業のおしらせ</li>
    <li>スタッフブログを更新しました</li>
  </ul>
</div>
```

li要素を増やす

CSS style.css

```
@charset "UTF-8";

.news-text {
  display: inline-block;
  vertical-align: top;
  line-height: 1.5em;
}
.news-ticker {
  overflow: hidden;
  display: inline-block;
  vertical-align: top;
  height: 1.5em;
}
.news-ticker-list {
  margin: 0;
  padding: 0;
  list-style-type: none;
  animation: animation5 10.0s
```

アニメーションの指定を「animation5」に変更し、秒数を10秒に

```
infinite;
  color: #6989ff;
}
/* アニメーション  */
/* 4項目 */
@keyframes animation4 {
  0% {
    transform: translateY(0);
  }
  20% {
    transform: translateY(0);
  }
  25% {
    transform: translateY(-
1.5em);
  }
  45% {
    transform: translateY(-
1.5em);
  }
  50% {
    transform: translateY(-
3em);
  }
  70% {
    transform: translateY(-
3em);
  }
  75% {
    transform: translateY(-
4.5em);
  }
  95% {
    transform: translateY(-
4.5em);
  }
  100% {
    transform: translateY(0);
  }
}
/* 5項目 */
@keyframes animation5 {
  0% {
    transform: translateY(0);
  }
  15% {
    transform: translateY(0);
  }
  20% {
    transform: translateY(-
1.5em);
  }
  35% {
    transform: translateY(-
1.5em);
  }
  40% {
    transform: translateY(-
3em);
  }
  55% {
    transform: translateY(-
3em);
  }
  60% {
    transform: translateY(-
4.5em);
  }
  75% {
    transform: translateY(-
4.5em);
  }
  80% {
    transform: translateY(-
6em);
  }
  95% {
    transform: translateY(-
6em);
  }
  100% {
    transform: translateY(0);
  }
}
```

項目が5つの場合のアニメーションスタイル例

テキスト

```
/* 6項目 */
@keyframes animation6 {
  0% {
    transform: translateY(0);
  }
  11% {
    transform: translateY(0);
  }
  16% {
    transform: translateY(-
1.5em);
  }
  28% {
    transform: translateY(-
1.5em);
  }
  33% {
    transform: translateY(-
3em);
  }
  45% {
    transform: translateY(-
3em);
  }
  50% {
    transform: translateY(-
4.5em);
  }
  61% {
    transform: translateY(-
4.5em);
  }
  66% {
    transform: translateY(-
6em);
  }
  78% {
    transform: translateY(-
6em);
  }
  83% {
    transform: translateY(-
7.5em);
  }
  95% {
    transform: translateY(-
7.5em);
  }
  100% {
    transform: translateY(0);
  }
}
```

項目が6つの場合のアニメーションスタイル例

Chapter 6

08 文字が左右から集まるアニメーション

CSSを使って、左右から中央に文字が集まるアニメーションを作成します。JavaScript不要+簡単なCSSの記述で、見出しなどの文字を目立たせることができます。

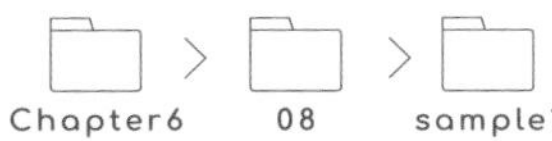

執筆者 錦織幸知（OSALE）

Sample

左右から集まる文字

左右から集まる文字

HTML index.html

```
<!doctype html>
<html lang="ja">
<head>
<meta charset="utf-8">
<title>左右から集まるテキスト(ステップ1)</title>

<meta name="viewport" content="width=device-width,initial-scale=1">
<link rel="stylesheet" href="style.css">
</head>

<body>

  <div class="box">
      <div class="main-text">左右から集まる文字</div>
  </div>

</body>
</html>
```

レスポンシブ対応とCSSのリンク

表示する文字を入力

CSS style.css

```
@charset "UTF-8";

body {
  padding: 2.0em;
}

.box {
  text-align: center;
}

.main-text {
  font-size: 50px;
  font-weight: bold;
  letter-spacing: 0.1em;
  animation: effect 2.5s ease-out;
}

/* アニメーション */
@keyframes effect {
  0% {
    color: #ffffff;
  }
  30% {
    letter-spacing: 0.4em;
  }
  80% {
    letter-spacing: 0.1em;
  }
}
```

アニメーションの長さを数値で指定

ここの色指定はページの背景の色と同じにする

Point CSSを読み込み、文字を入力するだけ

CSSを読み込み、表示させたいお好みの文字をHTMLに入力してください。
CSS側では、アニメーションの長さを数値で指定できます。1つ注意点として、CSS21行目のcolorプロパティの色指定は、背景の色と同じ色を指定してください。サンプルでは背景色は特に指定されておらず、デフォルト表示の白背景となっているため白（#ffffff）を指定しています。

Custom

テキスト表示後、追加で小見出しテキストを表示する

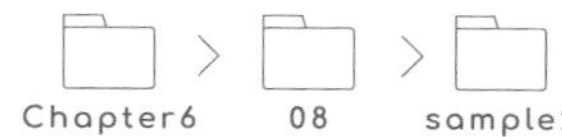

左右から集まる文字

左右から集まる文字

左右から集まる文字
サブテキストもはいります

テキストが表示されたあと、さらに小見出しテキストをアニメーションで表示させてみましょう。HTMLに小見出し用のテキストを追加します。最後に、次のようにCSSに追記します。ここでは、CSS17行目のbackground-colorプロパティの色指定を、背景と同じ色にしてください（つまり先ほど同じ色を指定した29行目のcolorプロパティと同じ色になります）。

HTML index.html

```
<!doctype html>
<html lang="ja">
<head>
<meta charset="utf-8">
<title>左右から集まるテキスト(ステップ2)</title>
<meta name="viewport" content="width=device-width,initial-scale=1">
<link rel="stylesheet" href="style.css">
</head>

<body>

  <div class="box">
      <div class="main-text">左右から集まる文字</div>
      <div class="sub-text">サブテキストもはいります</div>
  </div>

</body>
</html>
```

小見出しテキストを追記

CSS style.css

```
@charset "UTF-8";

body {
  padding: 2.0em;
}

.box {
  text-align: center;
}

.main-text {
  font-size: 50px;
  font-weight: bold;
  letter-spacing: 0.1em;
  animation: effect 2.5s ease-
out;
  position: relative;
  background-color: #ffffff;
  margin-bottom: 0.25em;
}
```

スタイルを追記。background-colorプロパティには29行目と同じ色指定

```
.sub-text {
  font-size: 25px;
  color: #ff0000;
}

/* アニメーション */
@keyframes effect {
  0% {
    color: #ffffff;
    margin-bottom: -1.0em;
  }
  30% {
    letter-spacing: 0.4em;
    margin-bottom: -1.0em;
  }
  80% {
    letter-spacing: 0.1em;
    margin-bottom: -1.0em;
  }
}
```

小見出し用のスタイルを追記

(29行目)

小見出し用のアニメーションCSSを追記

09 マスクを使ったテキストアニメーション

CSSのみを使って、テキストを背景画像でマスクします。さらに、マスクした画像を横に移動するようにアニメーションさせて、目立たせてみましょう。

Chapter6 > 09 > sample1

執筆者 錦織幸知（OSALE）

Sample

MASK TEXT

HTML index.html

```
<!doctype html>
<html lang="ja">
<head>
<meta charset="utf-8">
<title>動くマスクテキスト(ステップ1)</title>
<meta name="viewport" content="width=device-width,initial-scale=1">
<link rel="stylesheet" href="style.css">
</head>

<body>

    <div class="mask-text">MASK TEXT</div>

</body>
</html>
```

classをつける

テキストをお好みで入力

レスポンシブ対応とCSSのリンク

CSS style.css

```
@charset "UTF-8";

.mask-text {
  font-size: 100px;

  font-weight: bold;
  display: inline-block;
  color: rgba(0,0,0,0); /* 文字を透明に */
  background-image: url(img/photo001.jpg);
  background-repeat: repeat-x;
  background-position: left center;
  background-size: contain;
  -webkit-background-clip: text;
          background-clip: text;
}
```

文字のサイズと太さを設定

マスクに使う背景画像を指定

Point CSSを読み込み、classをつける

CSSを読み込み、対象にしたい文字の要素にclass「mask-text」をつけてください。文字は、お好みのテキストを入力してください。
CSS側ではまず入力した文字にあわせて文字サイズと太さを設定します。最後に、背景画像として使用する画像を設定します。

Custom

背景画像をリピートし、横に動かす

Chapter6 > 09 > sample2

背景画像をテキストにマスクできたら、背景画像を横に動かすアニメーションを実装します。次のようにスタイルを追加します。背景画像の動くスピードは、お好みで調整してください（サンプルでは5秒）。

CSS style.css

```
@charset "UTF-8";

.mask-text {
  font-size: 100px;
  font-weight: bold;
  display: inline-block;
  color: rgba(0,0,0,0); /* 文字を透明に */
  background-image: url(img/photo001.jpg);
  background-repeat: repeat-x;
  background-position: left center;
  background-size: contain;
  -webkit-background-clip: text;
          background-clip: text;
  animation: bgImage 5.0s linear infinite;
}

/* アニメーション */
@keyframes bgImage {
  0% {
    background-position: left center;
  }
   100% {
    background-position: right center;
  }
}
```

アニメーションのスピードを設定

追加するスタイル

Attention

IE11の場合は「background-clip:text;」をサポートしていないため、サンプルではテキストの背景に画像が流れるようになります。

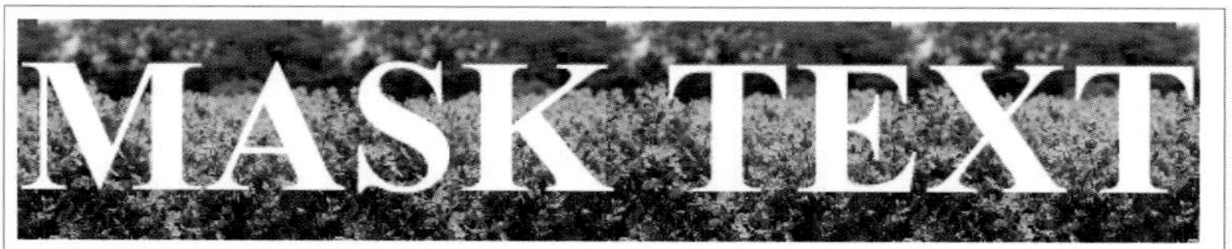

10 文字がぴこぴこ動くアニメーション

文字が上下にぴこぴこと可愛く動くアニメーションを作成します。CSSのみで実装可能で、動かす文字数やアニメーションのスピードも変更できます。

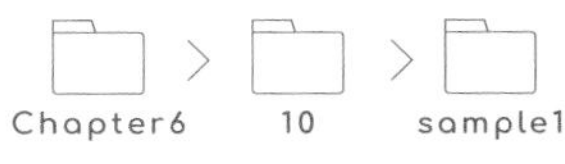

執筆者 錦織幸知（OSALE）

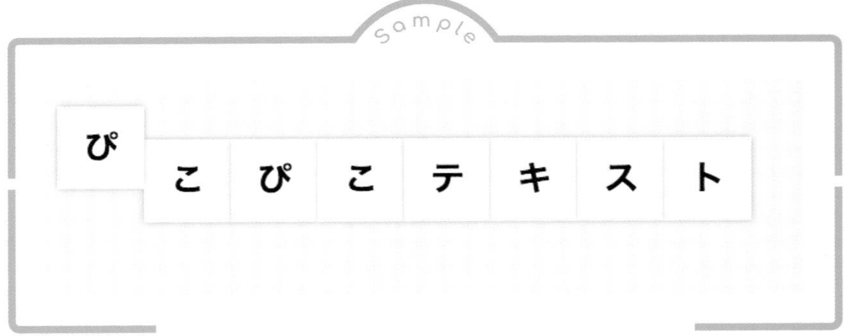

HTML index.html

```
<!doctype html>
<html lang="ja">
<head>
<meta charset="utf-8">
<title>ぴこぴこテキストアニメーション(ステップ1)</title>
<meta name="viewport" content="width=device-width,initial-scale=1">
<link rel="stylesheet" href="style.css">
</head>

<body>
    <p class="pikopiko">
        <span>ぴ</span>
        <span>こ</span>
        <span>ぴ</span>
        <span>こ</span>
        <span>テ</span>
        <span>キ</span>
        <span>ス</span>
        <span>ト</span>
    </p>

</body>
</html>
```

レスポンシブ対応とCSSのリンク

表示する文字をspanタグで1文字ずつ囲む

CSS style.css

```
@charset "UTF-8";

body {
  background-color: #eee;
  padding: 1.0em;
}

.pikopiko {
  font-size: 30px;
  font-weight: bold;
  display: -ms-flexbox;
  display: flex;
  -ms-flex-wrap: wrap;
      flex-wrap: wrap;
}

.pikopiko span {
  color: #000;
  background: #fff;
  padding: 0.5em 0.75em;
  text-align: center;
  box-shadow: #999 0 0 6px;
}

.pikopiko span:first-child {
  animation: pikopiko 0.5s
infinite;
  animation-delay: .2s;
}

/* アニメーション */
@keyframes pikopiko {
  0% {
    transform: translateY(0);
  }
  50% {
    transform: translateY(-
1em);
  }
  100% {
    transform: translateY(0);
  }
}
```

アニメーションの長さを数値で指定

テキスト

Point 最初の1文字目を上下に動かす

CSSを読み込み、表示させたいお好みの文字をspanタグで1文字ずつ囲ってください。ブラウザで確認し、最初の文字（サンプルでは「ぴ」）が上下に動いていれば成功です。

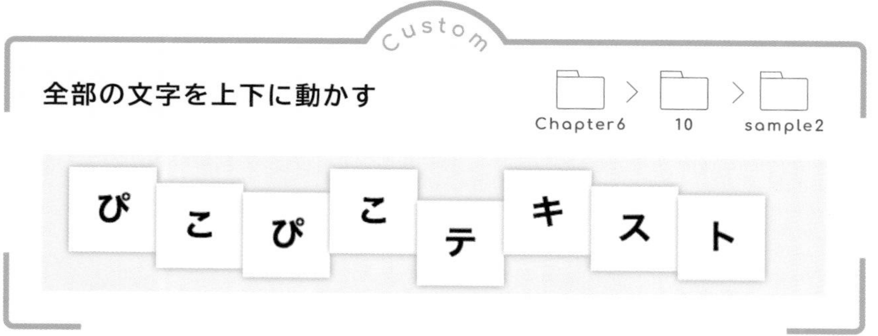

次に、入力した全ての文字を上下に動かしてみましょう。次のようにスタイルを変更・追記します。サンプルでは8文字目まで設定しています。文字数がそれ以上になる場合は、その分スタイルを増やして使用してください。

CSS style.css

```
@charset "UTF-8";
body {
  background-color: #eee;
  padding: 1.0em;
}
.pikopiko {
  font-size: 30px;
  font-weight: bold;
  display: -ms-flexbox;
  display: flex;
  -ms-flex-wrap: wrap;
      flex-wrap: wrap;
}
.pikopiko span {
  color: #000;
  background: #fff;
  padding: 0.5em 0.75em;
  text-align: center;
  box-shadow: #999 0 0 6px;
  animation: pikopiko 0.5s infinite;
}
.pikopiko span:first-child {
  animation-delay: .2s;
}
.pikopiko span:nth-child(2) {
  animation-delay: .4s;
}
.pikopiko span:nth-child(3) {
  animation-delay: .6s;
}
.pikopiko span:nth-child(4) {
  animation-delay: .8s;
}
.pikopiko span:nth-child(5) {
  animation-delay: 1s;
}
.pikopiko span:nth-child(6) {
  animation-delay: 1.2s;
}
.pikopiko span:nth-child(7) {
  animation-delay: 1.4s;
}
.pikopiko span:nth-child(8) {
  animation-delay: 1.6s;
}
/* アニメーション */
@keyframes pikopiko {
  0% {
```

1文字目（:first-child）のみにつけていたアニメーション設定を全体に適用するためここへ移動

1文字目のアニメーションが開始されるまでの時間

2文字目のアニメーションが開始されるまでの時間

3文字目のアニメーションが開始されるまでの時間

4文字目のアニメーションが開始されるまでの時間

5文字目のアニメーションが開始されるまでの時間

6文字目のアニメーションが開始されるまでの時間

7文字目のアニメーションが開始されるまでの時間

8文字目のアニメーションが開始されるまでの時間

1～8文字目までに、アニメーション開始時間を個別に設定

```
    transform: translateY(0);
  }
  50% {
    transform: translateY(-1em);
  }
  100% {
    transform: translateY(0);
  }
}
```

CSS style.css（9文字目以降を追記する場合の例）

```
.pikopiko span:nth-child(9) {
  animation-delay: 1.8s;
}
```

1つ前から +0.2s して記述する

Chapter

7

画像／動画／SNS

01 SNSアイコンにツールチップを表示

SNSボタンはどこのSNSのシェアボタンなのかが一目でわかる必要があります。そのため、SNSブランド「らしさ」としてブランドカラーとアイコンを表示しつつ、ユーザビリティを考え、ホバーでSNS名を表示させています。

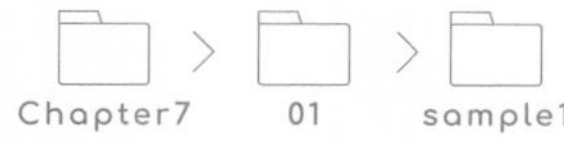

執筆者 五十嵐小由利
（株式会社マジカルリミックス）

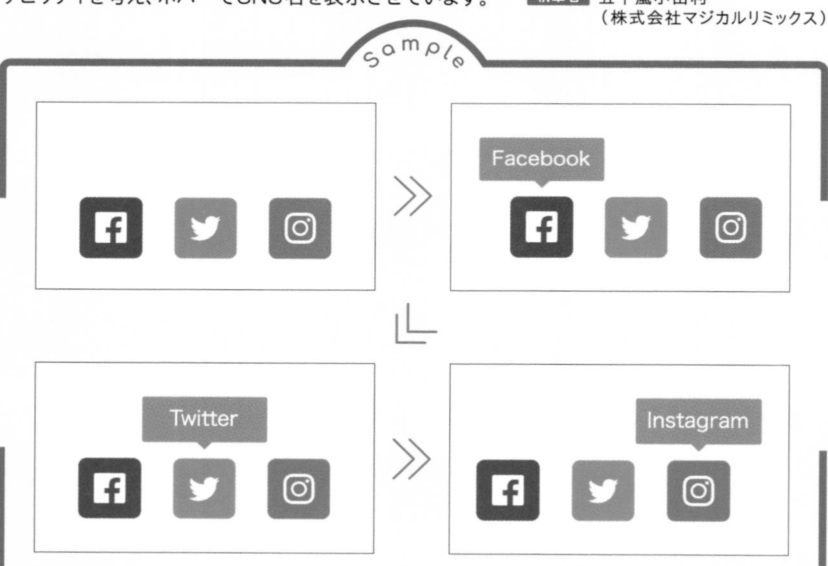

HTML index.html

```
<!DOCTYPE html>
<html lang="ja">
<head>
<meta charset="UTF-8">
<title>SNSアイコンホバーでツールチップ表示(ステップ1)</title>
<meta name="viewport" content="width=device-width,initial-scale=1">
<link rel="stylesheet" href="style.css">
</head>
<body>
```

それぞれのSNS名でclass指定

```
  <ul>
    <li class="facebook"><a href="#"><span>Facebook</span></a></li>
    <li class="twitter"><a href="#"><span>Twitter</span></a></li>
    <li class="instagram"><a href="#"><span>Instagram</span></a></
li>
  </ul>
</body>
</html>
```

CSS style.css

```
@charset "UTF-8";

ul {
  position: absolute;
  top: 50%;
  left: 50%;
  display: flex;
  padding: 0;
  list-style: none;
  transform: translate(-50%,
-50%);
}
li {
  margin: 0 10px;
}
a {
  position: relative;
  display: inline-block;
  width: 40px;
  height: 40px;
  text-decoration: none;
  border-radius: 5px;
}
a::before {
  position: absolute;
  top: 50%;
  left: 50%;
  display: block;
  width: 20px;
  height: 20px;
  content: "";
  transform: translate(-50%,
-50%);
}
.facebook a {
  background: #3B5998;
}
.facebook a::before {
  background: url("img/icon-
facebook.svg") no-repeat 0 0;
  background-size: cover;
}
.twitter a {
  background: #55acee;
}
.twitter a::before {
  background: url("img/icon-
twitter.svg") no-repeat 0 0;
  background-size: cover;
}
.instagram a {
  background: #c6529a;
}
.instagram a::before {
  background: url("img/icon-
instagram.svg") no-repeat 0 0;
  background-size: cover;
}
a span {
  position: absolute;
  right: -20px;
  bottom: 0;
  left: -20px;
  z-index: -1;
  padding: 5px;
  font-size: small;
  color: #fff;
  text-align: center;
  visibility: hidden; /* 通常時
は非表示 */
  background: #999;
  border-radius: 2px;
  opacity: 0; /* 通常時は非表示
*/
  transition: all 0.2s; /* 動き
をなめらかに */
```

親要素に対して中央位置指定

親要素に対して下位置、左右-20pxの位置指定

```
}
a span::before {
  position: absolute;
  bottom: -10px;
  left: 50%;
  width: 0;
  height: 0;
  content: '';
  border: 5px solid
transparent;
  border-top-color: #999;
  transform: translate(-50%,
0);
}
a:hover span {
  bottom: 50px;
  /* aがホバーされたら表示 */
  visibility: visible;
  opacity: 1;
}
```

位置を変えて下から浮き出るように

Point 浮き出るようなツールチップ表示に

SNSアイコンはWebフォント「Font Awesome」を使用する方法もありますが、今回はわかりやすく画像で表示しています。通常時は非表示にしておき、aにホバーされたら表示します。ツールチップをフェードイン表示させるために、displayではなくvisibilityとopacityを使っています。それと同時に、表示位置をbottom:0から50pxにすることで浮き出るようなツールチップ表示になります。

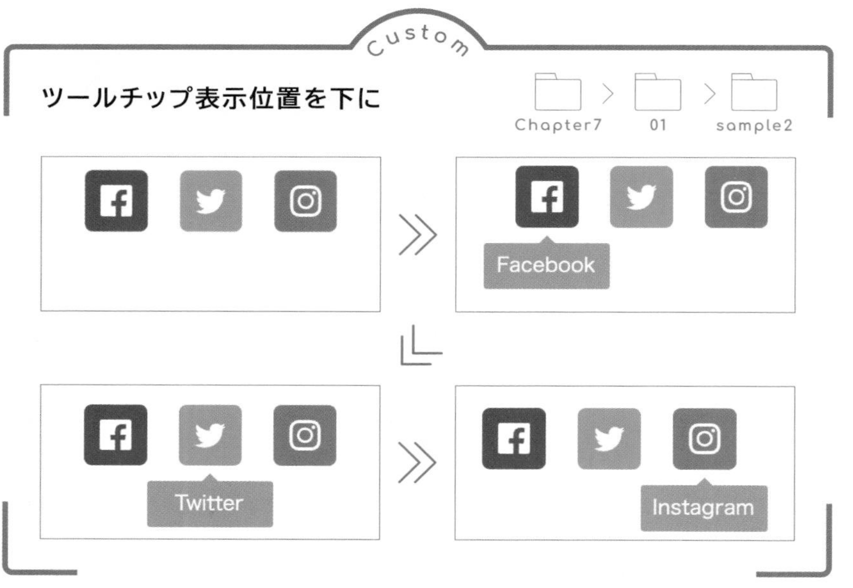

ツールチップの表示位置を上から下に変更しました。SNSアイコンの配置場所によってツールチップの表示位置を指定するとよいでしょう。ツールチップの表示速度を自由に変えられますが、あまり遅くしすぎるとユーザーのストレスとなってしまうため注意が必要です。

CSS style.css

```
@charset "UTF-8";

ul {
  position: absolute;
  top: 50%;
  left: 50%;
  display: flex;
  padding: 0;
  list-style: none;
  transform: translate(-50%,
-50%);
}
li {
  margin: 0 10px;
}
a {
  position: relative;
  display: inline-block;
  width: 40px;
  height: 40px;
  text-decoration: none;
  border-radius: 5px;
}
a:hover {
  opacity: 1;
}
a::before {
  position: absolute;
  top: 50%;
  left: 50%;
  display: block;
  width: 20px;
  height: 20px;
  content: "";
  transform: translate(-50%,
-50%);
}
.facebook a {
  background: #3B5998;
}
.facebook a::before {
  background: url("img/icon-
facebook.svg") no-repeat 0 0;
  background-size: cover;
}
.twitter a {
  background: #55acee;
}
.twitter a::before {
  background: url("img/icon-
twitter.svg") no-repeat 0 0;
  background-size: cover;
}
.instagram a {
  background: #c6529a;
}
.instagram a::before {
  background: url("img/icon-
instagram.svg") no-repeat 0 0;
  background-size: cover;
}
a span {
  position: absolute;
  top: 0;
  right: -20px;
  left: -20px;
  z-index: -1;
  padding: 5px;
  font-size: small;
  color: #fff;
  text-align: center;
  visibility: hidden;
  background: #999;
  border-radius: 2px;
  opacity: 0;
  transition: all 0.5s;
}
a span::before {
  position: absolute;
  top: -10px;
  left: 50%;
  width: 0;
  height: 0;
  content: '';
  border: 5px solid
transparent;
  border-bottom-color: #999;
  transform: translate(-50%,
0);
}
a:hover span {
  top: 50px;
  visibility: visible;
  opacity: 1;
}
```

親要素に対して上位置、左右-20pxの位置指定

1つ目より動き遅く

spanの位置変更にあわせて位置変更

色をつける線の場所を変更し、吹き出しを上向きに

Chapter 7

02 ＋ボタンをクリックで SNSアイコンが表れる

設置したいシェアボタンが多くある場合、コンテンツの幅によってはすべてを設置できないことがあります。その場合、重要度の低いボタンをいったん非表示にし、＋ボタンホバーで表示してはいかがでしょうか？

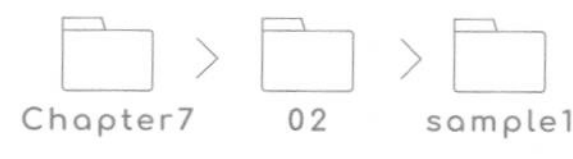

執筆者 五十嵐小由利
（株式会社マジカルリミックス）

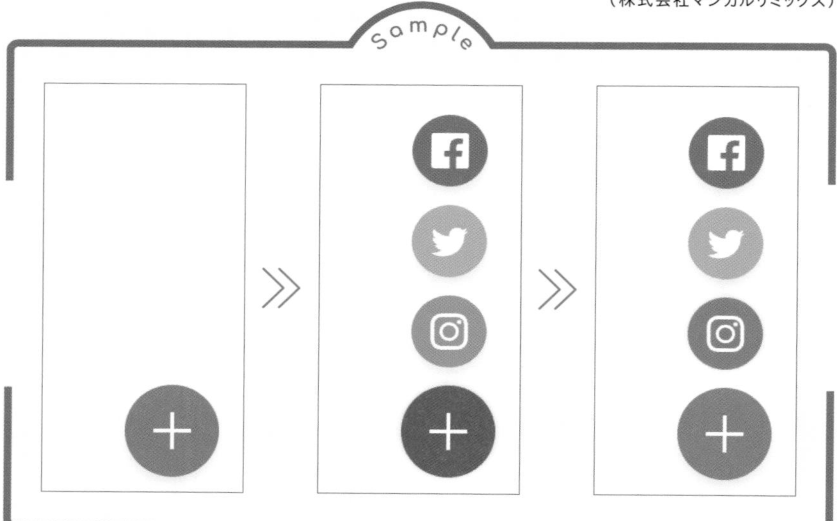

HTML index.html

```
<!DOCTYPE html>
<html lang="ja">
<head>
<meta charset="UTF-8">
<title>＋ボタンホバーでSNSアイコン表示(ステップ1) </title>
<meta name="viewport" content="width=device-width,initial-scale=1">
<link rel="stylesheet" href="style.css">
</head>
<body>
  <ul>
    <li class="facebook"><a href="#"></a></li>
    <li class="twitter"><a href="#"></a></li>
```

それぞれのSNS名でclass指定

```
    <li class="instagram"><a href="#"></a></li>
    <li class="plus"><span></span></li>
  </ul>
</body>
</html>
```

+ボタン

CSS style.css

```
@charset "UTF-8";

ul {
  position: fixed;
  right: 0;
  bottom: 0;
  padding: 0;
  margin: 1em;
  list-style: none;
}
li {
  opacity: 0; /* 通常時非表示 */
  transition: all 0.5s; /* 動き
をなめらかに */
}
li.plus, ul:hover li {
  opacity: 1;
}
li:nth-child(1) {
  transition-delay: 150ms;
}
li:nth-child(2) {
  transition-delay: 100ms;
}
li:nth-child(3) {
  transition-delay: 50ms;
}
a, .plus span {
  position: relative;
  display: block;
  border-radius: 50%;
  box-shadow: 0 5px 10px -2px
rgba(0, 0, 0, 0.2);
  opacity: 0.8;
}
a {
  width: 40px;
  height: 40px;
  margin: 0 auto 10px;
}
a:hover, .plus span:hover {
  box-shadow: 0 0 5px rgba(0,
0, 0, 0.2);
  opacity: 1;
}
a::before {
  position: absolute;
  top: 50%;
  left: 50%;
  display: block;
  width: 20px;
  height: 20px;
  content: "";
  transform: translate(-50%,
-50%);
}
.facebook a {
  background: #3B5998;
}
.facebook a::before {
  background: url("img/icon-
facebook.svg") no-repeat 0 0;
  background-size: cover;
}
.twitter a {
  background: #55acee;
}
.twitter a::before {
  background: url("img/icon-
twitter.svg") no-repeat 0 0;
  background-size: cover;
}
.instagram a {
  background: #c6529a;
}
.instagram a::before {
  background: url("img/icon-
instagram.svg") no-repeat 0 0;
  background-size: cover;
}
.plus span {
  width: 50px;
```

+マークとul ホバーで表示

表示に時間差をつける

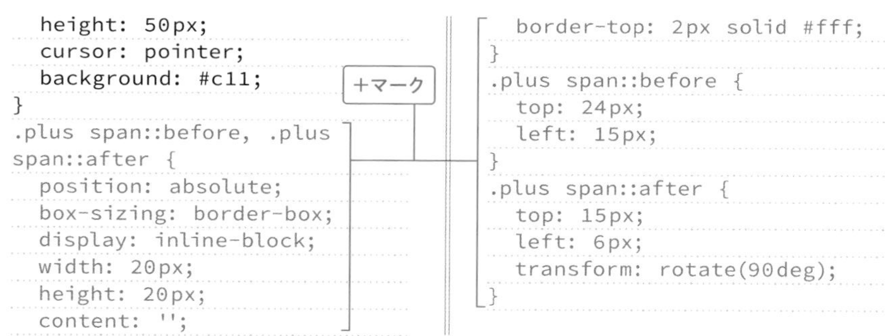

```
  height: 50px;
  cursor: pointer;
  background: #c11;
}
.plus span::before, .plus
span::after {
  position: absolute;
  box-sizing: border-box;
  display: inline-block;
  width: 20px;
  height: 20px;
  content: '';
  border-top: 2px solid #fff;
}
.plus span::before {
  top: 24px;
  left: 15px;
}
.plus span::after {
  top: 15px;
  left: 6px;
  transform: rotate(90deg);
}
```


Point } 浮き出るようなツールチップ表示に

通常時は+マーク以外のliを非表示としておき、ulにホバーされたら表示します。そのとき、表示に時間差をつけることで+マークから順番に飛び出してきたように見えます。
どこのSNSのシェアボタンなのかが一目でわかるよう、ブランドカラーとアイコンをしっかり表示しましょう。

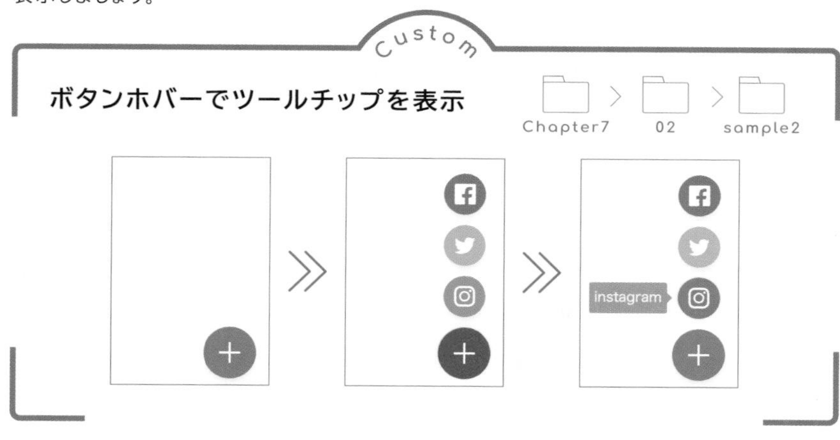

HTML index.html

```
<html lang="ja">
<head>
<meta charset="UTF-8">
<title>+ボタンホバーでSNSアイコン表示(ステップ2)</title>
<meta name="viewport" content="width=device-width,initial-scale=1">
<link rel="stylesheet" href="style.css">
</head>
<body>
```

```
  <ul>
    <li class="facebook"><a href="#"><span class="tooltip">
Facebook</span></a></li>
    <li class="twitter"><a href="#"><span class="tooltip">
twitter</span></a></li>
    <li class="instagram"><a href="#"><span class="tooltip">
instagram</span></a></li>
    <li class="plus"><span></span></li>
  </ul>
</body>
</html>
```

ツールチップ用span追加

CSS style.css

```
@charset "UTF-8";

ul {
  position: fixed;
  right: 0;
  bottom: 0;
  padding: 0;
  margin: 1em;
  list-style: none;
}
li {
  opacity: 0;
  transition: all 0.5s;
}
li.plus, ul:hover li {
  opacity: 1;
}
li:nth-child(1) {
  transition-delay: 150ms;
}
li:nth-child(2) {
  transition-delay: 100ms;
}
li:nth-child(3) {
  transition-delay: 50ms;
}
a, .plus span {
  position: relative;
  display: block;
  border-radius: 50%;
  box-shadow: 0 5px 10px -2px
rgba(0, 0, 0, 0.2);
  opacity: 0.8;
}
a {
  width: 40px;
  height: 40px;
  margin: 0 auto 10px;
}
a:hover, .plus span:hover {
  box-shadow: 0 0 5px rgba(0,
0, 0, 0.2);
  opacity: 1;
}
a::before {
  position: absolute;
  top: 50%;
  left: 50%;
  display: block;
  width: 20px;
  height: 20px;
  content: "";
  transform: translate(-50%,
-50%);
}
.facebook a {
  background: #3b5998;
}
.facebook a::before {
  background: url("img/icon-
facebook.svg") no-repeat 0 0;
  background-size: cover;
}
.twitter a {
  background: #55acee;
}
.twitter a::before {
  background: url("img/icon-
twitter.svg") no-repeat 0 0;
  background-size: cover;
```

```
}
.instagram a {
  background: #c6529a;
}
.instagram a::before {
  background: url("img/icon-
instagram.svg") no-repeat 0 0;
  background-size: cover;
}
.plus span {
  width: 50px;
  height: 50px;
  cursor: pointer;
  background: #c11;
}
.plus span::before, .plus
span::after {
  position: absolute;
  box-sizing: border-box;
  display: inline-block;
  width: 20px;
  height: 20px;
  content: '';
  border-top: 2px solid #fff;
}
.plus span::before {
  top: 24px;
  left: 15px;
}
.plus span::after {
  top: 15px;
  left: 6px;
  transform: rotate(90deg);
}
```

```
a .tooltip {
  position: absolute;
  top: 50%;
  right: 100%;
  padding: 5px;
  margin-right: 10px; /* 矢印分
マージンをとる */
  font-size: small;
  color: #fff;
  text-align: center;
  visibility: hidden;
  background: #999;
  border-radius: 2px;
  opacity: 0;
  transition: all 0.2s; /* 動き
をなめらかに */
  transform: translate(0,
-50%);
}
```

通常時は非表示

親要素に対して上下中央、右100%の位置指定

```
a .tooltip::before {
  position: absolute;
  top: 50%;
  right: -10px;
  width: 0;
  height: 0;
  content: "";
  border: 5px solid
transparent;
  border-left-color: #999;
  transform: translate(0,
-50%);
}
a:hover .tooltip {
  visibility: visible;
  opacity: 1;
}
```

aがホバーされたら表示

シェアボタンホバーでSNS名のツールチップが表示されます。ツールチップを親要素に対して上下中央、右100%の位置で指定し、非表示にします。aにホバーされたときにフェードイン表示させるため、displayではなくvisibilityとopacityを使っています。ユーザビリティ的には、SNS名が表示されたカスタムのほうがより親切なため、こちらのほうがおすすめです。

03 マウスオーバーで画像がキラリと光る

リンク付き画像に、マウスオーバーするときらりと光るアニメーションを実装します。CSSのみで実装でき、光る色やスピードを、簡単に変更することも可能です。

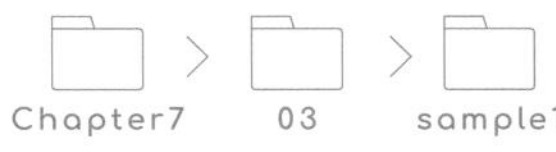

執筆者 錦織幸知（OSALE）

Sample

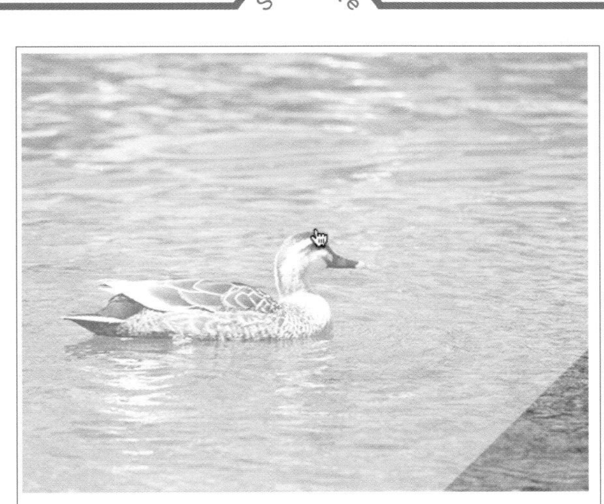

HTML index.html

```
<!doctype html>
<html lang="ja">
<head>
<meta charset="utf-8">
<title>ホバーでキラリと光る画像2(ステップ1) </title>
<meta name="viewport" content="width=device-width,initial-scale=1">
<link rel="stylesheet" href="style.css">
</head>

<body>
```

レスポンシブ対応とCSSのリンク

```
<div>
    <a href="#" class="shineImg"><img src="img/photo001.jpg" 
alt=""></a>
</div>

</body>
</html>
```

画像を囲むaタグにclassをつける

CSS style.css

```
@charset "UTF-8";

.shineImg {
  overflow: hidden;
  position: relative;
  display: inline-block;
}

.shineImg::before {
  content: "";
  background-color: #ffffff;
  display: block;
  width: 10%;
  height: 100%;
  position: absolute;
  top: -100%;
  left: 0;
  opacity: 0;
}

.shineImg:hover::before {
  animation: shine 0.5s 
linear;
}

.shineImg img {
  display: block;
}

/* アニメーション */
@keyframes shine {
  0% {
    transform: scale(1) 
rotate(45deg);
    opacity: 0;
  }
  50% {
    transform: scale(25) 
rotate(45deg);
    opacity: 0.5;
  }
  100% {
    transform: scale(50) 
rotate(45deg);
    opacity: 0;
  }
}
```


Point } aタグにclassをつけるだけ

CSSを読み込み、画像を囲むaタグにclass「shineImg」をつけてください。ブラウザで画像をマウスオーバーしてみて、画像が光れば実装成功です。

Custom

光る色とスピードを変更する

Chapter7 > 03 > sample2

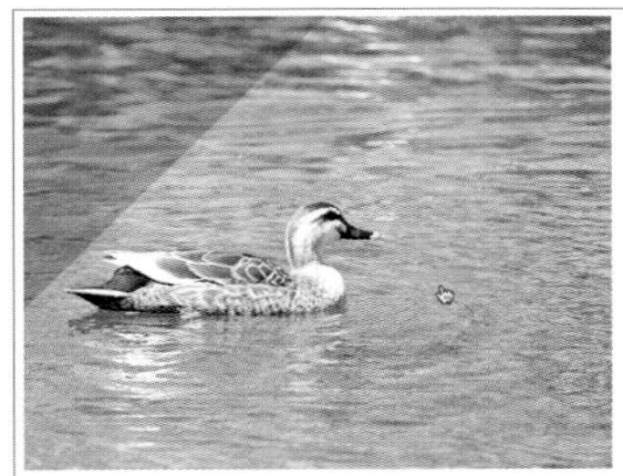

先ほどの設定では、光の色は白（#ffffff）、光の表示スピードは0.5秒の設定になっています。CSSの値を変更して、光の色を黒に、スピードを1秒にしてみましょう。HTMLは特に変更する必要はありません。

CSS style.css

```
@charset "UTF-8";

.shineImg {
  overflow: hidden;
  position: relative;
  display: inline-block;
}

.shineImg::before {
  content: "";
  background-color: #000000;
  display: block;
  width: 10%;
  height: 100%;
  position: absolute;
  top: -100%;
  left: 0;
  opacity: 0;
}

.shineImg:hover::before {
  animation: shine 1.0s
linear;
}

.shineImg img {
  display: block;
}

/* アニメーション */
@keyframes shine {
  0% {
    transform: scale(1)
rotate(45deg);
    opacity: 0;
  }
  50% {
    transform: scale(25)
rotate(45deg);
    opacity: 0.5;
  }
  100% {
    transform: scale(50)
rotate(45deg);
    opacity: 0;
  }
}
```

光の色を黒（#000000）に変更

光るスピードを1.0秒に変更

04 マウスオーバーで文字を出現させる

画像をマウスオーバーしたときに、下部からキャプション文字が出現するようにします。ギャラリーやメニューなど、汎用的に使えるので便利です。

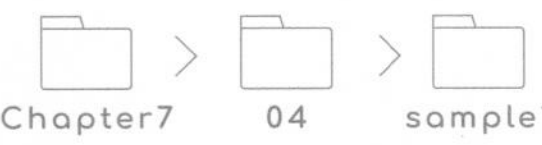

執筆者 錦織幸知（OSALE）

Sample

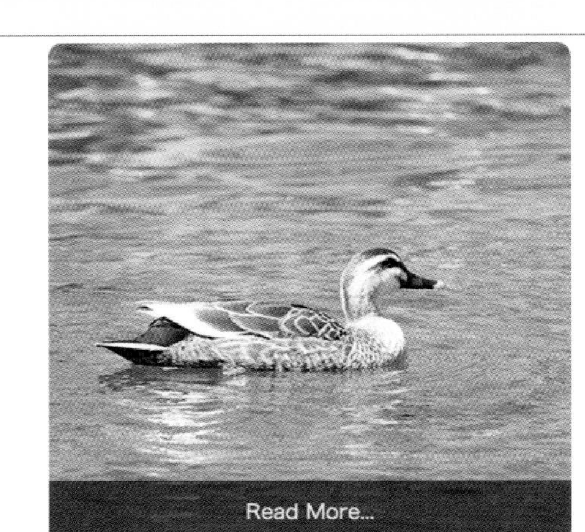

HTML index.html

```
<!doctype html>
<html lang="ja">
<head>
<meta charset="utf-8">
<title>画像マウスオーバーで上に文字出現(ステップ1)</title>
<meta name="viewport" content="width=device-width,initial-scale=1">
<link rel="stylesheet" href="style.css">
</head>

<body>
```

レスポンシブ対応とCSSのリンク

```
<div class="image-box">
  <img src="img/photo001.jpg" alt="">
  <div class="image-text">
    <a href="#">Read More...</a>
  </div>
</div>

</body>
</html>
```

画像本体

画像の上に表示されるキャプション文字（リンク付き）

画像とキャプション文字をdivタグで囲む

CSS style.css

```
@charset "UTF-8";

/* 画像 */
.image-box {
  overflow: hidden;
  position: relative;
  border-radius: 10px;
  width: 400px; /* 画像サイズにより調整 */
  height: 400px; /* 画像サイズにより調整 */
}
.image-box img {
  position: absolute;
  top: 0;
  left: 0;
  transform: scale(1);
}
```

画像部分のスタイル

```
/* 文字 */
.image-text {
  overflow: hidden;
  position: absolute;
  bottom: 0;
  background: rgba(0, 0, 0, 0.6);
  text-align: center;
  width: 100%;
  height: 50px;
}
.image-text a {
  color: #fff;
  text-decoration: none;
  width: 100%;
  height: 100%;
  display: -ms-flexbox;
  display: flex;
  -ms-flex-pack: center;
     justify-content: center;
  -ms-flex-align: center;
     align-items: center;
}
.image-text a:hover {
  opacity: 0.6;
}
```

キャプション文字部分のスタイル

Point 画像とキャプションを表示させる

アニメーションの前に、まずは画像と文字を表示させる部分までを進めます。CSSを読み込み、画像（imgタグ）とキャプション文字（class名「image-text」のdivタグ）を、class名「image-box」のdivタグで囲みます。ブラウザで確認し、画像の上にキャプション文字が表示されていればOKです。

マウスオーバー時に、画像拡大+キャプション文字を表示させる

それでは、アニメーション部分を実装していきましょう。画像をマウスオーバーしたときに、画像が拡大し、隠れていたキャプション文字が下から出現するようにします。次のようにスタイルを修正・追記してください。画像が拡大するスピードと、キャプション文字が表示されるまでの時間は、各々お好みで設定できます（16行目と34行目）。ただし、両方とも同じ時間の値で設定したほうが、見た目の違和感は少ないです。

CSS style.css

```
@charset "UTF-8";

/* 画像 */
.image-box {
  overflow: hidden;
  position: relative;
  border-radius: 10px;
  width: 400px; /* 画像サイズにより調整 */
  height: 400px; /* 画像サイズにより調整 */
}
.image-box img {
  position: absolute;
  top: 0;
  left: 0;
  transform: scale(1);
  transition: transform 0.5s ease-out;
}
.image-box:hover img {
  transform: scale(1.1);
}
.image-box:hover .image-text {
  height: 50px;
}

/* 文字 */
.image-text {
  overflow: hidden;
  position: absolute;
  bottom: 0;
  background: rgba(0, 0, 0, 0.6);
  text-align: center;
  width: 100%;
  height: 0;
  transition: height 0.5s ease-out;
}
(省略)
```

追記したスタイル部分

画像が拡大されるまでのスピード

キャプション文字が表示されるまでのスピード

画像／動画／SNS

05 画像がゆらゆら動くアニメーションエフェクト

画像に、常にゆらゆらと漂うような動きを実装します。さらにマウスオーバーしたときは、振動するようにアニメーションの動きを変えてみます。

Chapter7 > 05 > sample1

執筆者 錦織幸知（OSALE）

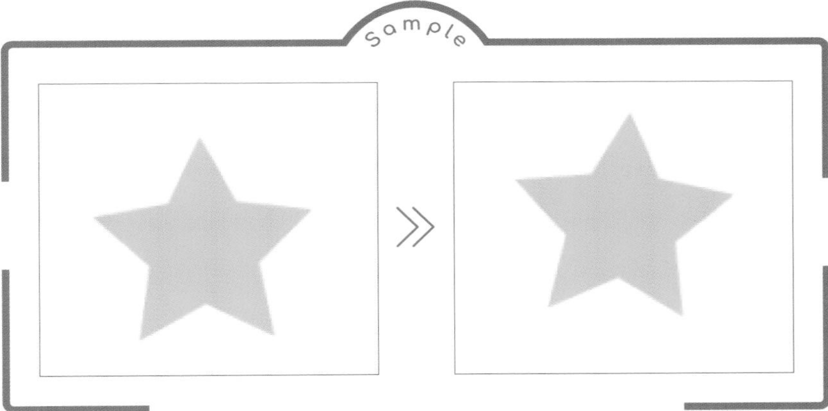

HTML index.html

```
<!doctype html>
<html lang="ja">
<head>
<meta charset="utf-8">
<title>常時ゆらゆらアニメーション(ステップ1)</title>
<meta name="viewport" content="width=device-width,initial-scale=1">
<link rel="stylesheet" href="style.css">
</head>

<body>

<div class="object">
    <img src="img/star.png" alt="">
</div>

</body>
</html>
```

レスポンシブ対応とCSSのリンク

画像を囲むdivタグにclassをつける

CSS style.css

```
@charset "UTF-8";
.object img {
  animation-name: swing;
  animation-duration: 4.0s;
  animation-timing-function:
ease-out;
  animation-delay: 0;
  animation-iteration-count:
infinite;
  animation-direction:
alternate;
}

/* アニメーション */
@keyframes swing {
  0% {
    transform: translate(0, 0)
rotate(5deg);
  }
  50% {
    transform: translate(0,
10px) rotate(0deg);
  }
  100% {
    transform: translate(0, 0)
rotate(-5deg);
  }
}
```

アニメーションのスピードを設定

Point } 画像をdivタグで囲み、classをつけるだけ

CSSを読み込み、画像をdivタグで囲んで、class「object」をつけてください。基本的な作業はこれだけです。アニメーションのスピードを変えたい場合は、CSS4行目の数値を変更してください（サンプルでは4秒の設定）。

Custom

マウスオーバー時に振動させる

Chapter7 > 05 > sample2

マウスオーバーしたときに、アニメーションの動きを変えてみましょう。今回は、ゆらゆら動いていた画像をマウスオーバーすると、小さく振動する動きに変わるようにします。次のようにスタイルを追記してください。振動の揺れる大きさを変更する場合は、34行目のtransformプロパティの数値を変更します。サンプルでは横（X軸）に2px、縦（y軸）に0px動く設定です（つまり横にだけ動きます）。

CSS style.css

```
@charset "UTF-8";
.object img {
  animation-name: swing;
  animation-duration: 4.0s;
  animation-timing-function: 
ease-out;
  animation-delay: 0;
  animation-iteration-count: 
infinite;
  animation-direction: 
alternate;
}

.object img:hover {
  animation-name: swing-hover;
  animation-duration: 0.05s;
}
```

マウスオーバー時の
アニメーションのスタイルを追加

```
/* アニメーション */
@keyframes swing {
  0% {
    transform: translate(0, 0) 
rotate(5deg);
  }
  50% {
    transform: translate(0, 
10px) rotate(0deg);
  }
  100% {
    transform: translate(0, 0) 
rotate(-5deg);
  }
}

@keyframes swing-hover {
  0% {
    transform: translate(0, 0);
  }
  100% {
    transform: translate(2px, 
0);
  }
}
```

マウスオーバー時の
揺れる距離を設定

06 背景に動画を表示する

動画を背景に流すと、インパクトもありサイトが一気に華やかになります。

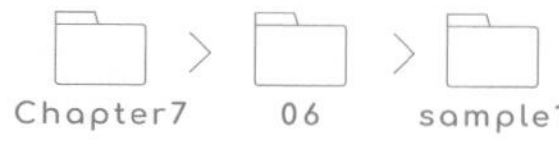

執筆者 矢野みち子
（株式会社KLEE）

Sample

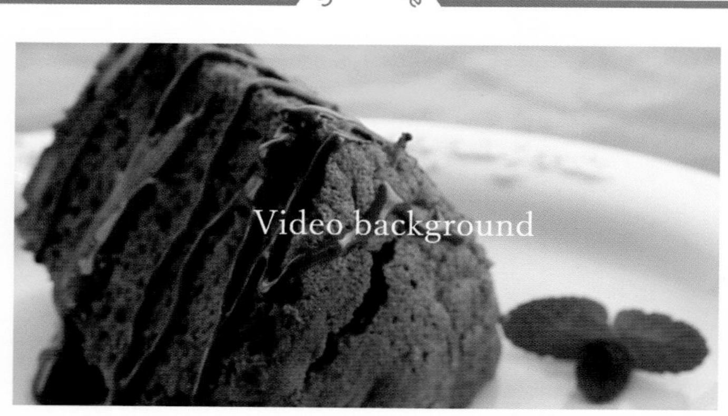

HTML index.html

```
<!DOCTYPE html>
<html lang="ja">
<head>
<meta charset="UTF-8">
<title>動画を背景に入れる</title>
<meta name="viewport" content="width=device-width,initial-scale=1">
<link rel="stylesheet" href="style.css">
</head>
<body>
  <div class="wrap">
    <video src="sample.mp4" loop muted autoplay></video>
    <p>Video background</p>
  </div>
</body>
</html>
```

動画非対応のブラウザ向けにdivで囲んでクラス名をつける

Point 動画を画面いっぱいに表示させる

width: 100%;height: 100vh;を指定することで幅も高さも画面いっぱいに表示させることができます。動画非対応のブラウザ向けに静止画の背景も動画を囲うブロックに指定しておきます。
動画の上にテキストなどを置きたい場合は、z-indexにて表示の重なりを指定します。数字が大きいほど上に表示されます。

CSS style.css

```
@charset "UTF-8";
body{
  padding: 0;
  margin: 0;
  font-family: serif;
}
.wrap {
  position: relative;
  width: 100%;/*幅いっぱいに表示*/
  height: 100vh;
  overflow: hidden;
  background: url(img/bk.jpg)
no-repeat center center/
cover;/*動画が読み込めないブラウザ対
応*/
}
video {
  min-width: 100%;
  min-height: 100vh;
  z-index: 1;
}
p{
  position: absolute;
  top: 0;
  display:flex;
  z-index: 2;
  align-items:center;
  justify-content:center;
  width: 100%;
  height: 100vh;
  margin: 0;
  font-size: 5em;
  color: #fff;
}
```

ビューポートの
高さいっぱいに表示

Custom

雰囲気のあるデザインに仕上げる

ドット画像を動画の前に置くことで雰囲気のある動画に仕上げたり、上に表示させるコンテンツを見やすくします。ドットを入れるボックスを指定します。

HTML index.html

```
<div class="wrap">
  <video src="sample.mp4" loop muted autoplay></video>
  <div class="dots"></div>
  <p>Video background</p>
</div>
```

ドットはスタイルシートで表現します。ただしIE11対応にする場合、ドットのサイズが小さすぎると非表示になるためサイズに注意してください。
ドットブロックは動画とコンテンツの間に入れたいので、z-indexを2にします。コンテンツはz-indexを3にしてさらに上に表示させます。

CSS style.css

```
@charset "UTF-8";
body{
  padding: 0;
  margin: 0;
  font-family: serif;
}
.wrap {
  position: relative;
  width: 100%;/*幅いっぱいに表示*/
  height: 100vh;/*ビューポートの高さいっぱいに表示*/
  overflow: hidden;
  background: url(img/bk.jpg) no-repeat center center/cover;/*動画が読み込めないブラウザ対応*/
}
video {
  min-width: 100%;
  min-height: 100vh;
  z-index: 1;
}
.dots {
  position: absolute;
  top: 0;
  left: 0;
  width: 100%;
  height: 100vh;
  background-color: rgba(255, 255, 255, 0.1);
  background-image: radial-gradient(#000000 15%, transparent 15%),
          radial-gradient(#000000 15%, transparent 15%);
  background-position: 0 0, 5px 5px;
  background-size: 10px 10px;/*IE11向けにする場合は10px以下にしない*/
  z-index: 2;
}
p{
  position: absolute;
  top: 0;
  display:flex;
  z-index: 3;
  align-items:center;
  justify-content:center;
  width: 100%;
  height: 100vh;
  margin: 0;
  font-size: 5em;
  color: #fff;
}
```

背景の大きさに注意

重なりを2番目に設定

重なりを一番上に設定

07 幅に応じて表示が変わるLightbox風ギャラリー

画像をクリックすると拡大画像が表示されるギャラリーを作成します。JavaScriptを使わず（プラグインも）、CSSのみで実装可能です。

執筆者 錦織幸知（OSALE）

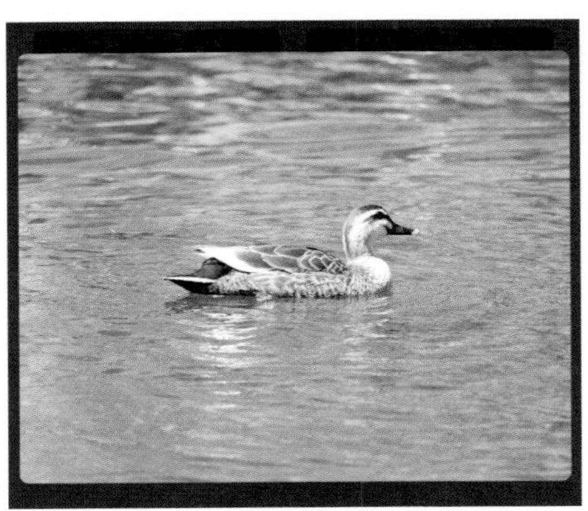

HTML index.html

```
<!doctype html>
<html lang="ja">
<head>
<meta charset="utf-8">
<title>レスポンシブ対応のLightbox風画像ギャラリー(ステップ1)</title>
<meta name="viewport" content="width=device-width,initial-scale=1">
<link rel="stylesheet" href="style.css">
</head>

<body>

<div class="image-list">
  <div class="image-list-item">
    <div class="item-thumbnail" tabindex="4">
      <img src="img/photo001.jpg" alt="">
    </div>
    <div class="item-modal">
      <img src="img/photo001-m.jpg">
    </div>
  </div>
  <div class="image-list-item">
    <div class="item-thumbnail" tabindex="3">
      <img src="img/photo001.jpg" alt="">
    </div>
    <div class="item-modal">
      <img src="img/photo001-m.jpg">
    </div>
  </div>
  <div class="image-list-item">
    <div class="item-thumbnail" tabindex="2">
      <img src="img/photo001.jpg" alt="">
    </div>
    <div class="item-modal">
      <img src="img/photo001-m.jpg">
    </div>
  </div>
  <div class="image-list-item">
    <div class="item-thumbnail" tabindex="1">
      <img src="img/photo001.jpg" alt="">
    </div>
    <div class="item-modal">
      <img src="img/photo001-m.jpg">
    </div>
  </div>
</div>

</body>
</html>
```

レスポンシブ対応とCSSのリンク

複数の画像で実装したい場合は、tabindex属性を異なる値で記述

サムネイル画像を指定

拡大時の画像を指定

CSS style.css

```
@charset "UTF-8";

.image-list {
  display: -ms-flexbox;
  display: flex;
  -ms-flex-wrap: wrap;
      flex-wrap: wrap;
  -ms-flex-pack: justify;
      justify-content: space-between;
  padding: 4em 4vw;
}

.image-list-item {
  width: 47.5%;
  overflow: hidden;
  margin-bottom: 40px;
  border-radius: 10px;
}

.item-thumbnail img {
  display: block;
  width: 100%;
  cursor: pointer;
  transition: all 0.5s ease;
}

.item-thumbnail:hover img {
  opacity: 0.7;
}

.item-thumbnail:focus + .item-modal {
  display: block;
}

.item-modal {
  display: none;
  position: fixed;
  top: 0;
  left: 0;
  z-index: 9999;
  background-color: rgba(0, 0, 0, 0.8);
  overflow: hidden;
  width: 100vw;
  height: 100vh;
  animation: fadeIn 0.5s ease;
}

.item-modal img {
  display: block;
  position: fixed;
  left: 50%;
  top: 50%;
  max-width: calc(100vw - 5%);
  border-radius: 10px;
  transform: translate(-50%, -50%);
}

/* アニメーション */
@keyframes fadeIn {
  0% {
    opacity: 0;
  }
  100% {
    opacity: 1;
  }
}
```

Point CSSを読み込み、サムネイル画像と拡大画像を設定

CSSを読み込み、サムネイル用の画像と拡大用の画像をそれぞれ設定します。サンプルのように複数の画像で実装する場合は、それぞれのサムネイル画像を囲むdiv要素のtabindex属性が同じ値にならないように注意してください（サンプルでは、それぞれで4,3,2,1の値を設定）。ブラウザで表示を確認し、サムネイル画像をクリックして拡大用画像が表示されれば成功です。

Custom

マウスオーバー時、サムネイル画像を拡大しながら色を変える

Chapter7 > 07 > sample2

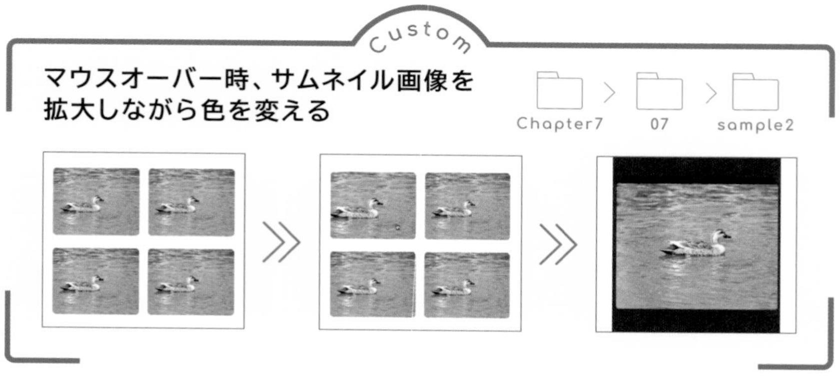

サムネイル画像をマウスオーバーしたときのアニメーションを追加します。サムネイル画像は平時グレーカラーにし、マウスオーバーしたときに色がつくようにします。またその際に、少し拡大させた動きもつけてみましょう。次のようにスタイルを追加します。画像の拡大率は、お好みの数値で調整してみてください。

CSS style.css

```
@charset "UTF-8";
.image-list {
  display: -ms-flexbox;
  display: flex;
  -ms-flex-wrap: wrap;
      flex-wrap: wrap;
  -ms-flex-pack: justify;
      justify-content: space-
between;
  padding: 4em 4vw;
}

.image-list-item {
  width: 47.5%;
  overflow: hidden;
  margin-bottom: 40px;
  border-radius: 10px;
}

.item-thumbnail img {
  display: block;
  width: 100%;
  cursor: pointer;
  filter: grayscale(1);
  transition: all 0.5s ease;
}

.item-thumbnail:hover img {
  filter: grayscale(0);
  transform: scale(1.25);
}

.item-thumbnail:focus + .item-
modal {
  display: block;
}

.item-modal {
  display: none;
  position: fixed;
  top: 0;
  left: 0;
  z-index: 9999;
  background-color: rgba(0, 0,
0, 0.8);
  overflow: hidden;
  width: 100vw;
  height: 100vh;
  animation: fadeIn 0.5s ease;
}

.item-modal img {
```

追記したスタイル部分

マウスオーバー時の画像の拡大率

```
  display: block;
  position: fixed;
  left: 50%;
  top: 50%;
  max-width: calc(100vw - 5%);
  border-radius: 10px;
  transform: translate(-50%,
-50%);
}
```

```
/* アニメーション */
@keyframes fadeIn {
  0% {
    opacity: 0;
  }
  100% {
    opacity: 1;
  }
}
```

著者紹介

矢野みち子

（やの・みちこ）

株式会社KLEEにてWebデザインやコーディング等を担当。またフリーで女性向けの文具デザインやフードや雑貨の写真撮影も行う。著書はWeb制作関連以外に素材集や写真撮影に関するものまで多岐にわたる。

Web　https://kleedesign.jp/

五十嵐小由利

（いがらし・さゆり）

Web制作会社「マジカルリミックス」所属。主にコーディングとWordPress関連の作業を担当。

Web　https://www.magical-remix.co.jp/

伊藤 麻奈美

（いとう・まなみ）

全国様々な案件を手掛けるWeb制作会社で、ディレクションやフロントエンドを担当。『“らしさ”を大切にしたデザイン提案』を理念に、Webデザインとフロントエンドを主としてグラフィックデザイン、コピーライティングなどの技術を吸収。多種多様な業種のお客様との出会いに刺激を受けつつ日々奮闘中。

Web　https://kleedesign.jp/

栈敷 友香子

（さじき・ゆかこ）

映像制作・広告代理店に所属。主にWebやDTPのデザイン・コーディングを担当。TV・CM・VPのプロダクションマネージャーや映像編集も行う。著書に『現場で役立つjQueryデザインパーツライブラリ』『現場でかならず使われているCSSデザインのメソッド』（共著・MdN）などがある。

錦織 幸知

（にしきおり・ゆきとも）

静岡市在住。インハウスアートディレクターとして勤務しつつ、「OSALE」名義にてフリーのWebデザイナーとして活動。サイト制作全般業務のほか、印刷物や動画の撮影編集、ゲーム制作なども行う。著書に『現場で役立つjQueryデザインパーツライブラリ』『Webデザイン基礎トレーニング』（共著・MdN）などがある。

Web　https://nijyuman.com/
Twitter　https://twitter.com/gozaru20

デザインのネタ帳
コピペで使える動くWebデザインパーツ

2022年3月21日　　初版第1刷発行

［著者］　矢野みち子　五十嵐小由利　伊藤麻奈美
桟敷友香子　錦織幸知
［発行人］　山口康夫
［発行］　株式会社エムディエヌコーポレーション
〒101-0051　東京都千代田区神田神保町一丁目105番地
https://books.MdN.co.jp/

［発売］　株式会社インプレス
〒101-0051　東京都千代田区神田神保町一丁目105番地

［印刷・製本］　株式会社広済堂ネクスト

Printed in Japan

【カスタマーセンター】
造本には万全を期しておりますが、万一、落丁・乱丁などがございましたら、
送料小社負担にてお取り替えいたします。
お手数ですが、カスタマーセンターまでご返送ください。

落丁・乱丁本などのご返送先
〒101-0051　東京都千代田区神田神保町一丁目105番地
株式会社エムディエヌコーポレーション カスタマーセンター
TEL：03-4334-2915

書店・販売店のご注文受付
株式会社インプレス　受注センター
TEL：048-449-8040／FAX：048-449-8041

制作スタッフ

装丁・本文デザイン
赤松由香里（MdN Design）

DTP
リブロワークス・デザイン室

編集
リブロワークス

編集長
後藤憲司

担当編集
熊谷千春

内容に関するお問い合わせ先
株式会社エムディエヌコーポレーション カスタマーセンター メール窓口

info@MdN.co.jp

本書の内容に関するご質問は、Eメールのみの受付となります。メールの件名は「デザインのネタ帳　動くWebデザインパーツ　質問係」、本文にはお使いのマシン環境（OSとWebブラウザ、それぞれの種類・バージョンなど）をお書き添えください。電話やFAX、郵便でのご質問にはお答えできません。ご質問の内容によりましては、しばらくお時間をいただく場合がございます。また、本書の範囲を超えるご質問に関しましてはお答えいたしかねますので、あらかじめご了承ください。

ISBN978-4-295-20244-8　C3055